그 많던 나비는 어디로 갔을까

제왕나비의 대이동을 따라 달린 264일의 자전거 여행

그 많던 나비는 어디로 갔을까

BICYCLING WITH BUTTERFLIES

사라 다이크먼 지음 | 이초희 옮김

ⓖ 현암사

제왕나비에게

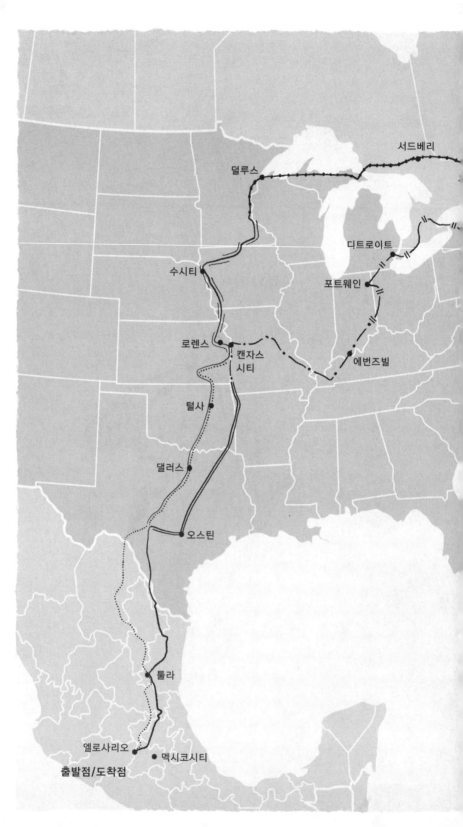

서드베리

덜루스

디트로이트

수시티

포트웨인

로렌스
캔자스
시티

에번즈빌

털사

댈러스

오스틴

툴라

엘로사리오　　멕시코시티

출발점/도착점

표기

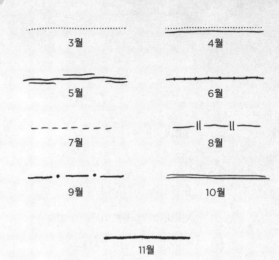

3월	4월
5월	6월
7월	8월
9월	10월

11월

보스턴

욕

제왕나비의 동쪽 이동

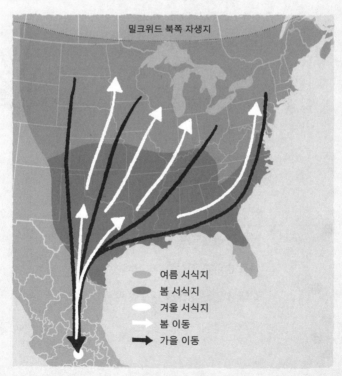

밀크위드 북쪽 자생지

여름 서식지
봄 서식지
겨울 서식지
봄 이동
가을 이동

차례

머리말

숲을 눈으로 훑다가 벌집 같은 것의 무게로 축 처진 나뭇가지에 시선이 멈췄다. '아니, 벌집은 아니야, 그럼 새 둥지인가?' 나뭇가지 여기저기에 적갈색 무더기가 매달려 있었다. 희미한 빛 아래 일렁이는 모습이 나무줄기나 솔잎과 잘 구분되지 않았다.

'가만, 혹시….'

설마 하는 마음으로 가까이 갔다. 눈을 가늘게 뜨고 자세히 보니 나비의 날개와 몸통에 드리운 음영이 보였다. 그냥 나비 몇 마리가 아니었다. 내가 찾는 제왕나비(Monarch butterfly), 그것도 수백만 마리가 거기 있었다. 과학자들은 이 나비를 다나우스 플렉시푸스*Danaus plexippus*라고 하고 스페인어로는 '라 마리포사 모나르카(la mariposa monarca)'라고 하지만 나에게는 경이로움 그 자체일 뿐이다. 나는 마법에 걸린 듯 그 자리에 서 있었다. 사진과 영상으로만 보던 제왕나비가 바로 내 앞에 있었다. 선반에 꽂혀 누군가 읽어주기를 기다리는 책처럼, 모험담으로 채색된 날개를 접고 나무에 매달린 수백만 마리의 제왕나비! 미국과 캐나다의 혹독한 겨울을 피해 수천 킬로미터를 날아온 한 마리 한 마리는 봄이 오면 다시 북쪽으로 더 먼 길을 떠날 것이다. 나와 마찬가지로.

곧 봄이 오면 제왕나비는 언제나처럼 나무 위 안식처를 떠나 북쪽으로 날아갈 테지만 올봄에는 내가 동행한다. 제왕나비의 이동 경로 전체를 자전거로 따라가겠다고 시도한 사람은 내가 처음이다. 나는 고개를 들어 앞으로 여행을 함께할 동료들을 바라보았다. 나비들은 나무마다 옹기종기 모여 고요히 나무줄기를 감싸고 있었다. 나비의 날개를 옷처럼 차려입은 이 나무들이 내 모험의 출발지와 종착지가 될 것이다. 따뜻해진 날씨가 제왕나비를 하늘로 떠밀면 내 여행도 시작이다.

출발점에
도착하다

1월

이동하는 제왕나비를 따라 멕시코에서 캐나다까지 자전거로 왕복하겠다는 생각은 제왕나비를 찾아가고 싶다는 단순한 소망에서 시작되었다. 2013년 친구와 처음으로 자전거를 타고 멕시코를 여행하면서 우리는 제왕나비가 겨울을 나는 지역을 찾아가 볼까 생각했다. 하지만 이미 4월에 접어들어 제왕나비가 북쪽으로 이동을 시작했을 때여서 가지 않았다.

이후 몇 년 동안 나는 다시 그곳에 가고 싶다는 마음을 떨치지 못했다. 시간이 지나면서 제왕나비를 찾아가겠다는 생각은 점점 커져 대이동을 자전거로 함께하고 싶다는 꿈으로 바뀌었다. 2016년, 드디어 몽상을 멈추고 여행 시기를 2017년 봄으로 정했다. 이제 생각은 계획이 되었고 세부 계획을 세울 1년이라는 시간이 주어졌다.

모든 여행이 그렇듯 계획하는 일부터 즐거웠다. 나는 이메일을 보내고 웹사이트를 디자인하고 보도자료를 내고 명함을 만들며 1년을 바쁘게 보냈다. 또 과학자들의 조언을 듣고 인터넷에서 수없이 정보를 찾아보고 지도를 꼼꼼히 살펴 계획을 수정하고 대략적인 경로를 짰다.

드디어 출발할 때가 되었다. 2017년 1월 캔자스주 캔자스시티 외곽의 집을 떠나 용감하게 버스에 오른 후 52시간을 달리고, 다시 자전거로 이틀을 더 달려 멕시코 미초아칸주 엘로사리오(El Rosario)의 제왕나비 보호구역 주차장에 도착했다.

멕시코에는 매년 겨울이면 엘로사리오를 비롯해 7~18개의 제왕나비 군집이 생겨난다. 군집 수가 이렇게 달라지는 이유는 소규모 군집이 나타나지 않는 해도 있고 새 군집이 계속 발견되기도 하기 때문이다. 이중 멕시코주의 피에드라에라다(Piedra Herrada)와 세로펠론(Cerro Pelón), 근처 미초아칸주의 시에라친쿠아(Sierra Chincua)와 엘로사리오 네 곳이 대중에 개방된다. '군집'과 '보호구역'이라는 명칭이 둘 다 쓰이지만 위 지역 가운데 엘로사리오를 제외한 지명은 정확히 말하면 특정 제왕나비 군집이 서식하는 보호구역의 이름이다. 반면 엘로사리오는 시에라캄파나리오(Sierra Campanario) 보호구역에 나타나는 군집 이름이다. 이런 명명법이 혼란스럽지만 걱정할 필요는 없다. 나 역시도 혼란스러웠다. 출발지로 떠나기 전 경로를 짤 때는 이름이 제각각인 지역의 위치를 찾는 것부터 힘들었다. 그러나 일단 멕시코에 도착하자 어디서나 현지인들이 친절하게 길을 알려주었다.

보호구역이든 군집이든 나는 공개된 네 지역을 모두 찾아가보고 나무에서 쉬는 제왕나비를 관찰해 각각의 차이를 직접 목격했다. 엘로사리오가 가장 개발이 많이 된 곳으로 주차장과 기넘품점이 다른 곳보다 많고 입구부터 탐방로가 잘 닦여 있다(시멘트 계단 600개를 올라가야 하지만). 피에드라에라다와 엘로사리오 두 곳이 방문객이 많고 주말에는 특히 붐볐다. 반면에 세로펠론은 거의 황야에 가까운 곳으로, 가파른 길을 한참이나 힘들게 올라가야 나비 군집을 만날 수 있다. 내 경험으로는 세로펠론의 산길이 가장 힘들었고, 시에라친쿠아의 완만하게 오르내리는 오솔길이 가장 편했다. 각 군집은 소나무와 전나무의 비율부터 하층 식생을 이루는 꽃나무가 얼마나 빛에 노출되는가 등 산림 조성의 미묘한 차이에 따라 수십 가지로 달라졌다. 다 같은 제왕나비지만 모든 군집이 저마다 독특하고 다르게 느껴져서 방문하는 사람마다 좋아하는 군집이 다르다.

1월에 멕시코에 도착해 엘로사리오를 가장 먼저 방문한 이유는 매년 가장 많은 제왕나비가 모일 뿐 아니라 찾아가기도 쉽기 때문이다. 나는 주차장에서 아치형 지붕이 덮인 입구를 지나 50페소(2.5달러)에 입장권을 산 후 내 가이드로 배정된 브리안다 크루스 곤살레스를 만나 함께 탐방로를 걸었다.

가능하다면 혼자 산에 올랐을 것이다. 하지만 방문객이 지역 가이드의 안내를 받는 것이 제왕나비 월동 지역의 규칙이었다. 엘로사리오에는 보통 걸어서 산에 오르는 방문객을 인솔하는 가이드가 약 70명, 말을 타고 오르는 방문객을 안내하는 가이드가 약 40명 있었다. 가이드가 있으면 관광객과 제왕나비를 동시에 지켜볼 수 있을 뿐 아니라 지역 경제에도 도움이 된다. 또 산이 벌목, 채굴, 농사 관련 일자리를 제공하는 데 쓰여야 한다는 압력도 줄어든다. 남녀노소가 다 섞여 있는 가이드 가운데 브리안다를 만난 것은 행운이었다. 그녀는 스물여섯 살로 집보다 밭이 많은 마을 외곽에서 가족과 함께 살고 있었다.

첫날에는 몰랐지만 나는 곧 브리안다를 내 여동생으로, 브리안다의 집을 내 집으로 여기게 되었다. 브리안다는 나와는 다른 세상에 살지만 친구들과 함께 있을 때는 자주 미소 짓고 호탕하게 웃는 등 나와 비슷한 강인함이 있었다. 첫날 아침, 하늘을 향해 솟아오른 오야멜전나무*Abies religiosa*와 긴 가지에 껍질이 부드러운 멕시코 소나무를 친구 삼아 함께 길을 걸을 때만 해도 브리안다는 그저 내 가이드였다. 먼지 이는 산길에서 참을성 있게 나를 인도하고, 내 형편없는 스페인어를 너그러이 봐주며, 내 서툰 농담에도 예의 바르게 웃어주었다. "숨이 차는 게 아니라 이렇게 숨 쉬고 싶어서 그런 거예요"라는 내 말이 그렇게 재미있지도 않은데 우리는 같이 킥킥댔다. 약간의 자기 비하가 섞여 있긴 해도 두 가지 사실을 내포한 설명이었다. 우선 내 체력이 약해서 숨이 찬다는 것이었다. 해발 3,000미터에 오르니 미국 중서부 고도에 길든 폐가 산소를 간절히 원했다. 둘째로 나는 숨이 차고 '싶었다.' 내 몸으로 힘들게 산을 오르고 싶었다. 제왕나비를 찾으려면 고생을 좀 해야 한다는 생각에 기분이 좋았다. 찾기 힘든 풍경일수록 더 아름답게 보이는 법이니까.

벌새 한 마리가 신호라도 보내듯 키 작은 식물 사이를 뚫고 나와 뿌연 태양을 바라보는 빨갛고 긴 꽃 앞에서 윙윙거렸다. 숲은 두 종류의 샐비어, 즉 붉고 큰 트럼펫 모양의 꽃이 피는 샐비어와 작은 보라색 꽃이 피는 샐비어로 뒤덮여 있었다. 나는 잠시 멈춰 숨을 고르며 위를 올려다봤다. 제왕나비 수백만 마리가 모인 모습이 과연 어떨지 아직은 알 수 없었다. 다만 보물은 찾기 힘들다는 것과 광활한 땅과 가파른 산 그리고 오래된 숲의 메아리가 그 보물 같은 겨울 풍경을 보호하고 있다는 것만은 알 수 있었다.

멕시코의 광활한 고대 생태계의 마지막 조각인 이 숲은 멕시코 중부 화산 산맥에 형성된 열두 개의 산괴(山塊) 위에 얹혀 있다. 한때 멕시코 남부 대부분을 차지하던 오야멜전나무 숲은 마지막 빙하기 이후 기온이 올라가면서 시원하고 습한 고산 지대로 물러나야 했다. 오늘날 보이는 오야멜전나무는 어제의 증인이다. 하늘을 붙잡는 그물 같은 오야멜전나무 가지를 올려다보며 이 나무를 왜 성스러운 나무라고 부르는지 알 것 같았다. 가지가 십자가를 여러 개 펼쳐놓은 것 같고 부드럽고 짧은 잎은 기도하는 사람의 손가락처럼 구부러져 있다. 나무 교회의 세력은 시간이 흐르며 점점 약해졌다. 오야멜전나무는 지구가 변하듯 모든 것이 변한다는 사실을 우리에게 알려준다.

한때는 그토록 드넓었던 고지대의 오야멜전나무 숲은 이제 멕시코 국토의 0.5퍼센트(약 400~500제곱킬로미터)도 되지 않는다. 비교하자면 2010년 미국 인구조사에서 캔자스시티 면적은 815제곱킬로미터로 측정되었다. 한정된 면적에도 제왕나비는 겨울마다 찾아오고, 오야멜전나무 숲은 로키산맥과 대서양 사이에서 태어난 제왕나비를 대부분 받아들인다. 마치 화산석 목걸이에 박힌 주황색 보석처럼, 제왕나비가 모여든 숲은 근방에서 사람들이 가장 많이 찾는 곳이 되었다.

산을 오른 지 한 시간쯤 지났을까. 브리안다가 가지에 매달린 벌집 같은 것을 손으로 가리켰다. 처음에는 뭘 보라는 것인지 몰라 그냥 서 있었다. 그러다 곧 입체 그림처럼 무리가 모습을 드러내고 제왕나비가 눈에 들어왔다. 나뭇가지가 나비들의 무게로 둥글게 휘어 있었다. 나는 한 발 더 다가갔지만 탐방로를 벗어나지는 않았다. 다만 수도승처럼 겨울 묵상에 잠긴 제왕나비를 따라 목을 길게 빼고 나비로 둘러싸인 나무들을 하나하나 응시했다.

눈꺼풀이 무거워지도록 나비를 바라보다 눈을 감았다. 드디어 내 여행의 출발 지점에 도착했다. 자전거로 제왕나비를 따라가며 빠른 속도로 줄어드는 제왕나비 개체수에 대해 목소리를 내겠다는 내 꿈이 시작되는 곳이다. 그러나 겨울의 찬 손아귀에 힘이 풀리고 봄이 활짝 피어나려면 아직 6주 정도 더 기다려야 했다. 멕시코에서도 겨울의 힘은 강력했다.

사막과 열기로 유명한 멕시코지만 고산 지대에서는 해를 가린 구름과 차가운 폭풍, 낮은 기온이 겨울마다 제왕나비를 괴롭힌다. 제왕나비가 숲에서 안식처를 찾을 수 있는 것은 숲이 보호대 역할을 하기 때문이다. 나뭇가지로 촘촘하게 엮인 임관˙은 담요처럼 온도를 높이고 우산처럼 비를 막아준다. 나무줄기는 미약하나마 한낮의 열기를 흡수해 극심한 추위가 닥칠 때 제왕나비가 파고들 수 있는 따뜻한 물주머니 역할을 한다. 밤이 되면 나무줄기 온도가 주변 기온보다 섭씨 1.4도 정도 높아진다.

제왕나비가 차지한 이 넓지 않은 서식지에는 그들의 생존에 딱 맞는 미소 서식지˙가 촘촘히 자리하고 있다.

˙ 林冠, 식물 군락 위층의 전체적인 생김새. ─옮긴이

18

지구가 오랫동안 층층이 지켜온 이런 균형이 이제 인간에 의해 무너지고 있다.

제왕나비가 겨울을 나는 숲에서 나무 한 그루가 쓰러질 때마다 담요에 구멍이 뚫리고 우산이 샌다. 벌목, 병충해, 폭풍, 화재 등으로 뚫린 구멍으로 열기가 빠져나가고 습기가 들어오면 위험한 환경이 조성된다.

나는 겨울과 싸우는 제왕나비 한 마리가 내 쪽으로 기어오는 것을 관찰하려고 조심스레 무릎을 꿇었다. 뒷날개에 얇고 검은 날개맥과 작은 취선(臭腺) 두 개가 있는 것으로 보아 수컷이었다. 추운지 몸을 떨고 있었다.

제왕나비는 주변 환경에 맞춰 체온이 변하는 외온(냉혈) 동물이다. 기온이 낮을수록 제왕나비의 체온도 낮아지고 활동성도 떨어진다. 겨울의 추운 날씨는 에너지를 아낄 수 있다는 점에서는 유익하지만 체온이 너무 떨어지면 몸이 얼어붙을 수 있어 위험하다. 그래서 제왕나비는 극심한 추위를 최대한 피하는 전략을 세워야 한다. 이런 이유로 해가 잘 드는 남쪽 비탈, 임관층 아래에 무리를 이룬다. 이렇게 하면 나무뿐 아니라 각 무리의 바깥에 자리잡은 동료 나비의 보호도 받을 수 있다(펭귄도 그렇게 행동한다).

그중에서도 추위 때문에 가장 힘든 것은 바닥에 떨어져 발이 묶인 제왕나비들이다. 외온 동물인 제왕나비는 기온이 떨어지면

◆   microhabitats, 웅덩이나 여울, 암벽 등 생물이 살아가는 매우 작은 규모의 자리. ─옮긴이

움직이지 못해 나무줄기 같은 미기후$^{•}$ 지대를 찾기 힘들다. 제왕나비는 최소 섭씨 5도가 넘어야 길 수 있고 섭씨 17.5도 이상이 되어야 날 수 있다(이 온도를 제왕나비의 비행 한계점이라고 한다).

내 발치에 엎드린 제왕나비는 기어갈 정도의 체온밖에 남아 있지 않았다. 나비는 이곳을 떠나기 위해 근육을 데우려 몸을 떨고 있었다. 느리더라도 지상에서 30센티미터만 올라가면 살아남을 확률이 크게 높아질 것이다. 지면은 가장 추운 미기후 지대이고 이슬이 내릴 위험이 있는 데다 언제 검은귀쥐*Peromyscus melanotis*가 나타날지 모른다. 제왕나비가 밤을 보내기에는 너무 위험한 곳이다.

추위에 습기까지 더해지면 악몽이 시작되기 때문에 제왕나비로서는 그 두 가지 조건을 피하는 것이 가장 중요하다. 추위도 몸이 젖지만 않으면 살 가능성이 있다. 하지만 춥고 축축하기까지 하면 아주 위험하다. 제왕나비는 눈, 비, 우박이나 이슬을 맞아 몸이 젖는다. 건강한 숲에서 무리를 이루면 폭풍으로부터 몸을 보호할 수 있겠지만 나무가 점점 사라지는 탓에 위험에 그대로 노출되는 경우가 많아졌다. 무리 가장자리에 자리잡은 나비, 특히 바람이 부는 쪽에 매달린 나비는 습기를 뒤집어쓸 수 있다. 기온이 내려갈 때 바람으로 무리에서 밀려나거나 바닥에 떨어지면 더 위험하다. 추운 미기후를 고스란히 견뎌야 하고 거의 매일 내리는 이슬에 몸이 젖기 때문이다. 나비 몸에 붙은 수분은 얼

• 微氣候, 지표면의 상태나 지물의 영향으로 미세하게 기온의 차이가 생기는 지상 1.5미터 정도의 기후. ─옮긴이

어붙어 얼음 결정이 된다. 이 얼음 결정은 뻗어 나가면서 나비의 몸 전체를 덮을 뿐 아니라 나비가 숨쉬는 데 필요한 구멍(기문)을 통해 몸 안으로 들어간다. 이처럼 밖에서 안으로 얼어붙는 치명적 과정을 '접종 동결(inoculative freezing)'이라고 한다. 현장 연구 결과를 보면 몸이 젖은 제왕나비는 기온이 영하 7.7도로 내려가자 모두 죽었다. 반대로 젖지 않은 제왕나비는 같은 온도에서도 50퍼센트밖에 죽지 않았다.

내 발치에 있던 제왕나비는 떨긴 해도 움직일 수는 있었다. 나는 따뜻한 차나 겉옷을 건네 응원하고 싶었지만 대신 관광객이 무심코 나비를 밟지 못하게 거기 서서 지켰다. 그리고 위를 올려다보며 성큼성큼 걸어가는 관광객들을 향해 팬터마임 배우처럼 요란한 손동작으로 조심해서 걸어달라고 부탁했다. 그때 브리안다가 나뭇가지를 찾아 마치 댄스 파트너에게 춤을 청하듯 나비에게 내밀었다. 제왕나비는 기꺼이 가지를 잡았고 브리안다는 여전히 바들바들 떨고 있는 제왕나비를 길 밖으로 옮겼다.

추위는 이렇게 위험하지만 장점도 있다. 기온이 내려가면 제왕나비의 활동성이 떨어진다. 덕분에 이리저리 날아다니느라 열량을 소비할 필요 없이 나무에 꼭 붙어 있을 수 있다. 봄에 다시 북쪽으로 날아갈 때 필요한 지방을 지키는 것이다. 제왕나비는 얼어붙은 동상처럼 가만히 앉아 겨울잠 같은 잠을 자면서 겨울이 가길 기다린다.

흡열(온혈) 동물인 나는 바깥 온도가 낮아도 늘 같은 체온을 유지해야 한다. 제왕나비 수백만 마리가 잠든 모습을 지켜보는 동안 내 피부에 찬 기운이 내려앉아 몸이 떨렸다. 몸을 떨면 사지에 피가 돌고 신진대사가 활발해져 흡열 동물의 체온을 유지하는 데 도움이 된다. 이런 과학적 사실을 증명하듯 내 몸이 떨리고 있었다. 나는 재킷 지퍼를 올리며 겨울나기에 딱 알맞은 정도로 추운 숲을 찾아낸 제왕나비에 감탄했다.

제왕나비를 보며 추위에 떠는 사람은 나만이 아니었다. 주위를 보니 다른 방문객들도 몸을 옹송그리며 모여 있었다. 제왕나비를 방해하면 날아오르면서 소중한 에너지를 낭비할 수 있으므로 몇 가지 규칙이 있었다. 나비를 만지지 말 것, 플래시를 사용하지 말 것, 이야기하지 말 것. 고요한 군중 덕분에 숲은 동물원이 아닌 교회처럼 보였다. 나무로 지은 신전에서 날개를 접고 기도하는 신도들. 나비는 무엇을 위해 기도할까? 순풍, 밀크위드*, 아니면 평화가 깃든 침묵…. 추측만 할 뿐이다. 나도 제왕나비와 함께 먼 길을 이동할 힘을 달라고 기도했다.

이동 거리가 얼마나 될지 정확히는 알 수 없었다. 멕시코의 제왕나비 월동 지역에서 캐나다까지 갔다 돌아오려면 약 1만 6,000킬로미터를 자전거로 달려야 할 것이다. 3월에 출발하면 제왕나비와 마찬가지로 여름에 캐나다에 도착하고 11월에 다시 멕시코로 돌아올 수 있을 것이다. 그러려면 한 달에 1,900킬로미터는 족히 달려야 한다.

숨죽인 제왕나비로 가득한 고요한 숲에서 나는 의심을 잠재우려 애썼다. 어린 시절 자전거를 타기 시작한 후 블록을 몇 바

• milkweed, 자르면 하얀 유액이 나오는 아스클레피아스속(Asclepias) 식물의 통칭. 제왕나비는 밀크위드에만 알을 낳는다. ―옮긴이

퀴씩 돌며 입증한 내 자전거 실력을 떠올렸다. 처음에는 블록을 돌다가 동네를 돌고 다음에는 도시를 돌았다. 그러다 열일곱 살 때 처음으로 자전거 여행을 떠났다. 한 달 동안 하루 65킬로미터씩 대서양 연안을 따라 달리며, 장거리 여행도 하루 몇 킬로미터씩 달리는 여행을 더한 것에 지나지 않는다는 교훈을 얻었다. 1킬로미터를 자전거로 달릴 수 있다면 2킬로미터도 갈 수 있다. 2킬로미터를 간다면 1만 6,000킬로미터도 갈 수 있다.

갈 수 있다고 확신했지만 쉽다고 생각하지는 않았다. 분명 고생스러울 것이고 일부 구간은 고통스러울 것이며 극도로 괴로운 순간이 쌓여 감당하지 못할 지경이 될 수도 있을 것이다. 나는 1만 6,000킬로미터가 아닌, 그 길에 숨어 있을 의심에 지지 않겠다고 단단히 마음먹었다.

제왕나비야말로 생존이 불확실했다. 그러나 멸종을 우려해야 할 정도로 개체수가 줄어들고 그 불확실성에 머리가 지끈거려도 제왕나비들은 아무 걱정 없이 평화로워 보였다. 제왕나비는 수천 년 동안 해마다 자신들의 존재를 증명해 왔다. 그러나 정작 그들은 이런 업적을 대단치 않게 여길 것이고 불안한 미래에 대해서도 알지 못할 것이다. 그래도 제왕나비가 평화롭게 나무에 매달려 있는 것은 폭풍, 포식자, 질병, 인간의 개발, 번잡한 도로, 살충제 등과 최대한 싸우며 대륙을 건너는 것이 자신들의 임무라는 더 큰 그림을 이해하기 때문이라고 생각하면 위안이 되었다. 나는 숨을 깊이 들이마시며 긴 역사 속에 놓인 이 순간을 음미했다. 오직 본능과 주황색 날개밖에 없는 나비가 세 개의 국가와 혼란스러운 인간 세계를 건너갈 수 있다면, 고집스러운 의지와 이

땅의 친절함에 기댄 나 역시 같은 길을 갈 수 있을 것이다.

아직 1월이다. 1킬로미터씩 나아가는 자전거처럼 미래도 그렇게 다가올 것이다. 나는 다시 나뭇가지로 눈을 돌렸다. 제왕나비로 물든 숲에 걱정할 자리는 많지 않았다.

제왕나비의
겨울 이웃

1 ~ 3월

북쪽으로 출발하기 며칠 전 시원한 3월의 어느 날 아침, 잠시 멈춰 주변을 둘러보았다. 멕시코에 온 지 거의 두 달이 지났고 아직 출발하지는 않았지만 모험은 이미 시작되었다. 햇살에 눈을 가늘게 뜨고 먼 곳으로 시선을 던진다.

땔감과 목재로 쓸 소나무를 재배하는 숲이 위쪽으로 보였다. 미초아칸주와 멕시코주 경계 근처인 이 지역에는 이런 농장 비슷한 숲이 흔했다. 줄 맞춰 심은 소나무밭은 자생적으로 생겨난 숲은 아니지만 산사태를 예방하고 숲이 받는 압력을 덜어주는 효과가 있다. 아래로는 굽이굽이 물결치는 언덕을 따라 여전히 생계를 위해 일구는 밭이 일그러진 바둑판처럼 펼쳐져 있었다. 풀밭에는 시멘트 집들이 들어서 있고 햇볕에 널어둔 빨래가 바람에 펄럭이며 집을 채색한다. 탁한 강물처럼 흐르는 큰길에서 오솔길이 구석구석까지 뻗어 나간다. 내가 머무는 브리안네 집은 강아지 도버가 햇살 아래 앉아 있는 모습까지 보일 정도로 가깝다. 거만한 이웃집 칠면조들이 꽥꽥거리며 텃밭의 새싹을 노리고 있다.

엘로사리오를 처음 방문한 날, 투어가 끝난 후 브리안다에게 자원봉사 자리가 있는지 물어보았다. 제왕나비가 북쪽으로 날아가려면 몇 주 기다려야 하므로 그동안 무슨 일이든 돕고 싶었다. 탐방로 보수나 제왕나비 교육 또는 영어 강습도 좋았다. 브리안다는 영어를 가르쳐주겠다는 내 제안을 기쁘게 받아들였을 뿐 아니라 자기 집에서 같이 지내자고까지 했다.

나는 지금 브리안다의 집 위쪽 가파른 비탈에 우표처럼 붙은 밭에 나와 있다. 브리안다 가족과 함께 흙먼지를 유니폼처럼 뒤집어쓰고 개미처럼 체계적으로 이동하며 한 발 옮길 때마다 새로 판 고랑에 한 해 동안 키울 콩과 옥수수를 심는다. 몇 주 사이에 브리안다의 가족이 내 가족처럼 느껴졌고 브리안다와 나는 그렇게 자매가 되었다.

다 같이 힘을 모아 일하는 이 순간이 참 아름답다고 생각했다. 브리안다의 아버지 이스라엘의 손에 이끌려 고랑을 파는 말들은 무게를 못 이기고 덜덜 떨며 땀을 흘렸다. 브리안다의 어머니 레티시아는 방금 생긴 고랑을 따라 한 발 성큼 옮길 때마다 옥수수 씨를 세 알씩 떨어뜨렸다. 옥수수 씨를 뿌린 자리 사이에 내가 서툰 솜씨로 알록달록한 콩 하나를 심으면 브리안다의 언니 디아나가 씨앗 위에 흙을 덮고 남동생 이반이 비료를 뿌렸다. 마지막으로 브리안다의 사촌이 한 번 더 흙을 덮었다. 이제 우리의 노동은 땅속으로 들어가 비를 기다린다.

제왕나비를 달력처럼 생각해도 좋다. 나비가 북쪽으로 떠나는 4월이 되면 콩과 옥수수가 땅이 머금은 습기를 빨아들여 자라기 시작할 것이다. 5월 말이 되면 비가 내리기 시작하고 튼튼하게 자란 작물이 폭우를 품어줄 것이다. 11월이 되어 제왕나비가 돌아오면 농작물을 거둘 때다. 제왕나비의 움직임을 읽으면 비와 식물의 주기를 알 수 있다.

이 순간 무엇보다 감동적인 것은 평범한 삶의 의식을 함께하며 느끼는 친밀함이었다. 이들이 꾸밈없는 삶을 들여다볼 기회와 일상이라는 선물을 준 것에 깊이 감사했다.

밭 가장자리에 난 잡초에 흙이 튀고 온몸에 흙먼지가 묻도록 우리는 일을 계속했다. 나는 다른 사람들과 속도를 맞춰 정확한 자리에 콩을 심으려고 집중했다. 하지만 콩이 제멋대로 손에서 튕겨 나가 흙 속에 파묻혔다. 그때마다 나도 모르게 "이크(oops)!"라는 말이 튀어나왔다.

"'oops'가 무슨 뜻인지 알아요?" 영어의 'oops'가 스페인어로도 같은 뜻일지 궁금해서 물었다.

"그럼요." 다들 내 콩 심는 재주가 얼마나 서툰지 안다는 듯 웃었다. 웃는다는 건 받아들인다는 뜻이다. 내가 얼마나 운이 좋은지 생각하자 절로 미소가 지어졌다.

여행자로 와서 서툰 콩 농사꾼까지 되었으니 지금까지의 여정은 운이 좋은 편이었다. 이런 행운을 누리고 싶어 여행의 대략적인 틀만 잡고 자세한 계획을 세우지 않았다. 나는 잠자리, 음식, 샤워 등 세부적인 내용은 그때그때 필요할 때 정하기로 했다(다행히 며칠씩 샤워를 하지 않아도 '나는' 괜찮다). 계획을 많이 세워놓지 않으면 기분 좋은 자유가 찾아온다. 배고플 때 먹고 피곤할 때 자고 하루가 끝났다고 생각할 때 텐트를 치면 된다. 자세한 계획은 필요 없다. 어딘가에 도착하리라는 것만 알면 된다.

이런 '즉흥주의' 철학은 여행에서 축복이 되기도 하고 저주가 되기도 했다. 계획을 세우지 않은 탓에 크래커와 케첩밖에 먹을 게 없고, 자전거 타기 힘든 길을 몇 킬로미터씩 달리고, 엉성한 잠자리에서 자야 할 때도 있었다. 이런 힘든 순간들은 피하려면 피할 수도 있었겠지만 별로 그러고 싶지 않았다. 나는 오히려 그런 어려움이 찾아와 주었으면 했다. 치밀한 계획을 세우지 않았더니 정말 그렇게 되었다. 나는 아직 상상할 수 없는 무언가를 위한 자리를 남겨두었고, 모험이 펼쳐질 만큼의 불편함을 기꺼이 감수했다.

부딪쳐 가며 결정하는 모험의 가장 큰 장점은 기회가 나타날 때 곧바로 낚아챌 수 있다는 것이다. 대략적인 계획만 세워두어 시간이 많았던 덕에 브리안다가 자기 집에서 같이 지내자고 했을 때 받아들일 수 있었고, 그렇게 해서 밭에 콩도 심었을 뿐 아니라 브리안다를 그림자처럼 쫓아다니며 엘로사리오 가이드의 삶을 엿볼 수도 있었다.

내가 머무는 동안 브리안다는 일주일에 6일을 새벽같이 뛰어나가, 찬 공기를 맞으며 기다리는 동료이자 이웃 프리실라를 만났다. 우리는 함께 비포장도로를 걸었다. 두 사람은 내내 내가 알아들을 수 없는 농담을 던지고, 뭐가 그리 재미있는지 점점 말이 빨라졌다. 나는 아침형 인간도 아니어서 스페인어가 공중에 흩어지게 내버려 뒀다. 우리는 걸어가다가 차가 지나가면 올라탔다. 5인승 차에 열 명이 타니 과속방지턱을 지날 때마다 차가 바닥에 긁혔고, 그러면 승객들은 다이어트를 해야겠다며 웃어댔다.

트럭에는 훨씬 더 많은 사람이 탔다. 노인이든 젊은이든 지나가는 차에 올라타거나 뛰어내리기를 망설이지 않았다.

관광객들로 북적이기 전 이른 시간에 엘로사리오에 도착한 가이드들은 대부분 주차장 한 귀퉁이에 놓인 작은 제단 앞에서 무릎을 꿇었다가 정문으로 방향을 돌렸다. 나는 가이드 한 명 한 명에게 악수를 건네며 "부에노스 디아스(Buenos dias, 좋은 아침이에요)"를 외친 후 카페테리아 안에서 내 일을 시작했다. 김이 오르는 '카페 데 오야'•나 '아톨레'◆, 또는 인스턴트커피를 마시는 가이드들과 수다를 떤 다음 그날의 영어 표현을 게시판에 붙이고 연습을 시작한다. 대개는 들락날락하는 가이드들을 과감하게 붙들고 "내 이름은 …입니다", "감사합니다", "말 타실래요?" 같은 새 문장을 틈틈이 연습시키는 식이었다.

오후에는 반은 운동 삼아 제왕나비에게 인사하러 산에 오를 때가 많았다. 나비들은 매년 조금씩 다른 곳에 무리를 짓는다. 2016~2017년 겨울에는 대부분 '토끼 초원'으로 이어지는 구불구불한 산길 너머에 자리를 잡았다. 처음 제왕나비를 보러 갔을 때는 초원에서 오른쪽으로 꺾어 10분 정도 더 들어갔다. 그 뒤로는 나비 무리가 자리를 옮겼기 때문에 초원을 지나 산길을 20분가량 더 가야 했다. 날이 흐리고 제왕나비를 밟을 걱정이 없을 때는 관광객들이 보통 네 시간 걸리는 길을 40분 만에 다녀올 수 있었다. 날이 맑을 때는 주황색 날개와 푸른 하늘이 어우러져 가슴

• café de olla, 큰 냄비에 커피, 계피, 꿀 등을 넣고 끓이는 멕시코 스타일 커피. —옮긴이

◆ atole, 옥수숫가루와 견과류 등을 푼 따뜻한 음료. —옮긴이

시리게 아름다운 풍경을 바라보느라 시간을 지체하곤 했다. 관광객 수천 명이 탐방로를 가득 메우는 휴일에는 샛길이나 목재 수송용 산길, 말이나 소가 다니는 길, 아니면 길이 아예 없는 초원을 떠돌았다. 비나 우박이 떨어질 때는 가이드들과 함께 초조한 마음으로 입구에 서서 폭풍우가 잠잠해지고 제왕나비가 안전하기를 빌었다. 2002년의 악몽이 되풀이되지 않기를 바라며.

2002년 1월 11~16일, 강력한 겨울 폭풍이 제왕나비 군집을 강타했다. 첫 번째 폭풍 때 48시간 동안 비가 내렸고 두 번째 폭풍으로 맹추위가 장기간 이어졌다. 습기와 추위의 치명적 조합이었다. 이때 엘로사리오와 시에라친쿠아 개체군의 75퍼센트에 해당하는 약 2억~2억 7,500마리의 제왕나비가 죽었다. 죽은 나비가 무덤처럼 바닥에 쌓였다. 어떤 곳은 30센티미터 넘게 쌓였다. 그중에는 죽은 나비를 단열재 삼아 살아남았지만 기어나오지 못한 나비들도 있었다. 이 역대급 폭풍은 몇 년 동안 서서히 만들어졌다. 기후가 변한 데다 숲을 보호하고 제왕나비를 눈비로부터 막아주던 나무가 잘려 나간 결과다. 한랭전선이 내려오자 제왕나비는 속수무책으로 추위에 노출되었고 빽빽한 군집 속에서 보호받는 나비 외에는 모두 희생되고 말았다.

그해, 어릴 때부터 제왕나비를 좋아하던 앙강게오 지역 여성 에스텔라 로메로가 보호구역 몇 군데를 돌며 겨울 폭풍으로 죽은 제왕나비 수백 마리를 모았다. 그녀는 이 나비를 토기에 담아 마을 공동묘지에 묻었다. 나는 앙강게오에 갔을 때 시멘트 묘비와 꽃다발이 미로처럼 얽힌 이 묘지를 찾았다. 허물어지기 시작한 담벼락 한구석까지 조심스럽게 걸어가자 내가 찾던 묘비가 보였다. 무릎을 꿇고 앉아 소나무 낙엽을 쓸어내고 스페인어, 영어, 프랑스어로 쓰인 글을 읽었다. "2002년 1월 대폭풍으로 동사한 제왕나비 수백만 마리를 추모하며."

소리가 흩어지고 고요함이 다시 찾아오자 나는 수백만 마리의 기억과 함께 홀로 남았다. 울음이 터져 나왔다. 공동묘지에서 어색함 말고 다른 감정을 느낀 것은 처음이었다. 크나큰 상실로 인한 슬픔을 전하고 싶은 마음에 솔잎을 더 쓸어냈다. 지구를 위해 울 수 있는 곳이 있어서 다행이었다. 서서히 무너지는 이 세계에서 우리가 미안하다고 말할 수 있는 장소, 우리가 잃어버린 것을 기억할 장소가 필요하다.

겨울을 나는 제왕나비 군집이 비극적인 죽음을 맞은 것은 2002년뿐만이 아니다. 최근 몇 년 동안 불어온 습한 폭풍은 더 큰 피해를 낳았다. 지금껏 본 적 없는 대규모 폭풍이 불어오는 것은 기후 변화 때문이다. 2004년과 2010년, 2016년에도 기후 변화와 바다의 기온 상승으로 전에 없이 강력한 폭풍이 찾아왔다.

바다의 영향력은 정말 강력하다. 바다는 기후를 만들어내고, 밤과 낮의 온도를 안정적으로 맞춰주는 열 저장소 기능을 한다. 해류를 통해 열을 보내 적도와 극지방의 균형을 맞추는 역할도 한다. 대기에 온실가스가 많아지면 더 많은 태양열이 대기에 갇히고, 지구가 더워지면 바다가 이 열을 흡수한다. 태평양 온도가 높아지면 수증기가 늘어나고 점점 더 습기가 많은 폭풍이 형성된다. 멕시코에서 '건조한' 계절을 견디고 살아남도록 진화한 제왕나비에게 이제 건조한 계절은 존재하지 않는다. 제왕나비는 몇 년에 한 번씩 불어오는 치명적인 폭풍으로 물에 흠뻑 젖는다.

게다가 숲의 임관층도 점점 성기어져 피난처 역할을 제대로 하지 못한다.

이렇게 새로 등장한 위협 요인으로부터 피해를 줄이는 가장 좋은 방법은 탄탄한 개체수를 갖추는 것이다. 제왕나비는 여름 번식기 동안 여러 세대에 걸쳐 많은 알을 낳기 때문에 급격한 개체수 감소에 대응할 수 있다. 살아남는 나비가 있고 그 자손이 여름 번식기에 좋은 조건을 만나면 개체수가 늘어날 수 있다. 다시 말해 겨울 폭풍으로 제왕나비 2억 마리가 죽어도 애초에 10억 마리가 있었다면 세력을 회복할 수 있다. 그러나 같은 폭풍이라도 남은 개체수가 2억 마리밖에 안 된다면 어떤 결과가 나타날지는 분명하다. 나는 우박이 쏟아질 때마다 다른 가이드들과 엘로사리오에 서서 머릿속으로 이런 계산을 했다. 그러다 폭풍이 지나가면 언덕에 올라 피해가 얼마나 되는지 살폈다. 땅이 나비로 뒤덮이지 않은 걸 확인하고서야 안도의 한숨을 내쉴 수 있었다.

매일 산을 오르내리며 제왕나비를 보러 다니면서도 엘로사리오의 카페테리아에서 8킬로미터 반경을 벗어나지는 않았다. 다들 나를 익숙하게 여기는 이 정도 거리에서, 제왕나비와 함께 독특한 삶을 살아가는 이곳 멕시코인들을 관찰하는 게 좋았다. 파블로는 잘못 말할까 봐 걱정하지 않고 영어를 연습하는 용감한 학생이었다. 우리가 꽤 친해졌을 때 파블로가 "나는 박쥐 똥이에요(I am a bat shit)."*라는 말을 불쑥 내뱉은 일이 있었다. 무슨 의

---

* bat shit은 '완전히 미쳤다'는 뜻의 비속어이기도 하다. —옮긴이

미로 한 말인지 알 수 없었지만, 그냥 웃어넘겨도 괜찮다는 건 알 수 있었다. 그러면 파블로도 굴하지 않고 다시 하고 싶은 말을 했다. 초등학교 2학년 때 아버지를 잃은 파블로는 가족이 모두 이사하면서 더 이상 정규 교육을 받지 못했다. 그런 악조건에서도 (나처럼 어리숙한 교사도 만나고) 실력이 느는 것을 보며 나와 같은 교육을 받았더라면 어땠을까 싶었다.

젊고 유행에 밝은 데다 영어 발음까지 완벽한 에릭도 있었다. 실비아와 카티 자매는 종종 구분이 어려웠는데, 카티는 맛있는 빵을 만들고 '마이 네임 이즈'를 열심히 연습했다. 파비는 노트에 영어 문장을 적어 들고 다녔는데 어느 날은 내 옆에 앉아 스페인어로 성경을 읽어주었다. 호르헤는 방문객에게 말을 태워주는 가이드였다. 수의사가 되기 위해 공부하는 호르헤를 위해 함께 영어 교재를 번역해 볼까 했으나 내가 '동결침전제제'◆를 영어로도 모르는데 스페인어로는 더더욱 알 리가 없다는 것만 확인하고 끝냈다. 가이드들의 일상을 함께하면서 나는 그들이 보는 세상을 엿보고 그들의 눈으로 제왕나비와 보호구역을 볼 수 있었다.

멕시코 정부는 1986년 제왕나비가 월동하는 숲을 제왕나비 생물권 보호구역으로 지정해 보호하기 시작했다. 미국의 국립공원과 달리 제왕나비 보호구역은 대부분 공동체 소유다. 주로 멕시코의 두 대표적 공동체인 토착공동체(comunidad)와 에히도■에

◆　얼린 혈장을 녹여 유용한 혈액 성분을 분리하고 다시 얼린 것. —옮긴이
■　ejido, 멕시코혁명에 수반된 농지개혁에 따라 도입된 독특한 토지 보유 형태 및 지역 집단 쌍방을 가리킨다. —옮긴이

속하는 토지를 말한다. 토착공동체는 전체 보호구역의 38.4퍼센트, 에히도는 48.2퍼센트를 차지한다. 이런 토지는 기본적으로 연방 소유지만 사람들이 거주하고, 거주민은 땅을 이용해 이익을 얻을 권리가 있다. 멕시코 혁명(1910~1920)에 따른 토지 재분배 노력으로 얻은 권리다.

멕시코의 토지 역사를 이해하면 1986년 대통령령으로 공유지가 보호구역으로 지정되었을 때 일어난 일의 맥락을 좀 더 자세히 알 수 있다. 정부는 에히도와 공동체의 의견을 전혀 구하지 않고 공유지 숲에서 나무 베는 것을 금지했다. 보존과 보호라는 이름으로 일어나는 여러 행위와 마찬가지로 이번에도 가장 미미한 이득을 보던 사람들이 가장 큰 손해를 입었다. 그러자 엄청난 반발이 일어났다. 땅을 뺏길지도 모른다는 두려움에 거주민들이 미리 나무를 베어버린 것이다.

이 같은 보복 행위를 겪은 정부는 2000년에 다시 공동체의 의견을 듣고 보호구역을 확장하고 재정비했다(토지를 보호구역으로 지정할 때 공동체의 의견을 들어야 한다는 법이 1988년 제정되었기 때문이기도 하다). 처음에는 따로 보호하도록 설계한 제왕나비의 주요 서식지가 하나로 연결되면서 면적이 현재와 같은 560제곱킬로미터로 확장되었고, 목재로 얻던 수입을 대체하고 산림 보호를 장려하기 위해 제왕나비기금(Monarch Fund)이 설립되었다. 멕시코 정부와 민간이 조성하는 이 기금은 보호와 규제 강도가 높은 보호구역에 속하는 에히도와 토착공동체에 전달된다.

현재 에히도는 제왕나비기금에서 받은 돈과 관광 수입을 공동체 구성원이자 에히도의 주 결정권자인 에히다타리오(ejidatario)의 재량으로 사용하고 있다. 엘로사리오 역시 제왕나비 보호구역의 에히도로, 에히다타리오 261명의 감독을 받는다.

나는 엘로사리오에 있으면서 에히다타리오들이 한 달에 두 번 카페테리아에 모여 다양한 의제와 관광 수입 배분을 놓고 투표하는 모습을 지나가며 보곤 했다. 한번은 나를 부르기에 들어가서 내 소개를 하니 나도 에히다타리오가 되어야 한다는 농담이 나왔다. 나는 농담인 줄 알면서도 단호히 거절했다. 그 자리를 탐내는 사람이 얼마나 많은지 알기 때문이었다. 아무리 대가족이라도 에히다타리오를 물려받는 사람은 한 명(보통 큰아들)뿐이다.

엘로사리오의 에히다타리오는 가이드로 일할 권리를 얻는데 이 권리를 가족에게 넘기거나 다른 사람에게 팔 수 있다. 하지만 가이드의 고용 안정성은 아주 낮다. 한 철밖에 일할 수 없고 필요한 가이드 수가 많지 않아 전체 가이드를 세 개 조로 나눠 3년에 한 번씩만 일할 수 있기 때문이다. 관광객들이 나에게 팁을 얼마나 줘야 하는지 물을 때마다 이 복잡한 시스템을 설명하려고 노력했다. 팁을 넉넉하게 주면 일이 없는 기간을 버티는 데 도움이 된다. 에히다타리오는 보통 한 가족당 한 사람에게만 돌아가니 형제나 다른 가족에게는 이런 기회조차 없다.

이런 공동 토지 체계가 성공하려면 사람들 사이에 의견 교환이 원활하게 이루어져야 할 뿐 아니라 사람들과 그들이 의지하는 숲 모두에게 도움이 되는 충분한 보상과 지원이 있어야 한다. 물론 말처럼 쉽지는 않다. 그러나 숲을 보호해서 얻는 이득이 자원을 파괴해 얻는 이득을 넘어서지 않으면 숲은 계속해서 인간 때문에 고통받을 것이다.

영어 강습을 진행하면서 멕시코의 토지와 임야 문제를 어렴 풋이 알 수 있었다. 관광 수입과 보호 기금은 골고루 돌아가지 않 았고 숲은 여전히 고통받았다. 숲을 돌아다니다 보면 잘린 나무 그루터기들이 마른 흙 위에 묘비처럼 서 있었다. 키 작은 초목 사 이로 촘촘하게 뚫린 길 때문에 나무들이 위태로워 보이기도 했 다. 짙은 어둠을 틈타 보호수를 훔치는 도둑을 마주칠 수 있으니 밤에는 숲에 들어가지 말라는 경고도 들었다. 어느 날 관광객들 과 함께 탄 차에서 기사가 숲을 기웃거리다 화를 당한 사람의 이 야기를 들려주었다. 승객 전체에게 하는 말이었겠지만 백미러를 통해 본 그의 눈빛은 꼭 나를 향하는 것 같았다.

이런 일은 대부분 조용히 지나가지만 2020년 제왕나비 보호 활동가 두 명이 사망한 사건이 언론에 보도되면서 시끄러웠던 때 가 있었다. 당시 나도 엘로사리오 근처에서 지내고 있었다. 무척 슬프고 불안한 시기였고 개인적으로도 견디기 힘들었다. 앞뒤가 맞지 않고 때로는 완전히 잘못된 뉴스가 미국과 캐나다까지 퍼져 광적인 공포심을 불러일으켰다. 걱정하는 친구들에게 나는 언제 나 비슷하게 대답했다. "나는 안전해. 이런저런 소문이 있지만 뉴 스에 나오는 것보다 상황이 훨씬 복잡한 것 같아."

멕시코의 제왕나비 정책을 다 알 수는 없지만 복잡하고 어두 운 면이 있다는 점은 확실하다. 라운드업●의 위험을 숨기고, 돈

● Roundup. 미국의 다국적 기업 몬산토가 1974년 출시한 제초제로 GMO 작물 재배가 퍼지면서 사용량이 폭발적으로 증가했다. 주성분 인 글리포세이트에 대한 안전 논란이 계속 있어오다가 2015년 세계보 건기구에서 이를 발암물질 2A로 분류했고, 전 세계에서 관련 소송이

을 쏟아부어 환경 보호 노력을 방해하고, 보조금을 교묘히 손에 넣어 미국 대초원을 파괴한 화학약품 회사보다는 나을 수도 있다. 어쩌면 아닐 수도 있고. 멕시코의 어두운 면을 느낄 때마다 아직은 위험에 맞설 준비가 되어 있지 않다는 생각에 뒤로 물러났다. 나는 제왕나비와 함께 자전거를 타는 행동으로 어둠과 싸우는 목소리에 작은 힘이나마 보태고 싶었다.

이런 위험이 남아 있지만 환경 보호를 위한 노력은 알게 모르게 변화를 가져오고 있다. 매일 숲을 감시하며 나무에 대한 경계를 게을리하지 않은 덕에 대규모 불법 벌목이 역대 최저 수준으로 내려갔고 최근 심은 묘목들은 미래의 희망을 키우고 있다. 한때 목재를 가득 실은 대형 트럭이 다니던 도로는 이제 폐쇄되었고 연구원들이 나무와 제왕나비를 둘 다 추적 관찰한다. 힘차게 시작된 환경 보호 노력이 지금도 유지되고 있다.

제왕나비를 보호하면 적어도 월동 지역 주민들에게는 관광객을 유치할 수 있다는 장점이 있다. 2012~2013년 겨울, 7만 2,591명이 제왕나비를 보러 멕시코를 방문했다. 관광객은 입장권뿐 아니라 음식, 숙박, 교통, 가이드 서비스에도 돈을 썼다. 이런 지출은 숲을 보호할 이유가 된다. 지역 사회가 제왕나비를 도우면 제왕나비도 사람들을 돕는다.

숲을 지키는 일은 사람을 지키는 일이기도 하다. 산비탈의 나무를 베어내면 흙을 지탱할 뿌리가 없어 치명적인 산사태가 일어날 수 있고, 훼손된 숲은 산불, 병충해, 기후 변화에 더 취약하

일어났다. ─옮긴이

다. 벌목이 단기적으로는 부를 가져다줄지 몰라도 위험한 부작용이 따른다는 뜻이다. 반면에 숲을 보호하면 관광업 발달 등 장기적 이득을 누릴 수 있다.

관광은 관리만 잘 하면 지속적인 소득원이 될 수 있다. 문제는 매년 겨울 제왕나비를 찾아오는 수천 명의 관광객을 어떻게 관리하느냐이다. 적어도 지금은 관광객으로 생겨나는 부담을 숲이 고스란히 떠안고 있다. 관광객 수천 명과 말들의 발자국으로 탐방로가 넓어지고 이 때문에 우기에는 긴 회랑 모양의 침식이 일어난다. 주차장에는 아스팔트가 깔리고 곳곳에 쓰레기가 나뒹군다. 사람들이 모이다 보니 소음과 소란이 뒤따르고, 들뜬 관광객들은 아무 생각 없이 땅을 밟으며 나비와 식물을 발로 뭉갠다. 무엇을 언제 보호하고, 희생하고, 이용해야 할지 어떻게 결정할 수 있을까? 제왕나비와 사람의 삶이 모두 위기에 처할 때 우리는 어떤 선택을 해야 할까?

그곳에 있을 때도 답을 알 수 없었고 지금도 모르겠다. 나는 그저 배움을 얻고 도움을 주려고 그곳에 갔을 뿐이다. 그래서 영어를 가르치고 필요할 때는 통역을 돕거나 카페테리아에서 설거지를 했다. 가끔은 가이드 조끼를 걸치고 단체 관광객을 인솔해 산에 오르기도 했다. 한번은 세 시간 코스를 걷고 300페소(15달러)를 팁으로 받아 가이드들에게 점심을 대접하고 브리안다네 집에 저녁거리를 사 갔다. 네 시간 코스를 돌고 10페소(50센트)를 받기도 했다. 이 돈으로는 저녁에 집으로 돌아가는 차비나 겨우 낼 수 있었다.

팁을 받든 안 받든 우리는 매일 저녁 차를 잡아타고 포장도로가 끝나는 곳까지 갔다가, 흙길을 걸어서 집으로 돌아갔다. 잠이 덜 깬 아침과 달리 언덕을 올라 집으로 돌아가는 저녁에는 나도 길 위의 시간을 함께할 만큼 초롱초롱했다. 그곳에는 스마트폰에 코를 박고 다니는 사람이 거의 없고 차를 타고 다니는 사람은 더더욱 없었다. 대신 각 집 거실의 연장선 같은 집 앞 골목에서 친구와 가족이 만나 담소를 나눴다. 우리는 아이를 데리고 나온 엄마들, 말에 땔감을 가득 싣고 가는 젊은이들, 집마다 딸린 작은 가게 주인들에게 저녁 인사를 건넸다. 각 집에 딸린 가게는 최고의 편의점이다. 필요한 물건(사탕이라든지)이 있으면 이곳에서 '안녕하세요!'를 외친 후 주인이 나올 때까지 기다리면 된다. 물건은 별로 없지만 그래도 충분했다. 사탕은 항상 있었다!

도버가 우리를 가장 먼저 반겼다. 도버는 우리가 브리안다의 집 아래쪽 산비탈에 있는 계단을 오를 때부터 꼬리를 흔들며 우리를 기다렸다. 보통 태양이 희미한 빛을 남기며 물러나고 매서운 추위가 찾아오기 시작하는 시간일 때가 많았다. 그래서 브리안다의 어머니 레티시아가 정성스레 끓여준 따뜻한 차가 반갑기 그지없었다. 새로 사귄 가이드 친구들과 온종일 제왕나비를 살피다 언덕 위에 앉은 내 멕시코 집으로 돌아와 레티시아가 몰레●, 콩, 닭고기 수프, 칠레 레예노◆, 달걀, 밭에서 키운 근대나 호박 등으로 차린 한 상을 마주하면 내게 찾아온 행운이 놀라울 뿐이었다. 저녁을 먹고 후식으로 차와 빵까지 먹고 나서 이야기를 나누

●　　mole, 다양한 재료와 향신료를 넣고 오래 끓인 소스. ―옮긴이
◆　　chile relleno, 고추에 속을 채워 만든 멕시코 요리. ―옮긴이

다 보면 잘 시간이다. 제왕나비처럼 우리도 추위를 피해 겹겹이 쌓은 이불 속으로 파고들었다.

가끔은 엘로사리오에 가지 않고 자전거로 산을 내려가 오캄포를 지나 시타쿠아로 시내에 갔다. 1,200미터 지대에서 하강하는 길이라 바람을 맞으며 32킬로미터를 달리면 금세 열기와 스모그로 가득한 도시에 도착한다. 고속도로를 벗어나면 바로 시타쿠아로가 나타났다. 거리에 빽빽하게 깔린 노점과 문이 안 보이도록 물건을 쌓은 가게들을 지나고, 아이들이 풍선을 들고 비둘기를 쫓는 시내 중심부 광장을 건너, 길게 뻗은 길을 따라 도시를 가로지르면 개발이 덜 된 교외 지역의 눈부시게 아름다운 내리막길이 나타난다. 나는 과속방지턱 위치부터 신호등의 점등 주기, 또 지나가면 안 되는 구덩이 위치와 늦게 도착했을 때 빵을 살 수 있는 가게까지 모든 것을 훤히 알게 되었다. 마지막 모퉁이를 돌아 흙길을 미끄러지면 모이세스 아코스타(Moises Acosta)가 세운 제왕나비 교육센터 '파팔로친(Papalotzin)'의 침묵이 나를 반겼다.

모이세스는 이 센터의 이름을 나와틀족(Nahuatl) 원주민 언어로 제왕나비를 뜻하는 '파팔로친'이라고 지었다. 나와틀족은 제왕나비가 기쁨과 꽃의 여신에게 조용히 날아가 사람들의 소원을 전달할 수 있는 유일한 생명체라고 믿었다. 나는 그런 전설을 모를 때도 제왕나비의 신성함을 느껴 소원을 빌었다. 높이 날아올라 티 없이 맑은 하늘로 사라지는 제왕나비를 보고 숭배하지 않을 사람이 있을까? 나는 제왕나비가 오래오래 날기를 바라며 그들을 보호해 달라는 우리의 소원이 신들만이 아니라 제왕나비의 미래를 좌지우지할 모든 북미인에게 닿기를 빌었다.

　나는 파팔로친에서 참 많은 시간을 보냈다. 조용할 때는 참 새올빼미 우는 소리와 하늘을 가르는 왜가리의 날갯짓 소리를 들었다. 낮에 모이세스가 오면 함께 나무에 물을 주거나 나비 투어를 인솔하고, 나비하우스에 사는 제왕나비들을 돌봤다. 나비하우스와 시타쿠아로 주변에 사는 제왕나비는 고산 지대에서 겨울을 나는 제왕나비와 달리 이동하지 않고 이 지역에 머물며 제왕나비를 알리는 대사 또는 교사 역할을 한다.

　모이세스 역시 나의 스승이었다. 그는 멕시코의 제왕나비 서식지와 제왕나비 문화를 탐색하는 법을 알려주었고 지역 라디오 방송국에서 내 이야기를 전달할 수 있게 주선했다. 또 지역 동식물학자로서 기른 통찰을 나눠주었다. 그래도 모이세스와 이야기할 때는 꼭 존댓말을 사용했고 그가 독특한 말투로 자신의 세계를 설명할 때는 경청했다. 그는 금욕적인 사람이었고 약간 신비롭기도 했다.

　우리의 관계가 무엇이었든 나는 모이세스를 무척 존경했다. 그에게 제왕나비를 사랑하는 것은 자기 자신을 사랑하는 것과 같았다. 그에게 제왕나비는 지역 경제에 도움을 주는 수단이기도 했지만 그저 아름다운 존재이기도 했다. 어린 시절 아버지를 따라 제왕나비를 처음 보고 느낀 경이로움이 계속 그의 마음에 살아 있었다. 그의 열정 덕에 많은 사람이 제왕나비를 보고 이해하게 되었다. 제왕나비를 이해하면 감탄하게 되고, 감탄은 행동을 부르는 법이다.

　모이세스에게 제왕나비를 사랑하기란 쉬운 일이 아니었다.

내가 처음 방문하기 10년 전쯤 파팔로친에 화재가 발생한 일이 있었다. 모이세스가 불법 벌목을 신고한 이후 벌어진 일이다. 숲을 돌아다니며 벌목을 감시하다 강도를 만난 적도 여러 번 있었다고 한다. 미지의 영역에 발을 들이는 것을 용기라고들 하지만 나는 어떤 곳인지 알면서도 걸음을 멈추지 않는 것이 진정한 용기라고 생각한다.

나는 모이세스의 용기와 헌신을 존경했고 그의 길에 잠시나마 발을 들여놓게 된 것을 행운으로 여겼다. 매번 돌아가려고 인사할 때는 마음이 아플 만큼 아쉬웠다. 하지만 그때마다 내가 돌아갈 곳을 생각했다. 나에게는 멕시코에 집이 두 곳 있었다. 나를 반겨줄 브리안다의 집을 생각하며 다시 페달을 밟았다.

제왕나비를 관찰하는 것도 게을리하지 않았다. 2월 중순이 되자 날이 조금씩 따뜻해지면서 건조해진 비탈의 목마른 나비들이 물을 찾아 움직이기 시작했다. 제왕나비는 아침 일찍 언덕을 내려갔다가 갈증을 해소하고 오후에 돌아오곤 했다. 이렇게 줄지어 날아가는 모습은 이동이 곧 시작된다는 신호였다. 오래 갇혀 있다가 풀려나 흥분을 감추지 못하는 사람처럼 잠시도 쉬지 않는 나비들을 점점 더 길 아래쪽에서 마주쳤다. 제왕나비를 만나면, 특히 주요 무리에서 몇 킬로미터나 떨어져 날아온 나비를 만나면 출발이 얼마 남지 않았다는 것을 알 수 있었다.

나의 자전거 모험이 곧 시작되려 하고 있었다.

백만 날개의
배웅

3월 12 ~ 13일

1~190km

나뭇가지 사이로 태양의 온기가 종일 쏟아지자 제왕나비들은 날개를 펼치고 비늘을 반짝여 고마움을 표했다. 봄 햇살을 받은 수천 마리의 나비가 주황빛 날개를 팔랑이며 하늘로 항해를 시작했다. 하늘을 가득 채운 나비들이 푸른색을 배경으로 시를 짓고 바람을 따라 춤을 추었다. 수백만 개의 날개가 전나무잎 사이에서 윙윙거리는 소리를 들으니 비행을 기다리는 제왕나비의 마음이 느껴졌다.

제왕나비들은 물을 찾아 탐방로 곁의 촉촉한 땅에 모여들었다가 강이 갈라지듯 날아올랐다. 구름이 해를 가려 그늘이 지고 기온이 떨어지면 나비들은 군집에 돌아가지 못할 때를 대비해 공중에서 기다렸다. 구름이 계속 걷히지 않으면 안전한 군집으로 날아갔다가 해가 다시 나오면 하던 일을 계속했다. 짝을 찾아 이리저리 날아다니고 꿀을 빨고 온기를 흡수하고 개울을 찾아 물을 더 마시는 것이다. 모여들었다가 줄지어 날아가고 짝을 찾기도 하는 이 모든 행위가 이동이 곧 시작된다는 단서였다. 겨울이 끝났다.

나도 가방을 싸고 대이동을 함께하기 위한 나만의 전투에 나설 시간이었다.

이제는 고물이 되어버린 스페셜라이즈드사(社)의 1989년형 하드록 모델에 짐을 잔뜩 실었다. 너무 무거워 들어올리기도 힘들다. 5년 전 중고 부품을 모아 직접 조립한 내 자전거는 폐차장이나 벼룩시장에서 보일 법하게 낡았다. 흰색과 분홍색으로 칠한 페인트도 지난 모험의 상처로 군데군데 녹슬었다. 이렇게 못난 자전거지만 나에게는 도둑맞을 걱정 없는 믿음직한 교통수단이자 소비 지상주의에 저항하는 선언이며 모험의 세계로 들어가는 입장권이었다. 나는 내 자전거가 마음에 들었다.

자전거에 끼우고 묶고 조인 가방에는 여행에 필요한 각종 물건이 헌것부터 새것까지 가득 들어갔다. 뒷바퀴 짐받이에는 고양이 모래통을 직접 개조해 만든 패니어● 두 개를 달았다. 이 바구니 두 개에 플리스 재킷, 비옷, 여행용 수건, 세면용품, 간단한 수리 장비, 수채화 세트, 냄비 두 개, 수제 버너, 하루치 식량, 자전거 자물쇠, 큰 물통을 넣었다. 그 위에는 텐트, 접이식 의자, 삼각대를 쌓아 줄로 묶고 또 그 위에는 이동 경로와 웹사이트를 알리는 팻말을 붙였다. 팻말의 한쪽은 영어로, 다른 한쪽은 스페인어로 적었다.

앞바퀴 짐받이에는 상점에서 산 빨간 패니어 두 개를 달았

●　　자전거 여행 할 때 짐받이나 바퀴 등에 부착하는 짐 가방. ─옮긴이

다. 한쪽에는 침낭, 일기, 책, 헤드램프를, 다른 한쪽에는 돌돌 만 에어매트리스, 노트북, 충전기를 넣었다. 핸들에 매단 작은 가방에는 카메라, 핸드폰, 지갑, 여권, 지도, 선크림, 칫솔, 숟가락, 주머니칼을 넣었다. 전부 해서 30킬로그램 정도 되었다. 반면 제왕나비 한 마리의 무게는 0.5그램이다. 네 마리가 모여야 동전 한 개 무게라니. 사람들은 내 계획을 듣고 깜짝 놀라지만 내가 볼 때는 그 가벼운 날개로 먼 길을 날아가는 제왕나비야말로 찬사를 받아야 한다. 제왕나비는 나보다 훨씬 준비된 모험가다.

가방을 다 꾸린 나는 멕시코에서 사귄 친구들과 작별 인사를 하고 페달을 밟기 시작했다. 첫 숨을 들이마시자 폐를 넘어 마음까지 부풀었다. 몇 달 동안 계획을 세우며 고대하던 여행이 드디어 시작되었다. 이제 떠나는 일밖에 남지 않았다.

중력이 나를 이끌었다. 움푹 팬 도로에서 이리저리 옆으로 돌고 과속방지턱에서는 비켜가며 출발의 흥분을 누렸다. 그렇게 전속력으로 경치를 즐기던 나는 높은 연석이 길 가운데까지 쭉 뻗어 있는 미초아칸주 특유의 높고 알아보기 힘든 과속방지턱에 부딪혔다. 공중으로 튀어 나가는 순간이 슬로 모션처럼 느껴지면서 그나마 기를 쓰고 핸들을 잡은 덕에 자전거와 함께 솟구쳤다. 이마가 땅을 향해 돌진했고 나는 충격에 대비해 몸을 웅크렸다.

쿵!

바퀴가 바닥에 부딪히는 순간 브레이크를 잡았다. 패니어 하나가 덜컹 소리와 함께 공중으로 솟아올랐다가 바닥에 내팽개쳐지면서 도로 한복판에 짐을 쏟아냈다. 나는 누가 내 실수를 보지 않았는지 두리번거리며 소심하게 웃었다. "출발치고 나쁘지 않네."그래도 몸을 일으킬 수는 있어서 얼른 짐을 챙겨 다시 출발했다.

언덕을 다 내려온 후 방향을 돌려 방금 내려온 산으로 난 좀 더 험한 길을 오르기 시작했다. 돌이 여기저기 굴러다니고 붉은 흙먼지가 쌓여 자전거가 비틀거렸다. 자갈이 너무 많은 구간에서는 자전거를 밀며 걸어야 했다. 걸어가면서 위를 올려다보니 제왕나비들이 줄을 지어 날아가고 있었다. 나비들은 표지판처럼 나를 이끌었고, 나는 나비들의 순례를 목격한 증인이 되었다.

개울물 같던 나비 행렬은 강물처럼 불어났다. 길을 따라 방향을 틀자 주황색 물결이 나를 감쌌다. 나는 힘차게 팔랑이거나 미끄러지는 날개들의 속도에 발을 맞췄다. 서두르지도 않고 게으름 부리지도 않으면서 우리는 한 몸처럼 이동했다. 나비들은 비포장도로를 배경으로 내 눈 밑을 떠다니다가 파란 하늘을 향해 솟아올랐다.

나비들은 날아다니지만, 날 수 없는 나는 자전거를 탔다. 그렇게 오래 계획하고 꿈꾸고 준비한 끝에 드디어 나비들과 함께 자전거를 타고 있다. 내 프로젝트의 이름 '버터바이크(Butterbike)'가 드디어 실현된 것이다.

그러다 나비들이 떠나갔다.

"제왕나비들아! 돌아와!"얼마나 터무니없는 말인지 알면서도 이렇게 소리쳤다.

길을 따를 필요가 없는 나비들은 당당하게 숲을 가로질러 곧장 북쪽으로 향했다. 자전거로 그들을 따라가기는 불가능했으므로 나비의 경로를 찾아 가로질러 가야 할 것이다. 나는 도로의 커브를 따라 돌며 날아가는 나비들에게 행운을 빌었고, 우리는 그렇게 미지의 길을 향해 갈라졌다.

낯선 곳에서 길을 찾는 내 능력이 제왕나비보다 못하다는 사실은 이번 여행에서 처음으로 마주한 교차로에서 여실히 드러났다. 길이 갈라지는 곳이 나왔고 나는 계속 커브를 돌며 오른쪽으로 가거나 왼쪽으로 방향을 틀어야 했다. 두 군데 다 급한 내리막이어서 앞이 보이지 않았다.

스마트폰을 쓸 수 없어서 길에 보이는 몇 가지 단서와 내 형편없는 방향 감각 그리고 종이 지도에 의존할 수밖에 없었다. 멕시코를 처음 여행했을 때에도 이 지도는 별 도움이 안 되었다. 접힌 부분이 닳아 투명 테이프를 붙여 가지고 다녔는데 문제는 알록달록한 이 지도의 정확성이 애초에 70퍼센트 정도밖에 안 됐다는 것이다. 도시 이름이 잘못 쓰여 있거나 없는 길이 그려져 있기도 했다. 그래도 없는 것보다는 낫다고 생각해 계속 사용하던 지도였다.

지도에 따르면 나는 보호구역을 떠나 발음조차 하기 어려운 한 동네를 향해 동쪽으로 가다가 미초아칸주에서 멕시코주로 넘어가 처음 만나는 교차로에서 왼쪽으로 꺾어야 했다. 뭐, 말은 쉽다.

이제 주 경계선을 건넌 후 첫 교차로에 섰다. 다시 지도를 확인하고 왼쪽으로 돌기로 했다. 결정에 자신이 없어 브레이크를 꽉 잡고 슬금슬금 내려갔는데, 길가에 늘어선 나무들이 천천히 지나가는 걸 보니 내가 지금 뭐 하나 싶었다. 내리막길에서 브레이크를 잡고 간다는 건 초콜릿 아이스크림이 녹는 걸 그냥 지켜보는 것과 같다. 한 마디로 있을 수 없는 일이다.

나는 내 길 찾기 본능을 믿고 브레이크에서 발을 떼며 자전거에 몸을 맡겼다. 속도가 올라가면서 촉촉해진 눈에 비친 나무들이 흐릿하게 보였고 걱정은 바람이 가져가 버렸다. 시속 65킬로미터로 달리며 앞에 놓인 길 말고는 아무것도 생각하지 않았다. 그림자가 보일 때마다 그것이 움푹 팬 구덩이인지 과속방지턱인지 초콜릿 아이스크림인지만 신경 썼다(혹시 또 모르는 일 아닌가?).

내리막길을 달리는 것이 내게는 하늘을 나는 것과 비슷했다.

언덕을 다 내려오자 비행의 짜릿함은 내가 첫 교차로에서, 그러니까 길을 잘못 들 수 있는 첫 번째 기로에서 실제로 실수를 저질렀다는 깨달음으로 바뀌었다. 몇 킬로미터를 더 가도 다음 교차로가 보이지 않자 확실히 잘못 들어섰음을 알 수 있었다. 게다가 길을 잘못 든 건 알겠는데 그곳이 어디인지는 알 수 없었다. 길을 잃어도 제대로 잃었다.

그럴 때는 두 가지 방법이 있다. 돌아가거나 계속 가거나. 그냥 서 있을 수는 없다. 온 길을 되돌아가는 건 너무 고통스러울 것 같아 가던 길을 계속 가기로 했다. 계속 가다 보면 내 위치를 알려줄 표지판이나 행인을 만날 테고 그때 계획을 수정하면 된다. 그렇게 결정을 내린 후 어떤 결과든 받아들이기로 하고 출발했다. 시간을 끌어봐야 좋을 것 없었다.

이미 실수를 저질렀고 그것을 해결하러 간다고 생각하니 왠지 힘이 나면서 한 번 더 자유로움이 느껴졌다. 몇 번 실수를 하다 보면 무서울 게 없어진다. 하지만 구름이 분홍빛으로 물들며 해가 지기 시작하는 걸 보니 그날 길을 바로잡기는 어려울 것 같았다. 아무래도 야영을 해야 할 것 같았고, 그것도 괜찮은 방법이었다. 텐트로 숨어드는 것만큼 좋은 해결책도 없다. 잘 자고 아침을 맞으면 북쪽으로 가는 새 길을 찾을 수도 있을 것이다.

어디에 텐트를 쳐야 할지 애매했다. 어린 옥수수가 자라는 탁 트인 들판, 거미줄처럼 줄 맞춰 자라는 용설란, 옹기종기 모인 화려한 시멘트 집, 멋지게 자란 소나무 숲…. 자전거로 수천 킬로미터를 달리고 수백 곳에 텐트를 쳐봤지만 매일 밤이 퍼즐이다.

그러다 길에서 조금 떨어진 나무들 옆에서 속도를 늦췄다. 해가 곧 떨어질 시간이었다. 완벽하지는 않았지만 춥고 어두운 곳에서 야영지를 찾아다니지 않으려면 어서 자리를 잡아야 했다.

길에서 조금 벗어나니 나무 아래 평평한 자리가 있었다. 자전거를 바닥에 눕히며 생각했다. '여기가 내 집이네.' 길을 내려가는 사람들이 스페인어로 소곤거리는 소리가 나무 사이로 들려왔지만 보이지는 않았으므로 나도 눈에 띄지 않겠거니 생각했다. 사람들이 무서운 건 아니지만 내 모습이 보이지 않아야 마음이 편했다. 텐트는 솔잎이 푹신하게 깔린 땅에 딱 맞았고 잘 때 필요한 것들을 다 넣어도 자리가 남았다. 혼자 장기 여행을 하는 건 처음인데 다른 건 몰라도 이렇게 텐트가 넉넉한 건 좋았다.

요리할 기운이 없어 적당히 만든 샌드위치를 딱 두 입 먹었는데 갑자기 남자의 휘파람 소리와 말발굽 소리가 정적을 깨뜨렸다. 텐트를 숨길 수도 텐트에 숨을 수도 없어서 저녁 어스름 속에서 귀를 기울였다.

말을 끄는 남자는 내가 있는 곳에서 3미터 정도 떨어진 오솔길을 걷고 있었다. 내가 미처 확인하지 못한 길이었다. 아마도 밭

일을 마치고 집으로 돌아가는 것 같았는데 외국 여성이 집 근처에 텐트를 쳤다는 사실은 꿈에도 모를 것이다. 나를 봤는지는 알 수 없었지만 갑자기 놀라게 하고 싶지 않았다.

내가 아는 최고의 스페인어 인사를 툭 던졌다. "부에나스 노체스(Buenas noches, 좋은 밤이에요)."

나는 남자의 침묵을 질문으로 받아들이고 내가 무엇을 하고 있는지 띄엄띄엄 설명했다. 그는 어둠 속에서 날 바라보았지만 걸음을 멈추지는 않았다. 내 말을 이해했을 수도 있고 아닐 수도 있었다. 어쨌든 그는 웃지도 말을 하지도 않았고 거의 반응을 보이지 않았다. 나를 알아본다는 표시는 나를 바라보는 눈빛뿐이었다. 그러다 나뭇가지를 피해 몸을 숙이며 어둠 속으로 미끄러져 들어갔다. 나는 다시 짐을 쌀까 침낭으로 들어갈까 고민하다가 그냥 침낭으로 들어갔다.

새로운 날의 태양이 수풀 사이로 모습을 드러냈을 때에는 야영 장소에 대한 걱정은 사라져 있었다. 나는 기쁜 마음으로 여행 둘째 날을 맞이하며 나에게 "생일 축하해"라고 속삭였다. 서른두 살 생일에 오싹할 정도로 좁은 고속도로에서 오싹할 정도로 빠른 차들 사이를 지나가게 될 줄 알았다면 단호히 거부하고 케이크나 사러 나섰을 텐데. 그걸 몰랐던 나는 길을 나설 채비를 했다. 영상을 거꾸로 돌리듯 풀었던 짐을 모두 싸서 자전거에 실었다. 하룻밤 내 집으로 삼았던 장소는 전날 내가 발견한 모습으로 다시 돌아갔다. 솔잎이 깔린 자리가 좀 눌리긴 했지만 내가 여기서 자고 갔다는 건 아무도 모를 것이다. 우연히 찾은 장소를 내 집으로 삼았다가 거의 아무 흔적 없이 되돌려 놓은 게 뿌듯했다.

나무 사이를 지나 어제 왔던 길로 되돌아갔다. 몇 킬로미터 달리니 어제의 교차로가 나왔고 거기서 오른쪽으로 돌았다. 곧 자동차 한 대가 빠른 속도로 나를 지나쳤다. 그 여파로 자전거가 도로 한가운데로 쏠리면서 욕이 절로 나왔다. 나는 몸을 웅크리고 계속 험한 말을 내뱉으며 달렸다. 차가 줄줄이 지나가자 내 스트레스도 쌓였고 달릴수록 점점 의심이 자라났다. "정말 재미없네." 앞으로 가야 할 수천 킬로미터의 길이 골칫덩어리로 보이기 시작했다. 여행을 시작한 지 겨우 이틀째였다. '내가 대체 뭘 하겠다고 나선 거지?'

장거리 여행에서 의심은 근육의 피로만큼이나 해롭다. 그러나 다리 근육을 단련하면 더 멀리 갈 수 있듯 마음도 단련이 필요하다. 내가 생각한 방법은 큰 그림을 생각하지 않는 것이다. 앞으로 얼마나 가야 하는지를 절대 생각하지 않고 대신 다음 1킬로미터, 다음 마을 그리고 (가장 중요한) 다음 식사를 생각하는 것이다. 그렇게 하면 당장 가야 하는 단거리만 해결하면 되고 작은 승리를 축하하다 보면 거리가 늘어난다. 이 전략을 알고 있는 건 장거리 여행이 처음이 아니기 때문이다. 나는 이미 자전거로 볼리비아에서 텍사스까지 12개국을 돌았고 미국 49개 주를 통과한 경험이 있다. 두 여행의 공통점이라면 모두 초반에는 불가능해 보였다는 것이다. 사람들은 항상 여행을 떠나려는 내게 꿈 깨라거나 까닥하다가 길에서 죽을 수도 있다고 했다. 나 역시 떠나기 전에는 항상 실패할까 봐 걱정했다. 하지만 나는 계속 달렸고 전체 거리가 얼마나 되든 1킬로미터는 1킬로미터일 뿐임을 증명했다.

생일과 생존을 자축하는 의미에서 해가 떨어지기 한참 전에 하루를 마무리했다. 차들이 미친 듯 달리는 길을 100킬로미터쯤 달리고 나니 마음과 다리와 엉덩이가 한목소리로 제발 멈춰달라고 아우성치기도 했다.

　새로 난 고속도로 옆에 이제는 다니지 않는 옛 도로가 그림자처럼 늘어서 있었다. 이런 도로는 보통 캠핑하기 좋은데 여기도 마찬가지였다. 차가 들어올 수 없도록 바위 몇 개가 놓여 있어 밖에서도 보이지 않았다. 약간 경사가 졌지만 에어매트리스 아래 비옷을 깔아 그런대로 평평하게 만들 수 있었다. 돌을 몇 개 가져와 한때 차들이 속도를 높이던 옛 도로에 텐트를 쳤다. 도로 중앙선에 앉아 새로 만든 샌드위치를 먹고 디저트로는 브리안다가 생일선물로 준 초콜릿을 먹었다.

산맥을
따라

3월 14 ~ 16일

190~499km

멕시코 중부의 보호구역에서 월동을 마친 제왕나비가 텍사스까지 가는 정확한 경로는 아직 밝혀지지 않았다. 과학자들은 나비들이 멕시코의 산맥을 지침 삼아 이동한다고 추측하고 있다. 오야멜전나무와 월동하는 세입자를 품어주는 멕시코 횡단 신(新)화산대(Transverse Neovolcanic Belt)의 산맥이 제왕나비 여정의 첫 안내자가 된다. 이 산맥은 멕시코의 좁은 허리를 묶는 벨트처럼 동서로 뻗어 있다. 제왕나비들은 화산의 기억을 따라 동쪽으로 가다가 멕시코의 건조한 중부와 녹음이 푸른 동부를 가르며 남북으로 뻗은 시에라마드레 오리엔탈산맥*을 만난다. 제왕나비들은 봄에 이 산맥을 기준으로 방향을 틀어 북쪽으로 향한다.

제왕나비와 발을 맞추기 위해 지도를 살펴봤으나 산으로 가는 길은 거의 없었다. 물이 많아 개발이 잘된 동쪽은 다양한 지형

* 멕시코의 시에라마드레산맥을 구성하는 산맥 중 하나. —옮긴이

에 맞춰 산에서는 멀고 해수면에 가까운 곳에 주요 고속도로들이 지나간다. 서쪽은 사막이 경비견처럼 앉아 마을과 도로는 물론 나도 밀어냈다. 양쪽 모두 계곡을 따라 이리저리 돌고 산세를 따라 오르내리고 장애물을 피하느라 모든 도로가 지나치게 길어졌다. 나비처럼 산등성이를 훑으며 사뿐사뿐 날아갈 수 없는 나는 할 수 없이 이런 도로를 따라가야 했다.

내가 즉석에서 정한 우아하지도 효율적이지도 않은 경로는 지그재그로 꺾여 어디로 가는지 헷갈릴 때가 많았다. 산 정상으로 향하는 샛길을 따라갈 때는 제왕나비가 손닿을 수 없는 하늘로 멀리 날아가는 느낌이었다. 어떤 길은 밀크위드 씨앗이 이른 봄을 맞아 부드러운 흙 사이로 깨어나고 있을 텍사스로 향하고 있었다. 지도에 죽죽 그어진 길들은 그저 선으로 표시되어 있을 뿐이다. 2차원 지도에 2차원 표시로 3차원 세상을 설명하고 있다. 세상이 평평하지 않다는 증거는 등고선을 따라 달라지는 색깔뿐이다. 해수면은 초록색이고 300미터 높아질 때마다 색이 달라져 높은 산은 갈색이 된다. 내 경로를 따라 칠해진 색깔은 내가 곧 오르막을 올라야 한다고 경고하고 있었다.

위협적인 열기와 다음 날 오를 오르막에 대비해 인적 없는 계곡 안쪽 마른 평지에 텐트를 치고 알람을 맞췄다. 해가 뜨는 시원한 아침에 하늘을 향해 올라갈 계획이었다.

알람 소리에 일어나 꾸역꾸역 하루를 시작했다. 새들이 뻐기듯 새날을 찬양하고 낯선 식물들의 뾰족한 잎사귀들이 폭죽 터지듯 솟아오르고 붉은 꽃들이 멋진 가지 끝에 색종이 조각처럼 매달렸다. 텐트를 접어 쑤셔넣은 후 오늘 오르기로 한 거대한 벽 같은 산을 향해 자전거 방향을 돌렸다. 산은 아직 구름 사이에서 자고 있었다.

완만하지만 꾸준한 오르막을 세 시간 동안 올랐다. 첩첩이 쌓인 산들이 점점 모습을 드러냈다. 커브를 돌 때마다 달라지는 초목과 아름다운 전망이 주의를 끌었다. 저지대 식물 대신 고도에 적응한 식물들이 하나둘 늘어나고 교통량은 계속 줄어 평화롭고 조용했다. 가끔 차들이 지나갈 뿐 별다른 방해 없이 자전거를 탈 수 있었다.

정상에 오른 기념으로 말린 망고를 먹고 우스꽝스러운 사진을 찍었다. 하지만 신나게 내리막길을 내달리기 시작해 커브를 한 번 돌고 나서야 내가 다름 아닌 내 실수를 축하했음을 깨달았다. 눈앞에 펼쳐진 길은 내가 예상한 영광스러운 내리막길이 아니라 빙 돌아 위를 향하다가 산허리쯤에서 사라지는 길이었다. 마치 그게 내 미래라는 듯.

오르막을 세 시간 더 달리자 물통에 든 물과 마지막 식량이, 그리고 다리에 남아 있던 힘까지 모두 빠져나갔다. 무자비한 열기가 피어오르던 도로가 돌연 구름에 흠뻑 젖은 숲으로 바뀌었다. 산은 더 짙푸르고, 붉은 꽃잎과 노란 꽃대를 단 꽃들이 점점 많이 보였다. 경작지도 자주 보이고 이제 건조한 사막은 없었다. 나는 욱신거리는 허리와 타는 듯한 다리로 오르막의 끝이 어딘지 간절히 찾았다.

일곱 시간째 계속 올라가기만 하는데 트럭 한 대가 내 앞에 서더니 남자 한 명이 창문에 기대 웃고 있었다. 나는 뭐라도 받고 싶은 마음으로 남자를 마주 보았다. 그는 차에서 내려 손에 들고 있던 묵직한 땅콩 봉지를 내밀었다. 마침 라미로(그 남자의 이름이다)도 자전거를 타는 사람이라 고열량 간식을 들고 다녔고 길도 잘 알았다. 내가 땅콩을 우적우적 씹어먹는데 라미로가 30분만 가면 정상이라고 알려주었다. 내 속도를 과대평가하는 것이 분명했다. 짐을 잔뜩 싣고 온종일 오르막을 오르다 보면 속도가 달팽이 비슷해진다는 걸 사람들은 모르는 것 같았다. 라미로에게 30분이라면 나는 족히 한 시간은 걸릴 것이다.

땅콩을 먹는 내게 나중에 만나 같이 자전거를 타자고 했으니 라미로도 곧 내가 얼마나 느린지 알게 될 것이다. 친구가 생긴다는 생각에 그러자고 하고 다시 오르막길을 올랐다.

한 시간쯤 지나자 급한 비탈길이 좀 완만해졌다. 잎이 무거워 축 처진 은빛 소나무 군락 사이로 편안한 길이 펼쳐졌다. 길가의 나무들 너머로 바닥을 뒤덮은 각양각색의 초록 식물과 뒤틀린 산의 흉터 같은 바위들이 보였다. 누가 지우개로 쓱쓱 문지른 듯 구름이 낮게 깔려 있었다.

마침내 산의 양쪽 풍경이 모두 보이는 능선에 도착하니 어젯밤 야영한 자리보다 1,900미터 더 높았다. 보상으로 벽에 자전거를 세우고 천천히 걸으며 지친 다리를 풀었다. 구름이 땀에 젖은 옷소매로 들어와 몸이 떨려왔다. 플리스 재킷과 비옷을 걸치고 자전거에 올라탄 후 낮게 걸린 태양을 뒤로하고 능선의 반대 방향으로 내려갔다.

내리막길은 늘 그렇듯 안도의 한숨처럼 시작되었다. 중력에 몸을 맡기고 근육을 쉬게 할 수 있었다. 무거운 배낭을 벗거나 추운 날 장시간 외부에 있다가 따뜻한 실내에 들어갔을 때처럼 달콤한 휴식을 맛보았다. 바람이 비명을 지르기 시작하자 나는 자전거 선수처럼 몸을 웅크렸다. 도로에 얇은 고무 자국을 남기는 타이어의 콧노래가 들렸다.

직선 도로에서 속도를 최고로 높이자 조립식 주택, 들풀, 산비탈에 사는 다양한 나이대의 사람들이 흐릿하게 지나갔다. 눈에 보이는 것들을 굳이 구분하지 않고 비행의 흥분에 집중했다. 속도감은 내게 살아 있음을, 높은 곳과 낮은 곳의 공기를, 가까워졌다 멀어지는 거리를, 사소한 실수가 가져올 위험을, 핑핑 돌아가는 세계의 고요를 느끼게 해주었다. 몇 시간 동안 올라갔던 높이를 몇 분 만에 날아서 내려오는 동안 고도는 낮아지고 기온은 올라갔다. 산을 넘기 전의 건조한 열기가 아니라 풍성하고 촉촉한 정글의 열기였다. 몸을 숙이고 커브를 돌 때마다 도로와 나를 집어삼키는 숲속의 구름, 초록, 열기, 소리 그리고 제왕나비….

제왕나비다!

시속 70킬로미터로 달리던 자전거를 최대한 빠르게 멈추고 머리 위에서 원을 그리며 도는 제왕나비를 올려다봤다. 주황빛 날개에 새겨진 검은 날개맥부터 가장자리의 흑백 얼룩까지 틀림없었다. 나는 자전거를 내팽개치고 나비를 따라 달리기 시작했다. 제왕나비의 월동 지역을 떠난 후 처음 마주한 순간이었다. 나비가 팔랑거리며 전하는 인사에 나도 발걸음을 멈추고 미친 듯이 팔다리를 흔들며 제왕나비와의 조우를 자축했다. 나는 이후 이 춤에 '제왕나비 해피 댄스'라는 이름을 붙였다.

내가 미친 꼭두각시 인형처럼 빙빙 돌자 차들이 방향을 틀어 나를 피했다. 그들이 차를 멈추고 뭐 하냐고 물어봤다면 두려움을 물리친 것을 기념하고 있다고 답했을 것이다. 여행을 떠나겠다고 선언한 이후부터 끝없이 나를 괴롭힌 것은, 자전거로 제왕나비를 뒤따르면서도 정작 제왕나비를 한 마리도 보지 못할 수 있다는 희미한 의구심이었다.

그런데 제왕나비가 눈앞에 나타나 내가 대이동을 잘 따라가고 있다고 확인해 준 것이다.

전날 내게 땅콩을 권했던 라미로를 어느 외진 마을의 광장에서 다시 만났다. 따뜻하고 화창한 오후, 우리는 고속도로에서 멀리 떨어진 비포장도로를 함께 달렸다. 빠른 속도로 내리막길을 내달리는 라미로를 보고 나도 과감해져서 자전거를 믿고 커브를 미끄러지듯 빠르게 돌기도 하고 비포장 내리막길도 용감하게 달렸다. 오르막에서는 내 자전거가 훨씬 무거운 탓에 속도가 느려졌지만 라미로는 기꺼이 기다려줬다. 첫날 여행이 끝날 때쯤 우리는 친구가 되었다. 저녁에는 한 학교의 시멘트 깔린 마당에 텐트를 치고 근처 가정집에서 사온 밥을 먹으며 눈꺼풀이 감길 때까지 별을 보며 떠들었다.

다음 날도 비슷했다. 오르막을 한참 오르다 보니 라미로는 어느새 시야에서 사라졌다. 잠시 멈춰 점점 높아지는 산세와 매혹적인 계곡을 사진에 담고 정상을 눈으로 따라갔다. 산 한쪽에 있는 특이하게 움푹 들어간 동굴로 뛰어들면 어떤 기분일까 상상하기도 했다. 고속도로에 도착하자 시원한 탄산음료를 두 병째 마시고 있는 라미로가 보였다. 남은 일은 골짜기를 타고 흐르는 에메랄드빛 강물에서 수영하는 것과 내 물병을 채우는 것뿐이었다.

멕시코의 가정용 수돗물은 보통 마실 수 없다. 그래서 사람들은 정수된 물이 들어 있는 18리터들이 파란 플라스틱 통 '가라폰(garrafon)'을 사 마신다. 나는 일회용 플라스틱 물병을 사고 싶지 않아 가라폰이 있는 가게, 식당, 가정집을 찾아 물을 채워달라고 부탁했다. 물값으로 몇 페소를 건네면 다들 기꺼이 물을 채워주었다(대개는 돈도 받지 않았다).

내가 스테인리스 물병 세 개를 들고는 라미로에게 물을 구하러 갈 거라고 말하자 그가 안 된다고 했다. 강에 도착해서 강물을 마셔야 한다는 것이다.

'뭐?' 나는 지구가 주는 물을 바로 마시는 걸 좋아한다. 산골짜기의 개울물을 물병에 채우거나 고산 지대의 호수에서 수영하며 물을 마시는 건 환영이다. 엘로사리오에서는 산에서 집까지 연결된 호스에 신선하고 깨끗한 물이 흘러 목이 마르면 호스를 찾았다. 자연의 물 한 모금은 선물이고 금보다 귀한 자원이다. 그러나 어디서 오는지 알 수 없는 큰 강에서 물을 떠먹고 싶지는 않았다. 지구상의 거의 모든 물이 사람에 의해 더럽혀진 지 오래였다. 나는 라미로의 의견에 맞섰다.

라미로는 갑자기 아주 진지하게 가라폰의 물을 마시지 말라고 했다. 강물을 마시지 않을 거면 물을 마시지 말라는 것이었다. 그렇게 화를 내는 게 조금 충격적이었다.

"내 말을 안 듣는군." 라미로가 쏘아붙였지만 무시하고 가게 주인에게 가라폰이 있는지 물었다. "넌 남의 말을 절대 듣지 않는구나!" 라미로가 다시 소리쳤다. 우리 둘 다 영어와 스페인어를 마음대로 섞어서 말하고 있었기 때문에 그가 영어로 했는지 스페인어로 했는지는 기억나지 않는다. 하지만 만난 지 하루밖에 안 된 사람에게 그런 부정적인 말을 들으니 기분이 좋지 않았다. 라미로의 감정이 점점 격해지는 게 보였지만 안 되는 이유를 설명해 달라거나 한 발 뒤로 물러서기에는 나도 화가 많이 났다.

내 고집스러움은 모험에서는 대단한 장점이다. 다른 사람들이 포기할 때 나는 파고들고, 불편함이 있어도 포기하기는커녕 오히려 즐긴다. 하지만 이런 성향은 사람들과 지낼 때는 장점이 되지 않는다. 인간관계는 유연해야 하는데 나는 그렇지 못하다. 내 일이 아닐 때도 의견을 굽히지 않고 내려놓을 줄 모른다. 라미로는 내가 강물을 마시지 않는다고 점점 더 화를 냈고 나도 고집을 꺾지 않았다.

영어와 스페인어의 볼륨이 점점 높아지다가 결국 다툼이 되었다. 라미로가 앞으로 한 발 나오면서 우리 둘의 얼굴이 가까워졌다. 나를 한 대 칠 것처럼 보였지만 상관없었다. 나도 가만히 당하지는 않겠다는 생각으로 물러서지 않고 앞으로 나섰다.

설사 세상에서 가장 깨끗한 강이라 해도 위험을 감수할 생각은 없었다. 우리 얼굴은 두 사람이 서로 소리 지르는 만화 장면처럼 몇 센티미터 간격으로 가까워졌고 분위기는 험악해졌다. 목소리가 커질수록 본질은 사라졌다. 라미로의 마음을 돌릴 수 없다는 걸 알고 나는 입을 다물었다. 그가 왜 갑자기 폭군처럼 분노하는지 알 수 없었으므로 내가 할 수 있는 일은 말없이 자전거를 타고 떠나는 것뿐이었다. 무섭기도 하고 화도 난 상태로 자전거 페달을 밟으며 그에게서 멀어졌다. 정말 한 대 맞은 기분이 들었다. 울음을 참기 위해 앞으로 가는 데에만 모든 에너지를 쏟았다. 물을 못 마셔 목도 마르고 수영을 못해 찝찝하기도 했지만 멀리 가는 게 중요했다.

갈증을 참으며 50킬로미터 정도 달린 후 찾은 작은 마을의 가게 그늘에서 차가운 탄산음료를 두 병 마셨다. 자전거를 타느라 기운을 소진한 덕에 분노는 빠져나갔지만 다툰 뒤의 혼란스러움은 남았다. 그 순간을 장면장면마다 쪼개 평정심을 유지했다면 어땠을지 생각했다. 하지만 결국 잊어버리는 게 좋겠다는 결론을 내렸다. 가게의 가라폰으로 물병을 채워 다 마시고 다시 채웠다. 주인의 친절함과 내 돈을 거절하는 모습에 곤두서 있던 신경이 가라앉았다. 나는 망고와 샌드위치를 조금 먹고 차가운 탄산음료를 한 병 더 맛있게 들이켰다(탄산음료를 너무 많이 마신 건 인정).

많은 여행자가 마음의 짐을 안고 여행한다. 끝없이 움직이다 보면 그 짐이 없어질 거라고 기대하면서. 보통은 이런 짐을 내려놓기가 쉽지 않지만 가끔은 가능할 때도 있다. 나는 훨씬 강해진 것을 느끼며 자전거에 올랐다.

막다른 길과
시련

3월 17 ~ 19일

499~679km

손마디가 하얘지고 이가 덜덜 떨렸다. 바퀴 바로 앞에 시선을 고
정한 채 힘겹게 비포장도로를 달렸다. 자전거는 좀처럼 속도가
나지 않고 돌투성이 길은 사정을 봐주지 않았다. 부드러운 길에
들어서서야 겨우 눈을 들어 먼 곳을 훔쳐볼 수 있었다. 그렇게 바
라본 풍경은 걱정스러웠지만 깊이 숨을 들이마시며 마음의 준비
를 단단히 하고 괴물의 뱃속 같은 험한 길로 들어갔다. '언젠가는
웃으며 말할 날이 올 거야.' 이런 생각으로 위안을 얻으려는데 막
다른 길에서 자전거를 멈출 수밖에 없었다. 어슬렁거리며 풀을
뜯는 염소와 소가 보였다.

　길을 잘못 꺾기 전까지는 모든 게 완벽했다. 라미로와 그의
분노를 뒤로하고 선택한 경로는 아주 탁월했다. 며칠 동안 관목
이 우거진 건조한 저지대에서 참나무가 우거진 산마루로 이어지
는 부드러운 언덕을 한가하게 유랑했고, 매일 이동 거리도 괜찮

았다. 전신주처럼 목을 길게 뺀 선인장 군락과 울퉁불퉁한 가지에 수염처럼 이끼가 붙은 참나무들이 터널을 이루며 도로가 좁아졌지만 차들의 방해 없이 한참을 달릴 수 있었다. 자전거 바퀴를 따라 드러나는 낮, 신의 섭리가 나타나는 밤 모두 경이로웠다. 어디든 야영하는 데 문제가 없었다.

어느 날은 축구장 구석에 텐트를 쳤는데, 아이들이 경기를 중단하고 주위로 모여들어 내가 요리하는 모습을 구경했다. 파스타를 삶는 동안 개구리 모양 초콜릿을 아이들에게 나눠주며 아이들의 부모가 이 일을 전해 들으면 그대로 믿을지 궁금했다. 다음 날은 재난 지원 업무를 주관하는 정부 조직인 시민보호청(Protección Civil)의 성벽 같은 담 밑에 짐을 풀었다. 경비원이 담배를 피우는 동안 우물에서 물을 길어 내가 가진 유일한 그릇인 냄비에 속옷을 빨았다(더러워 보이겠지만 현실이 그렇다). 다음 날은 길에서 벗어나 야생에서 잠들었다.

자전거와 야영의 반복. 예측할 수 없고 가끔은 상상할 수 없는 일도 일어났지만 첫 몇 주는 그렇게 흘러갔다. 낮에는 힘들게 자전거를 타고 밤에는 적당한 자리를 찾아 잠을 자는 생활이 모여 내 모험이라는 그림이 그려지고 있었다.

막다른 길을 찾아간 실수 역시 그런 모험의 하나지만 전적으로 예상하지 못한 일도 아니었다. 시민보호청 공무원들이 이미 내 경로를 만류하며 대형 트럭이 많이 다니는 지루한 고속도로로 가야 한다고 경고했다. 친절에 감사하는 마음으로 묵묵히 조언을 들었지만 그렇다고 꼭 그 말을 따라야 하는 건 아니잖은가. 나는 공무원들이 가리킨 방향을 보며 동의하는 척 고개를 끄덕인 후 작별 인사를 건네고 반대 방향으로 자전거를 돌렸다. 결과를 잘 아는 지금이라도 다시 이 길을 선택할 것이다.

40킬로미터 남짓 달리는 동안 공무원들의 강압에 가까운 조언이 얼마나 터무니없었는지 믿기 어려울 정도였다. 내가 고른 길은 공무원들이 권한 고속도로와 달리 차가 거의 다니지 않았고 길가에는 예스러운 마을들이 보였다. 알록달록한 나비 떼와 나비가 구애하는 꽃들도 가득했다. 비포장도로가 나오자 말을 안 듣길 정말 잘했다고 생각했다.

시골길을 달리며 잡다한 생각을 멈추고 거친 돌 사이로 길을 찾는 데 집중했다. 지뢰를 피하듯 바위를 피해 이리저리 돌고 길가의 부드러운 땅을 찾고 자갈이 좀 뜸해졌다 싶으면 집중해서 속도를 올리며 짜릿함을 느꼈다. 난이도가 높아지니 모험심과 목적의식이 샘솟았다.

그러다 완만하던 길이 경사가 급해지더니 급기야 지질 연대를 보여주는 암반처럼 솟아올랐다. 좋게 말해 길이지 바위가 어지럽게 널려 있어서 자전거에서 내려 걸을 수밖에 없었다. 그때까지도 내 선택을 후회하지는 않았다. 동정녀 마리아를 기리는 작은 제단에서 거미줄처럼 뻗어 나온 화려한 리본이 기도 깃발● 처럼 바람에 펄럭였다. 나는 외딴곳에서 순례자의 길을 따라가고 있었다. 꼭대기에 오르자 방금 올라온 것처럼 가파른 내리막길이 나를 맞았다. 덜컹거리며 쏜살같이 내려갔다. 바닥의 계곡이

● prayer flag, 히말라야 티베트 불교 신자들이 산 정상이나 능선에 축복과 기원의 의미로 매달아 두는 네모난 깃발. ─옮긴이

모습을 드러내자 진실도 함께 드러났다. 길은 사라지고 넓게 트인 초원, 물이 거의 증발한 호수, 주변에 점점이 줄지어 자리한 집들이 보였다. 길이 이어지기를 바라는 두렵고도 간절한 마음으로 주변 언덕을 훑었다. '흠, 뭔가 잘못됐어.' 이상한 예감이 들었지만 믿고 싶지 않았다. 불길한 느낌을 확인하기 위해 남은 길을 끝까지 갔다.

염소가 고개를 들어 내 혼란스러운 표정을 따라 했다. 내가 막다른 골목의 진정한 '끝'에 도착했음을 부정할 수 없었다. 길이 풀밭으로 완전히 녹아 들어가 사라졌다. 하는 수 없이 방향을 돌려 무심하게 식사를 즐기는 가축들을 지나 가장 가까운 집을 찾았다. 울타리 앞에서 반대쪽에 보이는 여자에게 손을 흔들었다. 그 여자는 자전거를 탄 백인 여성이 서툰 스페인어로 길이 아닌 게 분명한 길에 대해 중얼거리는 게 이상했을 텐데도 티 내지 않고 분명하게 확인해 주었다. 내가 방금 지나온 길이 이곳에서 나갈 수 있는 유일한 길이라는 걸. 그러면서 언덕을 다시 올라가 반대쪽으로 내려간 다음 첫 번째 갈림길에서 오른쪽으로 가라고 침착하게 알려주었다.

할 수 없이 방금 내려온 길을 다시 올라가는데 마을 사람들의 호기심 어린 눈길에 등이 타는 것 같았다. 길고 지루한 유턴을 마치자 왔던 길을 돌아가야 한다는 실망감에 기운이 확 빠졌다. 나는 시무룩한 마음으로 낭비한 시간이 얼만지, 그동안 혹사당한 근육과 헛되이 소비한 열량과 아깝게 삼킨 물은 또 얼마큼인지 헤아렸다.

몇 시간 전에 올라간 길을 다시 내려가는 길에서도 똑같은 시선을 느꼈다. 그래도 자존심은 깊이 넣어두고 궁금해하는 구경꾼들에게 내가 가는 방향이 맞는지 물었다. 집 앞에 선 여인, 자전거 타는 아이들 두 명, 오토바이 타는 커플, 당나귀를 끌고 어슬렁거리는 남자 모두 이 길로 되돌아가면 된다고 확인해 주었다.

언덕을 내려와 오른쪽으로 돌 때가 되자 내가 왜 이 길을 놓쳤는지, 시민보호청 직원들이 왜 그토록 강하게 경고했는지 확실히 알 수 있었다. 길이 전혀 길처럼 보이지 않았다. 거의 사라질 듯 희미한 자국만 남은 으스스한 언덕길을 보니 탄식이 절로 나왔다. 도로가 아니라 소들이나 지나다닐 길이었다. 하지만 공무원들의 만류에도 내가 가겠다고 고집했다가 놓친 이 길을 한번 가보기로 했다.

어깨를 끌어올렸다가 숨을 크게 내뱉은 후 밑져야 본전이라는 마음으로 미지의 세계를 향해 출발했다. 적어도 이제 돌아가는 길은 아니었다.

언덕을 따라 구불구불 이어지는 등산로 주변은 처음에는 까칠한 크레오소트 관목*만 듬성듬성 보이다가 점점 삐죽 솟아오른 유카 잎으로 뒤덮여 있었다. 그 길을 천천히 내려갔다. 중력이 날 끌어당겼지만 구불구불한 자갈길에서는 기어가듯 갈 수밖에 없었다.

이 황량한 땅을 인간이 한 번이라도 지나갔다는 유일한 표시가 이 거친 길이었다. 비늘로 뒤덮인 듯한 밑동에서 되는대로 삐

* 북아메리카의 사막 지역에 주로 서식하는 관목 식물. —옮긴이

져나온 칼 모양 잎사귀로 넓은 땅을 지키는 유카가 이 길의 친구였다. 뒤틀린 모양으로 지평선까지 죽 깔린 유카는 식물이라기보다는 머리를 풀어헤치고 열기와 바람 그리고 간간이 지나는 나비와 탱고를 추다가 굳어버린 무용수 같았다. 호기심도 일고 쉬고 싶기도 해서 자전거를 팽개치고 유카 사이로 걸어갔다. 팔을 쭉 뻗어 구불구불한 유카 잎을 따라 손가락을 구부려보았다.

다시 자전거를 타고 거의 내 전용 도로 같은 길을 달렸다. 유일하게 남자 두 명이 차를 타고 지나다가 사람이 있는 걸 보고 깜짝 놀라며 사진 찍어도 되냐고 물었다. 나중에 생각해 보니 참 재미있는 타이밍이었다. 두 사람은 이런 길에서 자전거 타는 사람을 보고 깜짝 놀랐지만 10분만 더 늦게 지나갔다면 딱정벌레가 모래에 남긴 기이한 자국을 살펴려다 고통에 몸을 비틀며 유카에게 소리 지르는 나를 발견했을 것이다.

딱정벌레를 발견하고 자전거에서 내려 뒤를 쫓은 게 화근이었다. 벌레가 사막의 모래에 남긴 정교한 자국이 너무 신기해 몸을 앞으로 숙였는데, 단도처럼 뾰족한 유카 잎이 바늘 들어가듯 내 이두박근을 찔렀다. 갑작스러운 통증에 소리를 고래고래 질렀다. 다행히 길을 막고 고통에 몸부림치며 팔다리를 흔들어 대는 내 모습은 아무도 보지 못했다. 아까 그 남자들이 이때 지나갔다면 사진을 찍기는커녕 속도를 높여 내빼지 않았을까? 극심한 통증이 욱신거리는 정도로 가라앉자 이런 생각에 웃음이 났다(팔은 3주가 지나도록 아팠다). 여행은 통제할 수 없는 타이밍에 익숙해지는 일이다.

막다른 길에서 되돌아오고, 울퉁불퉁한 길을 기어가듯 지나고, 유카 잎에 찔리고, 이제는 점점 거세지는 맞바람까지 맞으며 달리는 내 고충을 알았는지 세상이 내게 제왕나비 한 마리를 보내주었다. 맞바람을 뚫고 날아온 나비는 깃털처럼 가벼운 아카시아 잎을 붙잡고 자신의 존재로 내게 말을 건넸다. '날 따라와.' 바람에 시달리는 나뭇잎 너머로 척박해 보이는 흰 모래밭이 보였다. 아이스크림 한 그릇이 생각나는 풍경이었다. 아직 녹지 않은 아이스크림이 여기 있을 리 없듯 제왕나비를 볼 거라는 기대도 전혀 하지 않았다. 그런데 이렇게 날아온 제왕나비는 이 길을 계속 가라고 일러주는 이정표였다. 힘들었지만 적어도 제왕나비가 이동하는 길 위에 있었다. 나비 역시 나처럼 길을 잃은 것 같긴 했지만.

용기를 북돋워 준 이 제왕나비는 8일간 자전거로 이동하면서 겨우 세 번째 본 나비였다. 나비를 많이 볼 거라고 기대하지는 않았지만 영영 놓칠 것 같다는 두려움이 점점 현실로 다가왔다. 제왕나비로 가득한 상상 속 도로가 머릿속에서 맴돌았다. 나는 인내심을 가지라고, 제왕나비를 살릴 사람들을 서로 이어준다는 진짜 목표를 생각하라고 스스로를 다독였다.

여행은 내 열정을 증명하는 과정이다. 나는 1만 6,000킬로미터를 제왕나비에게 헌신하겠다고 약속했다. 내가 느끼는 경이로움이 다른 사람들에게 퍼지고 자부심과 책임감으로 이어지길 바랐다. 내 여행이 대화의 물꼬를 트고 제왕나비 세계의 초대장이 되기를 원했다. 나처럼 제왕나비와 사랑에 빠지도록 사람들을 이끄는 바람잡이가 되고 싶었다.

미국과 캐나다에서는 학교와 자연학습장에서 정식 강연을 하려고 준비하고 있었지만 멕시코는 여행 기간도 짧고 스페인어 실력도 세 살짜리 정도밖에 안 되어 소규모 단체와 이야기하는 것으로 만족했다. 코로나 맥주를 한 병 사서(기운 날 만한 찬 음료가 이것뿐이었다) 가게 앞 그늘에 앉아 있다가 주름 가득한 카우보이 두 명과 제왕나비에 대해 이야기를 나누고, 내 자전거를 따라오는 아이들에게도 제왕나비 이야기를 들려주었다. 마을 광장에서 고르디타*를 사 먹을 때는 음식 만드는 여인들에게 제왕나비 이야기를 건넸다.

멕시코에서 만난 사람들은 거의 다 제왕나비를 알고 있었다. 그런데 특이하게도 한결같이 제왕나비가 가을에만 지나간다고 말했다. 봄에는 북쪽으로 가을에는 남쪽으로 날아가는 제왕나비를 가을에만 본다고 하는 이유는 무엇일까?

처음으로 생각한 이유는 겨울을 나면서 여러 이유로 제왕나비 개체수가 줄어들어 봄에는 가을에 비해 적다는 것이다. 특히 검은등찌르레기*Icterus abeillei*, 검은머리밀화부리*Pheucticus melano-cephalus*, 검은귀쥐*Peromyscus melanotis* 3종이 제왕나비의 겨울 개체수를 줄인다. 제왕나비에게는 구토를 일으키고 심장을 멎게 만드는 카르데놀리드(cardenolid)라는 독이 있어 척추동물이 거의 먹지 않는다. 하지만 위에 말한 3종은 독성에 대응할 전략을 갖추도록 진화해 포도처럼 주렁주렁 열린 제왕나비의 풍부한 지방을

---

* gordita, 두툼한 토르티야를 튀겨 다양한 재료를 넣어 먹는 멕시코 요리. —옮긴이

먹을 수 있다.

검은등찌르레기는 제왕나비가 추워서 도망가지 못하는 아침이나 저녁 시간을 노린다. 이들은 주황색 가슴과 검은 등, 거기에 흰 무늬까지 있어 먹잇감 사이에 완벽하게 숨어든다. 이렇게 숨어들어 날카로운 부리로 제왕나비의 배를 찢고 부드럽고 지방이 많은 살을 빼 먹는다. 카르데놀리드 독성이 모여 있는 외골격은 먹지 않는 전략인데 아이들이 땅콩버터&젤리 샌드위치를 먹을 때 가장자리는 빼고 부드러운 부분만 먹는 것과 비슷하다.

검은등찌르레기와 색은 비슷하지만 부리가 더 튼튼한 검은머리밀화부리는 제왕나비의 배 부분을 통째로 먹는다. 검은머리밀화부리에게 먹힌 나비는 떨어지는 모양새로 쉽게 알 수 있다. 배가 잘린 채 날개를 계속 파닥이며 떨어지기 때문이다. 검은등찌르레기는 독성이 많은 외골격까지 먹는데 이 때문인지 암컷보다 독성이 최대 30퍼센트 적은 수컷 제왕나비를 더 좋아하는 것 같다.

제왕나비의 월동 지역에서 벌레를 잡아먹는 새 37종 가운데 검은등찌르레기와 검은머리밀화부리만이 제왕나비를 주식으로 먹는다. 매년 겨울 이렇게 먹히는 나비가 전체 개체수의 약 15퍼센트 정도 된다. 제왕나비 보호구역에서 진행한 연구에 따르면 새들에게 잡아먹히는 나비의 비율은 군집에 따라 크게 달라진다. 아마도 임관층의 손상 정도와 군집 크기에 따른 차이로 보인다. 벌목, 질병, 바람, 산불 등으로 임관이 온전하지 않은 숲에 무리를 지으면 새들이 접근하기 쉬워 더 많이 잡아먹힌다. 또한 개체수가 적은 군집은 나비 무리도 작아서 중심에 숨어 보호받는 나비

보다 가장자리에서 외부에 노출되는 나비의 비율이 높아진다. 손상된 숲에 자리잡은 소규모 군집이 새들의 공격을 가장 많이 받는 것으로 보인다. 그런 숲에서는 새들이 다섯 마리부터 60마리까지 떼 지어 다니며 나비를 하나씩 떼어 먹는다.

밤에는 검은귀쥐라는 새로운 천적이 나타난다. 오야멜전나무 숲에 사는 쥐 4종 가운데 검은귀쥐만 독성이 있는 제왕나비를 먹도록 적응했다. 눈이 크고 귀가 광대처럼 넓고 귀여운 이 쥐는 땅으로 내려온 나비를 잡아먹는다(제왕나비가 땅에서 조금이라도 멀어지려고 하는 건 기온뿐 아니라 검은귀쥐 때문이기도 하다). 연구원 캐런 오버하우저(Karen Oberhauser)는 이 쥐가 하룻밤에 나비를 37마리까지 먹어 치우는 걸 관찰했다. 제왕나비 날개가 수북이 쌓여 있다면 검은귀쥐가 왔다 갔다는 표식이다. 날개는 독성이 많고 지방이 없어 먹지 않는다.

겨울에는 천적을 비롯한 여러 위험 요소로 제왕나비 개체수가 줄어들고 이를 채울 번식도 일어나지 않는다. 그러나 봄이 찾아오면 겨울을 이기고 살아남은 나비들이 북쪽 텍사스로 날아가 밀크위드를 만나고, 이 위에 다음 세대가 될 알을 낳는다. 암컷 한 마리가 보통 300~500개의 알을 낳는데(실험실의 암컷 한 마리가 1,179개를 낳은 기록도 있다) 그중 1퍼센트만 살아남아도 멕시코에 도착한 개체수의 두세 배로 늘어날 수 있다. 여름 내내 여러 세대에 걸쳐 수많은 알이 태어나므로 다시 개체수를 회복할 수 있다.

제왕나비가 봄에 잘 관찰되지 않는 또 다른 이유는 계절에 따른 행동 특성 때문일 수도 있다. 봄에는 먹는 것보다 이동이 우선이다. 텍사스에 도착해 알을 낳는 것을 목표로 높이 올라가 바람을 타야 한다. 바람 방향이 안 맞을 때는 아래로 내려와 날기도 하지만 대부분은 높이 날아간다. 한 글라이더 조종사가 3,400미터 높이에서 날아가는 제왕나비를 관찰한 일도 있다. 90미터 이상 높이 나는 제왕나비를 사람이 맨눈으로 관찰할 수는 없으므로 봄 이동은 훨씬 눈에 띄지 않게 된다. 하지만 가을에는 겨울을 나기 위해 되도록 많은 꿀을 빨아먹어 지방을 쌓아두어야 한다. 그러다 보니 꽃에 앉아 있을 때가 많아 사람들 눈에 잘 띄는 것이다.

이렇게 두 가지 이론이 가장 내 마음에 들지만 다른 가능성도 있다. 북쪽으로 갈 때와 남쪽으로 갈 때의 경로가 다를 수도 있고, 가을바람을 맞아 건조한 서쪽 비탈로 밀려가는 나비가 더 많을 수도 있다. 아니면 사람들이 봄보다 가을에 외출을 많이 하거나 단순히 잘못 본 것일 수도 있다. 어쩌면 모든 이유가 다 맞을 수도 있고 전혀 다른 이유가 있을지도 모른다.

제왕나비는 세계에서 가장 활발하게 연구되는 곤충이지만 여전히 비밀스러운 구석이 많다. 내가 그 비밀을 다 알 수는 없지만 계속 뒤따르며 몇 가지는 답을 찾을 수 있기를 바랐다. 그리고 다시는 유카 잎에 찔리지 않게 해달라고 기도했다.

아이스크림과
타코

3월 20 ~ 22일

679~925km

내가 생각하는 최고의 자전거 여행은 비포장도로와 포장도로를 번갈아 가며 달리는 것이다. 비포장도로는 속도는 느리지만 신경을 집중해 모르는 길을 힘들게 뚫고 가야 하기 때문에 개척자가 된 기분이 든다. 포장도로는 효율적이고 생각할 여유가 생기며 편의 시설을 이용하기 좋고 성취감도 든다. 어느 도로든 한 곳만 며칠 가다 보면 다른 쪽으로 가고 싶어진다.

유카에 찔린 후 기진맥진한 몸으로 비틀거리며 겨우 북쪽을 향해 달리다가 드디어 포장도로가 나타났다. 비포장도로가 끝난 것을 자축하며 버터처럼 부드러운 포장도로를 쭉 미끄러져 들어갔다. 며칠 만에 처음으로 호사스러운 속도를 즐기며 편안하게 타마울리파스주 툴라까지 갔다. 길에서 만난 멋진 가족이 나를 하룻밤 초대했다. 스티로폼 컵에 담긴 콩 수프를 먹으며 길에서 겪은 재미있는 이야기를 이것저것 들려주었는데, 가족이 가장 놀란 것은 내 자전거의 무게였다. 우리는 아무도 자전거를 땅에서 떼지 못하는 걸 보고 함께 키득거렸다. 다음 날은 다시 고속도로로 들어서 차량 행렬에 합류했다. 갓길에서 거리를 늘이는 데 집중하며 무아지경에 빠져들었다.

멀리 거대한 트럭과 쌩쌩 달리는 차들 사이에 오토바이 한 대가 숨어 있었다. 나는 오토바이가 내게 가까이 오며 속도를 줄일 때까지도 전혀 눈치채지 못하다가 내 옆에 바짝 붙어 멈춘 후에야 고개를 들었다. 의심스러운 마음으로 상황을 따져봤다. '원하는 게 뭐지?' 자전거를 세우고 어디로 도망가야 하나 생각하면서 남자를 살폈다. 챙이 넓고 헐렁한 파란 모자와 노란 고글을 쓰고 바람막이 점퍼를 입었다. 오토바이 손잡이에 묶인 비닐봉지와 뒤에 실린 빨간 아이스박스가 보였다.

곧 남자가 원하는 게 뭔지 알 수 있었다.

나중에 사람들에게 이 이야기를 들려줄 때면 항상 이 부분에서 시간을 끌어 청중의 두려움을 증폭시키고 우리의 편견을 일깨우곤 했다.

남자는 내게 손을 흔들고는 아이스박스를 보여주며 아이스크림콘을 꺼내주었다.

더운 오후에 딱 맞는 간식이었다. 자전거에 단 GPS 계기판을 보니 기온이 거의 38도였다. 딸기 아이스크림이 콘 위로 줄줄 흐르는 것만 봐도 기온을 짐작할 수 있었다.

나는 매일 내 여행에 관심을 보이는 사람들을 만났고 이런 만남은 내 여행의 일부가 되었다. 사람들은 대개 친절한 말과 기운을 북돋는 간식을 건네고 또 집에 초대해 나를 격려했다. 이런 선물이 순풍이 되어 앞으로 나갈 수 있었다. 아이스크림은 단순한 열량이 아닌 응원 선물이었고 내가 혼자가 아니라는 의미였다. 남자에게 제왕나비에 대해 이야기하자 그는 세상의 선함을 믿으라고 답했다.

그러더니 자기와 결혼해 주겠냐고 했다. 나는 "안 돼요. 그래도 아이스크림은 고마워요"라고 답했다.

인내와 분노 사이에서 분노를 느끼는 일이 점점 많아졌다. 하루에도 수십 번씩 멈춰 뻔한 질문에 대답하다 보면 진이 빠졌다. 사람들의 방해로 흐름이 끊기고 뻔뻔한 호기심에 짜증이 났다. 덥고 피곤해서 그냥 가던 길을 계속 가고 싶을 때도 많았다. 그리고 그렇게 짜증내는 내 자신이 실망스러웠다.

아이스크림 사건으로 기분이 상할 대로 상한 상태에서 또 인내심을 시험할 일이 생겼다. 자갈길을 올라가는데 교복 입은 학생들이 주위에 있었다. 다 같이 올라가는 길이었고 경사가 급하고 바닥도 고르지 않아 자전거를 탄 나와 걸어가는 아이들의 속도가 비슷했다. 눈치 빠른 아이들이 하나둘 나를 쳐다보다가 내가 웃으면 고개를 홱 돌렸다. 그러면서도 자기들끼리 수군대며 나를 흘긋거렸다. 내가 어색함을 깨보려고 "부에노스 디아스!"라고 외쳐도 마치 '나는 고양이다'라는 말이라도 들은 듯 나를 바라볼 뿐이었다.

곁눈질과 무시를 동시에 당하니 모욕감과 짜증이 올라왔다. 부끄럽지만 나는 아이들과 똑같이 행동했다. 천천히 경사로를 올라가면서 여학생들 몇이 속삭이는 걸 지켜보다가 눈에 띌 정도로 몰래 나를 훔쳐보는 한 여자 아이의 시선을 붙잡았다. 살짝 웃으며 손을 흔들고는 침묵에 대한 답으로 "우후!" 하고 야유를 보냈다. 여학생은 불똥이라도 맞은 듯 재빨리 몸을 돌렸다. 부끄러운 내 모습에 경사로가 더 힘들게 느껴졌다.

이런 내 행동이 무서웠다. 내 여행의 목적은 사람들과 제왕나비 사이에 다리를 놓는 것이다. 시선은 그런 다리의 초석이며, 나를 붙잡고 질문하는 사람을 만나는 건 좋은 일 아닌가? 그래서 핸들에 단 가방에도 "친절하기가 더 쉽다"고 쓴 종이를 넣어두지 않았나?

얼마 안 가 약속이나 한 듯 또 멈춰야 했다. 이번에는 차에 탄 남자가 어디로 가고 어디에서 왔는지 등 공통 질문을 던지더니 공통 질문 중에서도 빠지지 않는 필수 질문을 내놓았다.

"에스타스 솔라(Estas sola)?"

'혼자예요?' 위협하려는 게 아니라 못 믿어서 묻는 것이었다. 어떤 까닭인지 이 질문은 항상 내 신경을 긁었다. 여자는 무슨 일이든 혼자서는 할 수 없다는 가정 때문일 것이다. 하지만 퉁명스러움 대신 인내심을 연습하기로 했다.

"맞아요." 웃으면서 답했다.

"다른 사람은 없어요?" 남자가 다시 물었다.

"네." 나도 반복했다. 혼자라는 내 말을 절대 못 믿겠는지 언제나처럼 변형된 질문이 나왔다.

혼자예요?

혼자 다녀요?

같이 다니는 사람 없어요?

네, 그래요, 그렇다고요. 나도 유쾌한 기분을 유지하려고 최선을 다하면서 매번 같은 답을 들려주고 내 사명에 대한 정보를 조금이라도 들려줬다.

마침내 호기심을 해결한 남자는 내가 자전거를 세우고 알려주지 않았다면 절대 알 수 없었을 제왕나비와 자전거 여행에 대한 정보를 충분히 들은 후 드디어 운전대를 잡고 출발했다.

나는 "친절하기가 더 쉽다"고 적어둔 종이를 꺼내 "제왕나비를 위해서"라고 덧붙였다. 사람들이 던지는 질문과 내 대답이 우리를 나비와 이어줄 것이다. 그 점을 늘 생각해야 했다. 항상 효과가 있지는 않을지라도.

내가 성마른 반응을 보인 이유가 피곤해서라는 건 그때도 알고 있었다. 며칠 동안 쉬지 않고 힘든 코스를 달린 탓에 체력이 고갈되었다. 아무리 애써도 평균 속도는 시속 10킬로미터를 겨우 넘겼다. 평상시 속도인 시속 10마일(16킬로미터)이 아니라 시속 10킬로미터, 즉 시속 6마일이었다. 그 속도로 하루 95킬로미터에 쉬는 날을 대비해 조금 더 간다는 목표를 채우려면 하루 종일 자전거를 타야 했다. 캐나다에 가는 건 무리라는 의심이 끈질기게 나를 따라다녔다. 어쩌면 나는 아무 잘못 없는 사람들에게 좌절감을 표출하고 있는지도 몰랐다.

적어둔 조언을 따랐더니 다음 날 바로 효과가 나타났다. 바람과 중력을 상대로 사투를 벌이다 어느 작은 마을의 작은 가게에 도착했다. 가게는 내 피난처였다. 휘몰아치는 바람을 피해 들어간 가게에는 선반마다 식료품이 고요히 쌓여 있었고 깨끗하고 세심하게 정리되어 있었다.

앞서 말했듯 멕시코의 시골집에는 대부분 가게가 딸려 있다.

이런 가게는 보통 한구석에 신선한 토마토와 감자가 시들고 쭈글쭈글한 친구들과 섞여 뒹굴었다. 어느 가게에나 판에 담아 쌓아둔 달걀, 시끄럽게 윙윙거리는 음료수 냉장고, 콩 자루, 고추 통조림 정도는 다 있었다. 나는 이런 가게에 들러 유리병에 든 차가운 탄산음료를 마시며 더위를 피할 때가 아주 많았다. 덤으로 과자를 사기도 하고, 운이 좋을 때는 망고나 내가 제일 좋아하는 민트 초코볼도 살 수 있었다.

내가 가게를 칭찬하자 계산대에 서 있던 비키가 미소를 지었다. 나는 탄산음료를 한 병 사서 스툴에 앉아 그녀의 질문에 답했다. 여행의 목표를 마음에 두고 최대한 미소와 인내심을 잃지 않으려 노력하며 내가 하는 일을 설명하고 제왕나비 이야기로 양념을 쳤다.

"키에레스 타코스(Quieres tacos)?" 타코를 먹겠냐고? 이 질문에 대한 답은 오직 하나다.

"그럼요." 내가 신나서 대답했다.

자전거 여행에서 '그럼요'라고 답하는 것은 물을 마시거나 칫솔을 챙기는 것만큼 중요하다. '예스!'는 낯선 사람과 나 자신을 믿고 모든 일을 있는 그대로 받아들이는 대답이다. 나는 처음 떠난 장거리 자전거 여행에서 이렇게 대답하는 기술을 터득했다.

나는 열일곱 살 때 처음으로 다른 고등학생 열한 명과 20대 인솔자 두 명이 이끄는 1,600킬로미터 장거리 여행을 떠났는데, 그때 처음 만난 부부의 초대를 우리가 넙죽 받아들이는 상황에 깜짝 놀랐다. 날씨도 험하고 체력은 바닥난 상태에서 예약해 둔 캠핑장마저 최악이었는데, 다른 사람 집에 초대받으니 기적이 일어난 것 같고 달리 선택의 여지도 없었다. 그래도 뭔가 미심쩍었다. 자라면서 늘 들었던 "낯선 사람을 조심하라"는 경고와 정반대되는 행동이었기 때문이다.

나는 의심과 놀라움을 안은 채 인솔자들을 따라갔다. 다 같이 밥을 먹고 거실 바닥에 자리를 폈다. 결국 나는 부부의 너그러움과 믿음에 압도되었다. 두 사람은 오수 처리 정화조를 쓰고 있으니 소변을 본 후에는 물을 내리지 말라고 부탁했는데 내 눈에는 그 모습이 혁명가처럼 보였다. 부부가 스카이다이빙 영상을 톰 페티•의 음악을 배경으로 보여줄 때는 내가 되고 싶은 어른을 드디어 찾았다고 생각했다. 그날 밤 나는 '낯선 사람은 아직 모르는 친구'라는 여행 최고의 교훈을 배웠다. 이날의 경험이 한 달간의 여행에서 가장 선명하고 강렬한 기억으로 남았다. 두 사람은 추운 날씨에 지치고 더러워진 10대 아이들을 집에 초대해 자신들의 세계를 보여주었다. 그리고 '예스'라고 말하는 것이 얼마나 가치 있는지 알려주었다.

이후에 친구들과 떠난 자전거 여행에서도 나는 계속해서 이런 마법 같은 만남을 경험했다. 우리는 함께 혼란에 몸을 맡긴 채 계획은 조금만 세우고 세상이 던지는 우연한 기회들을 두 팔 벌려 환영했다. 또한 사람을 믿는 법을 배우고, 가끔 악한 사람도 있지만 좋은 사람이 더 많다는 것도 알게 되었다. 사람들이 권하는 대로 맹목적으로 따라갔다는 뜻이 아니라 수상한 사람을 가려내는 법도 함께 배운 것이다. 그렇게 본능을 믿고 도전과 탐험을 즐

•   Tom Petty, 미국의 로큰롤 싱어송라이터. —옮긴이

겼다.

대화를 시작하자마자 비키를 믿어도 된다는 걸 알 수 있었다. 내가 타코를 먹겠다고 하자 비키는 계산대 뒤편의 문을 열고 부엌으로 나를 안내했다. 나는 의자에 앉고 비키는 불을 켜 달걀 몇 개를 익히고 콩을 끓이고 토르티야 몇 장을 데웠다. 비키의 넉넉한 마음이 내 몸에 에너지를 채우는 동안 손님들 몇 명이 들락거렸다.

타코에 재료를 올리며 비키에게 내가 보낸 하루를 이야기했다. 플라스틱 통을 씹는 소를 본 것부터 아름다운 풍경을 감상하고, 끝나지 않을 것 같은 긴 언덕을 오르고, 맞바람이 너무 불어 벽에 밀리는 기분이었던 상황까지. 스페인어가 짧으니 바람을 설명할 때는 몸을 뒤로 쭉 빼고 손으로 내 얼굴을 마구 치는 시늉을 했다. 그럼 꾀죄죄한 내 몰골을 설명할 수 있을 것 같았다.

"우리 집에서 자고 갈래요?" 비키의 말을 듣고 울음이 터질 뻔했다. 고마운 마음을 담아 그러겠다고 대답했다. 다음 날 아침에는 다른 사람 집에 머물 때마다 주려고 직접 그린 엽서 크기의 수채화를 건네 감사를 표했다. 그저 활짝 웃으며 마음을 전했다.

타코, 침대, 샤워, 즐거운 대화는 반가운 기적과도 같았다. 비키는 아들이 쓰던 방을 내주었다. 방에는 침대와 사진 몇 장, 커다란 야구 트로피로 휘어진 서랍장만 남아 있었다. 전자기기를 충전하고 샤워를 한 후 9시쯤 잠이 들었다.

열기 속으로
직진

3월 23 ~ 29일

925~1,609km

"자전거 금지" 표시를 무시하고 엔진 소리가 요란한 이중 트레일러 트럭을 지나 내리막을 달려가니 어느새 뾰족뾰족한 사막 식물이 나타나고 공기가 뜨거워졌다. 괜히 이 길로 왔나 생각하면서 고속도로에 들어섰다. 차들이 가득한 도로는 멀리 푸른빛으로 빛나는 산맥과 평행으로 이어졌다. 조금 반칙 같았지만 시에라마드레산맥의 산길 대신 서쪽 비탈을 따라 평평하게 뻗은 포장도로를 달리기로 했다.

　제왕나비의 이동 경로를 벗어났을 것이 분명한 이 길을 택한 데는 나름의 이유가 있었다. 오전 11시인데 벌써 달린 거리가 80킬로미터나 되었다. 전날 하루 종일 달린 거리와 같았다. 시민 과학자들이 벌써 텍사스주와 오클라호마주에서 날아다니는 제왕나비를 발견했다. 주행 거리를 늘리려면 쉬운 길을 가야 했다. 뒤에서 나를 밀어주는 순풍이 내 선택을 지지하는 것 같았고 금속 무지개처럼 고속도로를 가로지르는 표지판이 이를 확실하게 증명했다. 표지판을 자세히 보려고 잠시 멈췄다.

"세상에, 정말이야?" 감탄사가 절로 나왔다.

천국이 교통 담당 부서를 통해 이곳이 "마리포사 모나르카의 길(Ruta de la Mariposa Monarca)"이라는 기쁜 선언을 내렸다. 제왕나비로(路)를 달리고 있다니! 얼마 후 더 놀라운 표지판이 나타났다. 불편한 교통 법규는 간편하게 무시하기 일쑤인 운전자들에게 제왕나비가 보이면 시속 90킬로미터에서 60킬로미터로 속도를 줄여달라는 표지판이었다.

운전자들은 대부분 이 요청을 무시할 것이 뻔했다. 나는 페인트를 한 통 사서 '제왕나비가 나타나면 운전자는 자전거를 사서 타시오'라는 표지판으로 바꾸는 고독한 상상을 해봤다.

차들이 빠르게 달렸지만 넉넉하게 잘 닦인 갓길이 있어 괜찮았다. 미국의 도로와 달리 멕시코는 거의 모두가 갓길을 이용한다. 처음에는 이것 때문에 충격을 받았는데 점점 익숙해졌다. 속도가 느린 차량은 갓길로 다니고 그렇게 빠르지 않은 차량은 갓길에 반만 걸쳐서 다닌다. 빠른 차들은 비어 있는 중간 차선을 이용해 느린 차를 추월할 수 있다. 처음에는 당황했지만 모두가 협조하는 덕인지 꽤 잘 굴러가는 방식이었다. 무엇보다 속도와 상관없이 모두 나에게 갓길을 양보해 줘 나도 안전하게 페달을 밟을 수 있었다.

나흘간 깨어 있는 내내 거의 쉬지 않고 자전거를 굴려 멕시코와 텍사스 사이 국경까지 530킬로미터를 갔다. 제왕나비 출몰 지역이라는 표지판들을 보긴 했지만 나비를 실제로 보지는 못했다. 하지만 걱정하지 않고 거리를 늘이는 데 집중했다. 해가 뜰 때 출발해서 해가 질 때 멈췄다. 꾸준하지만 느린 속도로 최대한 많은 거리를 달려 편안하게 하루를 마무리하기 위해 생각한 규칙이었다. 바다도 산도 멀리 떨어져 있다 보니 태양이 하루를 시작하자마자 세상은 지독한 더위에 잠겼다. 물병이 여러 개 있는데도 가게를 발견할 때마다 물을 마셔야 했고, 다음 마을로 이동할 때까지 숨이 턱턱 막혔다.

이렇게 마을과 마을 사이를 달리는데 이번 여행에서 처음으로 타이어가 터졌다. 타이어에서 빠진 바람이 나를 놀리듯 '쉬이익' 하고 뜨거운 대기에 섞여 들어갔다. 타이어를 수리할 연장은 모두 있었지만 파란 하늘 아래 그늘을 드리워줄 나무가 단 한 그루도 없었다. 타는 듯한 태양 아래 오래 버틸 만큼 물이 충분하지 않아 꾀를 냈다.

자전거를 길에서 내려 좁은 지하 배수로에 집어넣었다. 시멘트 동굴 같은 배수로는 시원한 그늘이라 한결 편했다. 주변에 누가 에어컨을 켜놓은 게 아닌가 싶게 시원하기도 했다. 차들이 머리 위로 쌩쌩 달리며 햇빛에 타들어 가는 풀의 생명을 잠깐씩 연장하는 동안 타이어를 수리했다. 새로 찾은 오아시스에 의기양양한 기분마저 들었다. 아무도 찾지 않는 이런 곳을 발견한 것이 매우 만족스러웠고 자전거 타는 사람만이 누릴 수 있는 비밀스러운 보상을 받은 것 같았다.

다음 사흘 중 이틀 밤을 비슷하지만 좀 더 큰 배수로에서 보냈다. 폭우가 내릴 때는 비워둬야겠지만 비가 올 기미는 전혀 없었고, 이제는 물보다 소들이 더 다닐 정도로 쓰이지 않는 것 같았다. 사람들이 차에서 던진 쓰레기를 제외하면 사람의 흔적도 보이지 않았다. 워낙 생각지 못한 곳이라 눈에 띄지 않았고 안전한 야영지가 될 수 있었다.

하지만 하루는 배수로를 찾을 수 없었다. 점심 무렵부터 보이던 알 수 없는 울타리가 해가 떨어지도록 끝나지 않은 탓에 내 자전거 여행 규칙을 깰 수밖에 없었다. 열린 문을 찾아 몰래 울타리 안으로 들어간 것이다.

나는 무단출입을 금지하는 것이 부당하다고 생각한다. 나는 사유지에 무단침입할 수 없는데 사유지 주인은 내 공간에 마음대로 들어와 내가 마시는 공기와 물을 더럽히지 않나? 사유지에 무단침입해 놓고 그걸 정당화하려는 말 같다고? 그건 그렇다. 그래도 변명을 덧붙이자면 나는 웬만하면 울타리를 넘거나 출입 금지 표시를 어기지 않는다. 어쩔 수 없는 경우만 빼고.

문으로 들어가니 고속도로 반대 방향으로 향하는 비포장도로가 있었다. 차 소리가 희미해질 때까지 그 길을 따라가 비포장도로에서도 빠져나왔다. 그리고 일부러 보지 않으면 알아차리지 못할 만큼 빽빽한 덤불 뒤에 텐트를 쳤다. 이런 극적인 상황이 좋았고 일부러 과장되게 행동해서 긴장감을 높였다. 사실 멕시코는 미국만큼 재산권을 철저히 따지지 않았고, 솔직히 이 정도 일로 화낼 사람은 없을 것 같았다.

이것저것 되는대로 저녁을 먹으니 은은한 반달만이 어둠 속에서 빛났다. 피곤함에 취해 조용히 앉아 있는데 자동차 한 대가 비포장도로로 달려오는 통에 깜짝 놀랐다. 재빨리 목을 빼고 지켜봤지만 아무 일 없이 지나갔다. 보이지 않는 곳에서 소리만 들렸다. 으드득으드득 자갈 밟히는 소리, 침묵, 문 열리는 소리, 침묵, 문이 삐걱대는 소리, 자갈이 끌리는 소리.

문 닫히는 소리.

문 잠기는 소리.

자동차가 속도를 높이며 침묵 속으로 사라지는 소리를 듣고 나는 미소를 지었다. 나는 갇혔다. 이제 이곳은 세상에서 가장 안전한 캠핑지였다.

다음 날, 내 과체중 자전거는 울타리를 넘기기는커녕 들고 한 발 옮기기도 힘들었기 때문에 짐을 모두 내렸다. 가방을 하나씩 들어올려 씨름한 다음 벌거벗은 자전거까지 밖으로 넘겼다. 마지막으로 내 몸을 가볍게 날렸다. 울타리 밖에서 퍼즐을 맞추듯 짐을 다시 싣고 고속도로에 올라 끝없이 달리는 자동차 행렬에 아무 의심 없이 합류했다.

흐르는 시간과 늘어나는 거리가 서로 섞여드는 동안 무한히 펼쳐진 지평선을 향해 묵묵히 달렸다. 미국 공영 라디오방송(NPR)과 테리 그로스•의 인터뷰를 들으며 아무 생각 없이 달리는데 얼마 전 내린 비 때문인지 바닥에 요란하게 흩어진 갖가지 색들이 눈에 들어왔다. 봄에 바치는 헌사 같은 원색이 점점 강렬하게 다가왔다. 위험에 노출된 채 길바닥을 기어다니는 애벌레들의 연두색 몸통과 주황색 가시였다. 바로 멈춰서 사진을 찍고 한 마리씩 색이 비슷한 식물에 올려주었다. 솜털 같은 하얀 나비가 줄지어 동서로 길게 날아갔다. 다리를 건널 때마다 파란 하늘을

•　Terry Gross, NPR에서 인터뷰 중심 프로그램을 진행하는 미국 방송인. —옮긴이

점점이 수놓은 제비와, 파란 물결 사이로 점점이 퍼져 햇볕을 쬐는 거북이들이 대조를 이루었다. 뉴스에서 무서운 소식만 전하는 땅에서 나는 조용한 아름다움을 찾았다.

여행을 시작한 지 18일째 되는 날 늦은 저녁, 1,606킬로미터를 달린 끝에 혼잡한 퇴근길 차량에 합류했다. 처음에는 두 개뿐이던 차선이 여러 개로 늘어나더니 어느새 출입국 심사대를 통과하려는 차량으로 가득 찼다. 나는 다른 자전거 뒤에 줄을 섰다가 1분 정도 질문에 대답하고 조용히 리오그란데강을 건넜다. 내 3개국 여행의 두 번째 장에 진입한 것을 따로 기념하지는 않았다. 1분 전에는 멕시코에 있었고 지금은 아닐 뿐.

조용한 입장이 내 여행에 더 어울렸다. 함께 여행하는 제왕나비 친구들은 멕시코와 미국 사이의 국경을 보지 못하는데 나라고 왜 그래야 하나? 제왕나비에게는 리오그란데강이 그저 강일 뿐이다. 멕시코의 코아우일라주 시우다드아쿠냐와 미국의 텍사스주 델리오 역시 그저 마을일 뿐이다. 제왕나비는 나라와 나라 사이가 아닌 꽃과 꽃 사이를 오간다. 정치인들이 정한 국경은 그저 내가 앞으로 가고 있다는 증거, 시간이 흐른다는 표식일 뿐, 나에게는 지나온 길과 앞으로 가야 할 길이 있다. 국경은 내 여행의 한 장이 끝났다는 허가증을 내주었다. 멕시코 북부, 완료. 내 앞에 펼쳐진 아스팔트 도로를 바라보았다. 이제 새로운 땅에서 펼쳐질 경로에 집중할 때다.

밀크위드의
인사

3월 30일 ~ 4월 1일
1,609~1,778km

멕시코와 그 산맥이 제왕나비 떼를 상대적으로 좁은 지역에서 몰고 가는 목동이라면 텍사스는 나비 떼를 자유롭게 풀어놓는 넓은 풀밭이다. 텍사스에 도착하면 제왕나비는 바람을 따라 넓게 퍼져 북쪽으로 향하는 모든 길을 차지한다. 이제 봄을 향한 경주는 끝나고 암컷들이 멀리 흩어져 알을 낳기 위한 밀크위드를 찾는 다음 장이 시작된다.

제왕나비의 이동 범위가 넓어지면서 나도 다양한 경로를 선택할 수 있었다. 나는 1년 전 경로를 계획하며 지나다닌 길을 따라 북쪽으로 올라가며 텍사스까지 왔다.

여행을 떠나기 전 경로를 짤 때 제왕나비의 이동 경로를 추적하는 웹사이트 '저니 노스(Journey North)'에서 밝힌 이동 추세와 패턴을 가장 많이 참고했다. 저니 노스는 1994년부터 제왕나비 이동 경로에서 제왕나비를 목격한 학생, 교사, 자연학습장, 시민, 과학자 등에게 정보를 받아 데이터를 취합하고 지도에 표시해 왔다. 수많은 시간과 장소의 좌표가 쌓여 드러난 큰 그림에 따르면 제왕나비는 대체로 중앙 이동 경로(Central Flyway)를 따라 북쪽으로 가면서 계절풍의 영향으로 서서히 북동쪽으로 밀린다(일부는 좀 더 동쪽으로 밀려 동부 이동 경로를 형성하기도 한다). '대체로'라는 말을 강조해야 하는 것이, 저니 노스의 지도를 연구할수록 매년 이동 경로가 미묘하게 바뀌는 것이 보였다. 나는 제왕나비를 북미 하늘에서 성장하고 이동하고 탈바꿈하는 하나의 유기체로 보기 시작했다. 제왕나비는 하나의 영혼으로 대륙을 채색하는 예술가들이다.

텍사스에 도착한 3월 30일이라는 날짜를 저니 노스의 데이터와 비교하자 내 프로젝트에 자신감이 생기는 기분이었다. 몇 주 일찍 도착한 제왕나비도 있었지만 마지막 무리는 4월에도 내내 도착할 것 같았다. 나는 무리의 맨 앞이나 맨 뒤가 아닌 적절한 자리에 있었다.

시간도 그렇지만 공간을 봐도 잠시 숨을 돌릴 수 있었다. 저니 노스의 지도를 보면 제왕나비는 미국과 캐나다 남부의 동쪽을 느긋한 파도처럼 헤치며 북쪽으로 향한다. 나비들이 많이 모이는 항로가 생기기도 하지만 전체 지역은 아주 넓어서 항로를 정확히 따라가지 않더라도 시간만 맞춘다면 제왕나비를 볼 확률이 높았다. 북쪽으로 자전거를 타고 가다 보면 자기만의 길을 찾아 날아가는 많은 제왕나비와 함께할 수 있을 것이고 우리가 함께 누비는 길이 제왕나비의 광활한 여름 서식지를 아름답게 수놓을 것이다.

저니 노스 지도에서 보이는 제왕나비의 변덕스러움도 걱정을 덜어주었다. 제왕나비는 어떤 해에는 중서부에 좀 더 치우쳐서 날고 어떤 해에는 훨씬 동쪽으로 날았다. 게으른 로켓처럼 모여서 날아가는 해도 있고 슬로 모션으로 보는 불꽃놀이처럼 넓게 퍼져서 날아가는 해도 있었다. 이런 변화는 온도, 바람, 비의 영향 때문이다. 이 세 가지는 제왕나비에게 직접 영향을 주기도 하고 제왕나비의 성공과 실패를 가르는 밀크위드나 천적 또는 해충 등에 영향을 주기도 한다. 내 성공과 실패 역시 모든 요인을 다 통제할 수 없으니 최대한 열심히 예측하는 수밖에 없었다.

흩어진 제왕나비들은 내가 북동쪽으로 80킬로미터를 가든 북서쪽으로 80킬로미터를 가든 만날 수 있을 테니 나는 텍사스 전역에서 받은 초대장에 맞춰 경로를 짜기로 하고 우선 텍사스주 국경 지대인 델리오로 향했다. 그곳에서 여행 시작 후 두 번째로 하루를 통째로 쉬었다. 데이비드 포브스(David Forbes) 박사의 학생들을 대상으로 진행한 강연의 보답으로 호화로운 호텔에서 푹 쉴 수 있었고 내 도착을 축하하는 식사도 했다. 다음 날은 거북이 연구원들과 개울에서 수영을 즐긴 후(거북이를 몇 마리 보긴 했는데 하도 빨라서 따라잡지는 못했다) 이곳을 떠났다. 다시 길 위에 올라 또 다른 친절한 제안을 나침반 삼아 미국 자생종자농원(Native American Seed farm)으로 향했다.

나를 환영해 주는 두 지점 사이, 텍사스 힐 컨트리°의 아름다운 풍경이 눈길을 사로잡았다. 카라카라◆들이 깍깍 울어대는 나

- Texas Hill Country, 아름다운 풍경과 자연환경으로 유명한 텍사스 중남부 지역 —옮긴이
- caracara, 아메리카에 분포하는 중소형 맹금류. —옮긴이

뭇가지 아래 야생화 루핀(lupine)이 보라색 물감으로 언덕을 흠뻑 적시고, 햇빛에 번득이는 조약돌 사이로 전갈 한 마리가 춤을 춘다. 길가의 좁은 배수로를 따라 흐르는 물이 내게 잠시 멈춰 탐험하고 발견해 보라는 듯 바람에 일렁였다. 우리가 빠른 속도로 달리느라 눈앞이 흐릿해졌을 뿐, 그저 슬쩍 보고 지나치는 이 왕국의 모든 생명이 먹고 기고 꿈틀대고 미끄러지고 싹 틔우고 가지 치고 짝짓기하며 살고 죽고, 또 이동도 한다. 나는 수많은 초록과 보라와 노랑 사이에서 찾고 싶은 것이 있었다. 지나가는 풍경에서 특히 중요한 식물 한 가지를 찾으려고 눈을 크게 떴다. 암컷 제왕나비처럼, 나 역시 밀크위드를 찾고 있었다.

아스클레피아스속 식물을 일컫는 밀크위드는 제왕나비 애벌레가 먹는 유일한 식물이다. 모두 100종이 넘고 그중 70종이 미국에 자생한다. 제왕나비는 다는 아니더라도 많은 밀크위드 종을 양식으로 삼는다. 매년 봄 텍사스에 도착하는 암컷 제왕나비는 적당한 밀크위드를 찾아 수백 개의 알을 낳는다.

마침내 길가 자갈밭에 꽃망울을 터뜨린 전형적인 밀크위드를 발견한 나는 완전히 멈추지도 않은 자전거를 내동댕이치고 배수로로 들어가 화려한 꽃들을 마주했다. 덩굴 같은 줄기로 땅에 고정된 밀크위드 꽃은 꼭 폭발하는 유성 같았다. 그 자리에 가만히 서서 밀크위드를 관찰했다. 보통 남부에서 자라며, 속이 빈 뿔 모양으로 섬세하게 접히는 잎사귀와 보라색 섞인 녹색 꽃이 특징인 영양뿔밀크위드*Asclepias asperula*는 찾아볼 가치가 충분한 식물이다.

내 여행에서 밀크위드를 찾는 건 제왕나비를 찾는 것만큼이나 중요했다. 구름이 바다로 흘러가듯 제왕나비는 밀크위드를 찾는다. 둘 사이는 풀릴 수도 끊어질 수도 없게 진화라는 매듭으로 단단히 묶여 있다.

몇 달에 걸친 짝짓기의 결과인 알이 밀크위드에 있는지 조심스럽게 살펴보았다. 제왕나비는 이른 봄부터 하늘에서 짝짓기 춤을 춘다. 우선 수컷이 공중에서 암컷을 사로잡거나, 쉬고 있는 암컷을 덮치려고 시도한다. 이렇게 땅에 내려오면 배에 달린 파악기*로 암컷과 씨름하며 교미를 시도한다. 이때 암컷의 저항에 부딪힐 때가 많아 대부분 실패로 돌아가지만 교미에 성공한 수컷은 암컷을 아래로 매달고 하늘로 날아오른다. 멀리서 보면 암컷과 수컷이 거울처럼 서로를 비추는 것 같기도 하고 2인용 패러글라이딩을 하는 모습처럼 보이기도 한다. 이런 결합 상태는 16시간까지 지속되기도 한다. 그동안 수컷은 단백질이 풍부한 정포낭(정자가 든 주머니)에 담긴 정자를 암컷에게로 옮긴다.

월동 지역의 기온이 오르면 수컷과 암컷은 둘 다 본능적으로 번식의 비용과 편익을 따지기 시작한다. 수컷에게 짝짓기는 에너지 소비라는 비용이 든다. 정포낭은 제왕나비 무게의 10퍼센트에 달하며 암컷과 싸우고 비행하는 데에도 아껴둔 지방을 써야 한다. 비록 쉽지는 않지만 일단 성공하면 DNA를 물려줄 수 있다는 편익이 있다. 제왕나비는 특히 여러 상대와 교미하는 종으로 암컷은 여러 수컷에게 받은 정자를 저장할 수 있는데, 멕시코에

• clasper, 곤충의 웅성 외부 생식기관의 한 부분. 교미할 때 암컷을 붙잡는 역할을 한다. —옮긴이

서 하는 짝짓기는 북쪽으로 멀리 날아가 하는 짝짓기보다는 유전자를 물려줄 확률이 떨어진다. 알을 낳을 시기가 가까워졌을 때 교미하는 것이 가장 성공 확률이 높다. 쉽게 말해 멕시코보다 텍사스가 낫다.

아무리 산란 시기에 맞춘 짝짓기가 성공 확률이 높다 해도 일부 수컷은 보호구역에서 번식하는 편이 낫다. 상태가 별로 안 좋은 수컷이 이런 경우인데, 보통 날개가 상하고 배가 작아(지방 저장분이 적다는 의미) 텍사스에 갈 때까지 살아남기 어렵기 때문이다. 상태가 좋아 성공적으로 이동할 가능성이 높은 수컷은 다른 선택을 한다. 수컷 제왕나비가 멕시코에서 교미하는 것은 죽기 전 마지막 발악 같은 것이다.

초기 연구에서는(남성 과학자들이 진행한 연구임을 밝혀둔다) 암컷 나비가 수동적이라고 가정해 암컷의 행동을 자세히 관찰하지 않았다. 하지만 이제 과학자들의 생각이 바뀌고 있다. 암컷 역시 자신만의 게임 규칙이 있는 듯하다. 암컷은 다양한 방법으로 수컷의 교미 시도에 저항하는 것 같고, 여름 서식지에서는 다른 곳과 반응이 다르다는 관찰도 있다. 적어도 멕시코에서는 수컷의 크기가 중요한 듯하다. 몸집이 작은 수컷일수록 움직임이 빨라 암컷이 피하기 어렵기 때문일 것이다. 정포낭을 받는 문제와도 관련이 있을 수 있다.

이런 문제와 상관없이 텍사스에 도착한 제왕나비들은 암컷이든 수컷이든 너덜너덜 빛바랜 날개로 비틀거린다. 삶이라는 전투에서 잔뜩 상처 입고 돌아온 불쌍한 전사의 모습이다. 암컷은 이에 아랑곳없이 시각과 화학적 단서를 이용해 밀크위드를 찾아낸다. 그리고 화학 수용체로 덮인 다리로 밀크위드의 잎을 톡톡 두드려 식물의 화학 구성을 맛보고, 영양구성표를 읽듯 나뭇잎을 읽어 적당한지 살핀다. 또한 앞다리(다른 두 쌍과 달리 몸통에 숨겨져 있어 보기 힘들다) 끝에 척추뼈처럼 달린 날카로운 발목마디 발톱으로 밀크위드를 긁어 더 많은 화학물질이 나오게 한다. 잔디를 깎으면 풀냄새가 진해지는 것과 비슷하다. 암컷은 이런 잎 두드리기를 통해 강력한 냄새를 감지하고 양육에 가장 적합한 최고의 밀크위드를 고른다.

만족스러운 밀크위드를 고른 암컷은 몸을 기울이고 배를 구부려 밀크위드 잎 뒷면에 소량의 접착 성분과 함께 작은 알을 낳는다. 아이에게 이불을 덮어주듯 애벌레에게 훌륭한 탁아소와 식당이 되어줄 밀크위드에게 알을 맡기는 것이다. 암컷은 평균 300~500개의 알을 낳는데, 알이 부화하면 충분히 먹을 수 있게 밀크위드 한 그루에 알 하나만 낳는다. 겨울을 나고 온 암컷은 이렇게 다음 세대를 위한 푸짐한 양식을 준비해 이동 릴레이를 이어갈 세대의 다리를 튼튼하게 해준다. 이것이 암컷의 죽기 전 마지막 활동이다. 겨울을 나는 나비들이 봄이나 여름에 태어나는 나비보다 수명이 길지만 이들이라고 영원히 살 수는 없다. 미국 남부에 도착할 때쯤이면 알을 낳는 암컷과 튼튼한 몸으로 번식기를 늦춘 수컷 모두 늙어버린다. 이제는 땅으로 떨어져 흙으로 돌아갔다가 꽃잎으로 피어날 때를 기다려야 한다. 나는 여러 세대를 따라다니며 모두에게 배울 것이다.

나는 호기심에 가득 차 손과 무릎을 모으고 앉았다. 잎사귀들은 먹히지 않은 것 같고 알도 보이지 않았다. 실망하지 않고 잎사귀 끝을 잘라 유액이 나오는지 살펴보았다. 손가락으로 유액을 만져보자 어린 애벌레의 입이 왜 막히는지 알 것 같았다. 심장을 멈추게 한다는 쏩쓸한 독성 물질의 냄새를 숨을 깊이 들이마신 뒤 맡아보았다(냄새는 안 났다). 끈적이고 독성이 있는 밀크위드 수액은 초식동물을 질색하게 하지만 제왕나비 애벌레는 아니다. 그 옆에서 자라는 밀크위드 잎사귀는 말굽 모양으로 구멍이 뚫려 있었다. 잎에서 풀기를 빼내려고 애벌레가 파놓은 흔적이다. 애벌레는 이렇게 밀크위드를 먹고 스테로이드성 독성 물질인 카르데놀리드를 몸에 저장한다. 밀크위드의 독은 애벌레의 강력한 방어 무기가 된다.

진화가 만들어낸 밀크위드와 제왕나비의 관계가 이 길가 배수로에서 복잡하면서도 완벽하게 펼쳐지고 있었다. 머리가 어지러울 만큼 애정이 샘솟았다. 아직 여행 초반이었는데도 나는 제왕나비를 사랑하는 마음에 밀크위드가 좋아졌고, 밀크위드를 사랑하는 마음에 제왕나비가 더 좋아졌다.

마음껏 탐색한 후 눈길을 길가에 고정한 채 다시 달렸다. 임무에 몰두하는 암컷 제왕나비처럼 나 역시 밀크위드를 찾았고 자주 길을 멈춰 그늘진 잎사귀 뒷면을 확인했다. 바퀴를 굴리면서도 잎으로 짠 둥지 속 알처럼 둥글게 피어난 밀크위드 꽃들을 홀린 듯 감상하다가 드디어 뭔가를 찾았다. 하양, 검정, 노랑 줄무늬가 그려진 애벌레를 보자마자 안장에 불이라도 붙은 것처럼 자전거를 팽개치고 길가 수풀로 뛰어갔다. 여행에서 처음으로 만난 애벌레는 옥수수를 통째로 뜯어먹듯 이파리를 우걱우걱 먹어 치우고 있었다.

5령(五齡, fifth instar)이군.

산란 후 3~5일(날씨에 따라 다르다)이 지나 태어나는 애벌레는 알아보기 쉽지 않다. 애벌레의 첫 단계를 말하는 1령 애벌레는 머리가 검고 몸통은 반투명한 크림색이라 제왕나비보다는 벌레 먹은 쌀알 같다. 사람들이 뒷마당의 밀크위드에 붙어 자라는 걸 보고 해충이라고 생각해서 내던지는 커다란 애벌레가 처음에는 이렇게 작은 애벌레였다는 건 상상하기 힘들다. 무사히 태어난 애벌레는 먹깨비의 삶을 시작한다. 우선 알껍데기로 입가심을 한 다음 비단실 뭉치를 뽑아내 그 위에 올라가거나 방해꾼이 있으면 매달리기도 하면서 본격적으로 만찬을 즐긴다.

계속 먹다 보면 외골격이 꽉 낄 정도로 몸이 자라는데 그러면 허물을 벗어야 한다. 제왕나비 애벌레는 1령부터 5령 애벌레가 되기까지 네 번의 탈피를 거친다. 그때마다 새로 비단실을 뽑고 배다리*의 고리를 이용해 비단실에 매달린다. 이제 외부 큐티클층이 새로 생긴 내부 큐티클층과 분리되는 몇 시간 동안 애벌레는 먹기를 멈춘다. 드디어 옛 피부가 갈라지면서 헬멧처럼 생긴 머리 부분의 외골격이 떨어져 나가면 거의 자유로워진 애벌레는 낡은 외골격을 빠져나와야 한다. 새로운 얼굴로 힘겹게 몸을 수축시키는 애벌레를 보면 응원하지 않을 수 없다. 엄청난 노동 끝에 새로운 모습으로 태어난 애벌레는 당당하게 몸을 돌려 버려진 허물을 먹어 치운다. 자연은 아무것도 낭비하지 않는다.

제왕나비는 한 번 탈피할 때마다 새로워진다. 작은 돌기 같

• proleg, 애벌레의 다리 역할을 하지만 진짜 다리는 아닌 살덩이.

던 앞뒤 촉수♦가 길고 우아하게 자라나고 검정, 하양, 노랑 줄무늬는 더 선명하고 강렬해진다. 가슴다리 여섯 개는 미묘하게 자리가 바뀌고 배다리 열 개에는 흰 점무늬 장식이 생긴다. 크기도 커지지만 밀크위드의 상태에 따라 애벌레의 성장에 차이가 있으므로 크기만으로 단계를 알 수는 없다.

가장 흥미진진한 탈피는 아마도 다섯 번째일 것이다. 5령을 지나면 번데기가 되므로 다섯 번째 탈피는 유충기의 피날레라고 할 수 있다. 졸업을 앞둔 애벌레는 비단실 받침에 매달려 몸을 알파벳 J 모양으로 구부린다. 외골격이 갈라지고 부드러운 형광 녹색의 어린 번데기가 드러나면 다섯 번째 탈피가 시작된다. 유충 껍질은 애벌레 시절에 경의를 표하며 접혀 떨어져 나가고, 꿈틀대는 번데기는 떨어지지 않도록 구상돌기■가 비단실에 꽂힌다.

우리는 대부분 초등학교에서 나비의 한살이를 배우지만 성인이 되면 새로울 게 없다고 생각해 자세히 보지 않는다. 하지만 온 감각을 동원해 알이 나비가 되는 과정을 바라보며 나는 신을 느꼈다.

자전거를 타고 가며 처음 발견한 애벌레가 5령 애벌레인 건 어찌 보면 당연했다. 크기로만 판단할 수는 없지만 내가 본 애벌레는 3.8센티미터나 되어서 눈길을 끌 수밖에 없었다(5령 애벌레의 크기는 2.5~4.5센티미터 정도다). 5령 애벌레가 다 자라 식사를 멈추고 번데기가 될 때쯤의 크기는 처음 알에서 태어났을 때보다

♦　　더듬이 같은 부속기관.
■　　번데기가 매달리는 검은 갈고리.

약 2,000배 크다. 68킬로그램이 2주 만에 13만 6,000킬로그램이 되려면 아이스크림을 얼마나 먹어야 할까? 우리는 작은 것들의 위대함을 모르고 지나칠 때가 많다.

배수로를 기어다니는 애벌레 한 마리를 또 발견했다. 침묵으로 저항하는 밀크위드 꽃을 냠냠 먹어 치우는 중이었다. 그때 갑자기 자동차 문이 닫히는 소리가 들려 몽상에서 깨어났다. 내가 어느새 구조 대상이 되어 있었나 보다.

"왜 그러세요?"

길가에 차를 세운 텍사스 경찰이 혼란스러운 표정으로 소리쳤다. "911에 신고가 들어왔어요. 자전거 타는 사람이 쓰러졌다고요."

나는 아주 건강하다는 걸 보여주기 위해 벌떡 일어섰다. "쓰러진 게 아니라 애벌레를 보고 있었어요."

"애벌레요?"

"제왕나비 애벌레요."

"제왕나비 애벌레요?" 경찰은 내 말을 따라 하며 차로 돌아갔다. 경찰차가 멀어지거나 말거나 애벌레는 식사를 계속했고 나는 그 곁에 조용히 앉아 애벌레를 관찰했다. 누군가가 나를 구하러 왔지만 구조가 필요한 건 내가 아니었다.

지금 제왕나비와 밀크위드는 길가나 뒷마당 또는 버려진 땅에서 안식처를 찾지만 이들의 선택지는 해마다 줄어들고 있다. 밀크위드 서식지가 줄어들고 살충제와 제초제 사용이 늘어나는 것이 제왕나비 수가 급격히 줄어드는 가장 큰 원인이다.

15분 후 픽업트럭이 다가와 또 내 상념을 방해했다. 역시나 나를 걱정하는 사람이라고 생각해 웃으며 손과 다리를 흔들어 보였다. 하지만 그 차는 유턴하더니 내 앞에 섰다. 카우보이 셔츠와 모자를 걸친 남자는 의심쩍은 표정으로 나를 바라보며 텍사스 억양으로 말을 던졌다.

"사람들이 내 땅에 들어와서 내 장비를 가져간단 말이지."

그러더니 내 고백을 기다린다는 듯 잠시 멈췄다. 나는 고백 대신 배수로에 세워둔 자전거를 가리켰다.

"우선." 화가 나서 반격했다. "여긴 당신 땅이 아니에요. 전 길가에 서 있단 말이에요. 둘째로 나는 '자전거'를 타고 있어요." 자전거를 아주 강조했다. "내가 뭘 훔칠 수 있겠어요?"

아무 반응이 없었다. 진짜 트랙터라도 한 대 훔칠까 생각하는데 남자가 차를 몰고 가버렸다. 범죄자로 의심받다니 기분이 좋지 않았다. 내가 혼자 다니는 백인 여성이 아니었으면 더 추궁했을까? 애벌레들에게 행운을 빌고 북쪽으로 출발했다. 봄의 이주자들을 향해.

이주는 나와 제왕나비만 하는 게 아니었다. 깃털 날개, 비늘 날개, 털 날개를 단 다양한 동물이 먼 땅에서 온기와 색깔을 끌고 비행운처럼 날아갔다. 이주하는 생물만이 이 무대의 주인공인 것도 아니었다. 햇빛에 사로잡혀 피어난 인디언천인국, 와인컵쥐손이풀, 루핀 같은 야생화가 소심한 곤충들을 불러들여 꽃잎에서 왈츠를 추게 했다. 겨울잠 자던 동물들이 봄 햇살에 하품하고 기지개를 켜며 겨울의 마지막 손길을 떨쳐내느라 바쁘게 움직인다. 텍사스의 길을 따라 펼쳐지는 이런 드라마가 놀라울 뿐이었다.

이렇게 스치듯 지나치기는 뭔가 아쉽다. 그래서 이름도 정답게 '악마의 싱크홀(Devil's Sinkhole)'이라고 지은 그 지역 동굴에 가보기로 했다. 밤이 되면 폭발하듯 솟구쳐 나온다는 유명한 '박쥐 쇼'가 펼쳐지는 곳이다. 해가 질 때까지 다섯 시간 정도 기다려야 했는데 그 시간만큼 이동 거리는 짧아지겠지만 계속 급하게 달리기만 한다면 내 기억도 그저 흐릿해질 것 같아 추억도 만들 겸 기다리기로 했다.

땅거미가 지면서 해가 저물고 싱크홀도 어두워졌다. 주변이 동굴 속처럼 캄캄해지자 박쥐들이 모습을 드러내기 시작했다. 와인 따개처럼 빙빙 돌며 올라오는 박쥐들의 날개에서 붕붕 소리가 났다. 짖는개구리●들이 덩달아 짖어댔다. 수리부엉이 한 마리가 저녁거리가 나타나기를 참을성 있게 기다리고, 방심한 벌레들은 곧 닥칠 운명도 모른 채 돌아다닌다. 수천 마리 박쥐의 소용돌이가 동굴 깊은 곳에 하루 동안 쌓인 축축한 흙냄새를 퍼 올렸다. 보이지 않아도 볼 수 있었다.

제왕나비는 밤을 보내러 나무에 자리 잡은 지 오래지만 나는 박쥐 쇼가 끝난 밤을 틈타 자전거를 좀 더 타기로 했다. 밀려드는 박쥐들에 맞서며 어둠에 가려진 지평선을 향해 자전거를 몰았다. 뒤에서 오는 차들이 볼 수 있도록 붉은색 깜빡이 후미등을 켜고, 전조등은 일단 꺼뒀다가 간간이 차들이 지나갈 때 바로 켜기로 했다. 희석되지 않은 별빛 아래 거의 텅 빈 도로를 혼자 달렸다.

● barking frog, 멕시코와 미국 남부에서 많이 발견되는 개구리로 소형 개 같은 울음소리가 난다고 해서 붙은 이름이다. ─옮긴이

나는 눈이 아닌 감각으로 앞으로 나갔다. 윙윙거리는 바퀴의 진동, 경계하는 듯한 나무의 눈빛, 굴곡진 도로를 따라 미묘하게 달라지는 기온을 느낄 수 있었다. 보이지 않는 다리를 따라 보이지 않는 개울을 건넜다. 실제 속도보다 더 빠르게 가는 것 같고 어떤 경계도 느껴지지 않았다. 멀리서 번개 쇼가 펼쳐졌다. 소나기구름이 몸을 펼치고 번개의 깜빡임이 점점 강해졌다. 번개와 나는 정확히 서로를 향해 달리고 있었다. 곧 큰 싸움이 일어날 것이 분명했다.

두 시간 정도 밀린 이동 거리를 채우자 번개는 쇼에서 위협으로 바뀌었다. 폭풍의 축축한 전주곡을 들은 개구리들이 시끄럽게 울어댔고 나 역시 자전거를 끌고 길을 벗어나 개구리의 땅으로 들어갔다(폭우에 휩쓸려 가지 않게 강에서 멀리 떨어진 곳으로). 텐트의 마지막 모서리를 고정하는데 무거운 빗방울 하나가 뚝 떨어졌다. 얼른 텐트로 들어가 적당한 피로감과 비에 젖지 않았다는 뿌듯함을 느끼며 장대비 소리에 귀를 기울였다. 다음 목적지는 자생 흙에 자생 식물을 기르며 자생 씨앗을 수확하는 농장이었는데, 하루면 충분히 갈 것 같아 더 만족스러웠다.

보호구역을
찾아서

22 ·········· **36일**

4월 2 ~ 16일

1,778~2,573km

텍사스주 교차로 바로 외곽에 있는 미국 자생종자농원에 도착하니 야생에서 무질서하게 자라는 한해살이 식물과 여러해살이 식물이 길게 줄을 서서 나를 맞이했다. 텍사스 블루보넷(bluebonnet)과 빅블루스템(big bluestem)이 푸른 하늘 아래 대열을 이루고 진홍색 샐비어가 진홍색 흙과 조화를 이뤘다. 늘어선 인디언천인국과 영양뿔밀크위드 역시 자생 식물을 키워 옛 텍사스를 되찾으려는 사람들이 씨를 거두고 다시 심어주기를 기다리고 있었다. 농경지 가장자리로 쫓겨나 무시당하고 방치되는 풀숲을 되살리려면 어떤 식물이 도움이 될까? 나는 형사처럼 날카롭게 각 줄을 조사했다.

들판 끝에서 자생종자농원의 2대 농부 에밀리 니먼을 만났다. 온라인 뉴스레터에서 내 소식을 듣고 이메일로 나를 초대한 사람이다. 나는 초대를 받아들여 경로를 수정했고 이제 들뜬 마음으로 농장의 손님용 오두막을 둘러보고 있었다. 집을 둘러싼

포치에 아카시아 가지가 드리워져 집 전체가 시원하고도 밝았고 확 트였으면서도 아늑했다. 냉장고에는 그동안 그리워하던 신선하고 달콤한 간식이 들어 있었다. 이메일을 확인하고 시내 강연을 준비하고 밀린 빨래와 전자기기 충전도 할 수 있고, 무엇보다 멋진 사람들과 함께할 수 있는 완벽한 장소였다. 나는 에밀리에게, 우리를 연결해 준 인터넷에게, 그리고 나를 이곳으로 이끌어 준 제왕나비에게 감사했다.

바비큐를 굽고 저녁을 준비하면서 에밀리의 부모님 잰과 빌을 만났다. 두 사람은 1988년에 이 농원을 지었다. 자생 종자를 판매하기 전 빌은 묘목을 기르고 조경사로 일하면서 아프리카우산잔디(African Bermudagrass), 일본회양목(Japanese boxwood), 파키스탄배롱나무(Pakistan crepe myrtle) 등 먼 원산지 이름이 붙은 식물을 심었다. 이름에 '텍사스'가 들어간 종은 하나도 없었다. 모두 따로 물과 비료를 주고 살충제를 잔뜩 뿌려야 했다. 어릴 때부터 자연을 관찰해 온 빌은 이런 일에 회의를 품기 시작했다. "왜 힘들게 돌보지 않아도 되는 텍사스 자생종을 놔두고 이렇게 까다로운 식물을 키울까?" 그는 텍사스의 미래에 자랑스러운 유산을 남기고 싶었다. 그래서 땅의 원리를 따라 유기농법으로 자생 식물을 키우기 시작했고 그렇게 미국 자생종자농원이 태어났다.

농장은 어려운 문제들을 자생 식물 스스로 해결하도록 맡긴다. 자생 식물은 외래종과 달리 오랫동안 다른 개입 없이 그 땅에 적응하고 살아남았다. 텍사스 자생종은 텍사스의 더운 여름, 굶주린 초식동물, 특유의 토양을 잘 견딜 수 있다. 그래서 살충제나 물을 따로 주지 않아도 되고 화학 비료도 필요 없다. 땅과 싸우지 않고 서로 돕는 자생종은 생태계의 균형을 맞춰준다.

제왕나비는 자생종의 이점을 누구보다 잘 안다. 자생 식물이 제왕나비의 대규모 이동을 연결하는 역할을 하기 때문이다. 밀크위드를 뽑아버리는 다른 농장과 달리 미국 자생종자농원은 밀크위드와 제왕나비의 만남을 소중히 여긴다. 빌과 농장을 둘러보며 만난 제왕나비가 이틀 동안 자전거로 달리며 본 나비보다 많았다. 빌은 찾아오는 제왕나비를 모두 반기고 애벌레가 밀크위드 한 줄을 몽땅 먹어 치워도 개의치 않는다. 빌은 나눌 줄 안다. 이 농장은 제왕나비의 오늘이고, 여기에서 맺히는 씨앗이 제왕나비의 내일을 키울 것이다.

한참 농장을 돌고 있는데 빌이 차에서 내리더니 땅에 배를 깔고 엎드려 길가에 핀 작은 보라색 꽃을 톡 쳤다. 살펴볼 만한 지구의 이웃 주민을 만난 모양이었다. 식물의 이름은 이제 기억나지 않지만 작은 꽃잎의 위엄과 빌의 호기심은 지금도 생생하게 기억한다. 자생 식물 하나하나에 각별한 애정을 보이는 빌을 보며 내가 경탄한 것 역시. 자생 식물을 키우면서 빌은 남들이 대개 놓치고 지나가는 세상을 볼 줄 아는 눈을 갖게 되었다. 애벌레를 보면 성공을 축하하고, 작은 식물에서 위대한 작물로 자랄 가능성을 보고, 벌레는 새의 양식이라고 생각했다. 자연이 기른 비밀을 알아보고 축하하는 법을 배우려 나도 따라 엎드렸다.

투어는 종자 회사 사무실로 이어졌다. 벽에 붙은 자생 꽃 포스터와 선반에 가지런히 놓인 자생 종자 통이 보였다. 자생 식물은 자기 방식대로 번성하므로 농장은 식물의 성장을 북돋울 뿐 통제하지 않았다. 모든 씨앗은 농장에서 기르거나 관리 기관이 계약을 맺은 미개간지에서 수확한다. 이렇게 수확한 씨앗은 건조, 세척, 분류, 품질 검사를 거친 뒤 텍사스 전역과 주변의 크고 작은 생태 지역에 전달된다.

우리는 농장과 래노강 사이의 야생 완충 지대도 방문했다. 래노강은 더운 날 유리잔에 담긴 찬물처럼 맑고 부드러웠다. 우리가 잊어버린 모든 것을 기억하려는 듯 농장의 가장자리를 따라 천천히 흐르며 고요한 야생의 땅을 간질이는 강물의 마음이 느껴졌다. 사막 한가운데에서 어머니처럼 강인하고 단호하게 생명을 보호하는 정원의 선물을 잊지 않으려는 듯이.

미국 자생종자농원을 떠나 북쪽으로 며칠 달리다가 댈러스에서 남쪽으로 뻗은 교외 지역에서 찾은 야영지는 완전히 다른 세상이었다. 해가 저물어가는 시각, 고속도로를 피해 들어간 길은 반쯤 지은 주택 단지로 이어졌다. 과감하게 정문을 지나 '대초원 빌라'나 '초원 오아시스' 같은 감흥 없는 이름들을 지나쳤다. 누구도 밖에 나와 나를 붙잡지 않았고 누구도 '대초원 빌라'라는 이름 대신 진짜 대초원을 보려고 할 만큼 깨어 있지 않았다. 사람들은 진짜 초원의 보석 같은 식물 대신 열매도 맺지 못하는 독한 초록색 잔디만 심는다. 주변 집들을 향해 외치고 싶었다. '초원의 풀이 그렇게 싫으면서 왜 여기로 이사 오려고 하죠?'

한구석에 훼손되지 않은 자연 그대로의 땅을 찾아 텐트를 쳤다. 사방에서 위협하는 내 야영지에 미래는 없었다. 하루의 마지막 햇살을 받으며 개구리 노랫소리로 살아나는 연못을 찾았다. 작은 크리켓개구리는 물가와 진흙밭에서 불안한 듯 딸깍거리고 좀 더 큰 청개구리는 끽끽거리며 울다가 탁한 물로 숨어들었다. 머지않아 불도저 부대가 들어오고 새로 지은 집에 불이 켜지면 이 순수한 어둠은 오염될 것이다. 알을 낳아 새 세대를 이어줄 짝을 유혹하려 수컷 개구리가 울어댔다. 그 소리가 마치 저항하는 시위대의 외침 같았다. 개발의 담장이 텍사스에서 생명을 쫓아내는 현실에서 이 생명들은 어두운 미래를 향해 이곳은 자기 집이기도 하다고 외치고 있었다. 아무도 듣는 사람이 없어도. 내가 그 소리를 들었다. 누가 이런 파괴를 발전이라 부를 수 있는지 마음이 무거웠다.

개구리를 생각할수록 두려움은 점점 커졌다. 제왕나비를 따라 자전거를 타고 제왕나비의 눈으로 세상을 보면서 느낀 두려움이었다. 내가 본 세상은 무서웠다. 제왕나비의 집이 뭉텅뭉텅 잘려 나가고 이동 경로의 땅에 트랙터나 불도저가 지나가고 새 아스팔트가 깔렸다. 파괴는 계속해서 일어났다. 자연을 향한 공격은 곧 나를 향한 공격이었고, 나는 기계가 나를 파헤치는 것처럼 아팠다. 당시에는 몰랐지만 내 여행의 목적은 장거리를 달리는 게 아니라 소중한 땅이 파괴되는 현장을 직접 보고 미래를 위한 싸움에 목소리를 내는 것이었다. 나는 연못에서 우는 개구리처럼 소리칠 것이다. 미래를 장담할 수 있어서가 아니라 할 수 있는 일이 그것뿐이기 때문에 계속 외칠 것이다.

연못의 개구리들은 지금도 울고 있을까?

조용한 아침, 개구리를 생각하며 짐을 꾸리고 외곽 도시 안으로 더 들어갔다가 댈러스의 부산함 속으로 빨려들었다. 시내를 이리저리 달리면서, 내가 하늘을 올려다보면 제왕나비가 나를 내려다보며 하늘로 치솟는 건물을 이해하려고 같이 애쓰는 모습을 상상했다. 그런 건물 하나를 찾아 자전거를 끌고 로비를 지나 엘리베이터까지 걸어갔다.

엘리자베스 하트와 스탠 하트 부부가 사는 댈러스의 고층 아파트에서 며칠 머물렀다. 벽면 가득 그림이 걸려 있고 방 하나를 가득 채운 자전거들이 복도까지 나올 정도로 자전거가 많은 집이었다. 작은 아파트에서 휴식을 취하며 제왕나비도 정원을 찾았을 때 이런 안도감을 느끼지 않을까 생각했다.

엘리자베스와 스탠 덕에 며칠 동안 도시를 제대로 관광했다. 피자, 정원, 자전거 도로, 예술 축제…. 그중 제일 좋았던 건 이민법 개혁과 인종 평등을 위한 '메가 마치(Mega March)' 행사에 참여한 것이다. 우리는 제왕나비가 그렇게 하듯 전 세계에서 온 이민자 행렬에 끼어(나는 이민 3세대다) 목소리와 힘을 보탰다. 농장에서 도시까지, 멕시코에서 캐나다까지, 잃어버린 것을 다시 찾을 때까지, 제왕나비는 힘을 모아 국경 없는 세상의 울타리를 넘는다. 제왕나비는 상생하는 대륙의 상징이며, 북아메리카 그 자체다. 우리는 모두 하나의 세상에서 살아가는 생명체다.

다음 목적지는 텍사스주 댈러스 교외 지역 덴턴에 사는 린다 라벤더와 마이크 코크런의 집이었다. 두 사람은 몇 달 전 자신들이 해외 여행을 하는 동안 내가 집을 사용하면 어떻겠냐고 연락해 왔다. 마당의 풀이 전혀 깔끔하지 않고 텍사스 블루보넷이 가득하다는 점이 좋았다. 린다와 마이크는 내 일정에 맞춰 덴턴의 학교에 강연 일정을 잡아두었을 뿐 아니라, 딸에게는 와서 문을 열어주라고 해두었고, 친구들에게도 저녁을 가져다주라고 부탁해 두었다. 내가 도착하자 미리 들은 대로 딸이 진입로로 들어와 집안을 보여주고 열쇠를 건네주었다. 2017년에 거의 모르는 사람을 이렇게 신뢰한다는 걸 믿기 힘들었지만 신뢰의 증거인 열쇠고리가 내 손에서 짤랑댔다.

덴턴 다음에는 북쪽에 있는 해거먼 국립야생동물보호구역 (Hagerman National Wildlife Refuge)으로 갔다. 이번 여행에서는 이곳을 시작으로 여러 야생 동물 보호구역을 찾아가기로 했다. 미국 곳곳에 있는 국립야생동물보호구역은 국립공원만큼 웅장하지는 않지만 그 수수함 덕에 사람들에게 거주지 근처의 자연과 친밀해질 기회를 제공한다. 보호구역은 수위 조절, 목초지 관리, 방문객 수 제한, 인공 새집 공급 등 눈에 띄지 않게 공유지를 관리해 우리가 평생 알지 못할 수도 있는 식물과 동물에게 살 기회를 준다. 또 물새나 제왕나비처럼 철따라 이동하는 동물들에게 먹고 쉴 수 있는 중간 기착지를 제공하기도 한다. 보호구역은 무분별한 발전이라는 바다에 뜬 섬 같은 서식지이자 개발의 풍랑을 헤치고 나가는 구명보트다.

일찌감치 도착한 나는 보호구역의 남는 트레일러에 묵으라는 안내를 받았다. 저물녘이 되어 문이 닫히고 개구리들의 노랫소리가 밤하늘을 채우자 보호구역에는 나와 야생 동물 입주자들밖에 남지 않았다. 나는 공유지의 뒷마당을 신나게 탐험했다. 마르코 폴로 놀이*를 하듯 개구리 소리를 따라 어둠에 잠긴 삼나무

• 물에서 하는 잡기 놀이. 술래가 눈을 감고 '마르코'를 외치면 다른 사람

와 블랙베리 숲을 헤집고 다녔다. 그곳에서 만난 동물들은 파괴의 손길이 닿지 않는 보호구역의 보호를 받고 있었고 나 역시 댈러스 남부 연못에서 느낀 두려움은 잊어버렸다. 땅과 함께 내 마음도 보호받았다.

물가에서 신발을 벗고 순한 물뱀을 따라 물속으로 걸어갔다. 잔물결이 연못 전체로 퍼지자 내 기척을 느낀 개구리들이 구애의 노래를 멈췄다. 방해하지 않으려고 가만히 서 있었다. 몇 초 지나 용감한 회색나무개구리가 침묵을 깨고 떨리는 목소리로 다시 노래를 시작하자 다른 개구리들도 따라 불렀다. 크리켓개구리의 딱딱 소리, 표범개구리의 끽끽 소리…. 봄의 발라드가 나를 둘러쌌다. 나는 아이처럼 자유롭게 연못가를 뛰어다녔다. 처음 보는 종은 없어도 모두 처음 만나는 개구리들이었다. 한 마리 한 마리가 내 마음을 따뜻하게 채워주었다.

내 개구리 사랑은 열두 살 때 시작되었다. 내가 돌보던 아이들이 회색나무개구리 두 마리를 선물로 받았는데, 나는 세상을 둘러보는 개구리의 눈과 유리에 붙은 개구리 발바닥이 좋았다. 곧 나도 회색나무개구리를 키우게 되었고 동네 반려동물 가게에서 일도 하게 되었다. 개구리들이 파리를 잡아먹고 축축한 수증기를 가지고 노는 모습을 보면 시간 가는 줄 몰랐다. 개구리 알이 올챙이가 되고 올챙이가 개구리가 되는 과정은 언제 봐도 기적 같았다. 개구리는 작은 생물이 얼마나 명석한지를 일깨워 준 스

들은 '폴로'라고 대답하며 술래를 유인한다. —옮긴이

승이다.

대학에 가서는 야생생물학을 전공하며 매년 여름이면 대개 공유지였던 여러 아름다운 장소에서 생물을 관찰했다. 하와이에서는 바다거북, 와이오밍에서는 양서류와 파충류, 캘리포니아에서는 두꺼비를 연구했다. 졸업 후에도 계절직 일자리를 구해 몬태나에서는 개구리를, 유타에서는 물고기를, 네바다에서는 육지거북을 연구했다. 그러면서 공유지의 범위가 얼마나 넓고 중요한지 배웠고 세상을 새롭게 보게 되었다. 나는 개구리와 뱀과 거북이의 눈으로 땅을 보는 훈련도 했다. 그곳에는 썩어가는 통나무와 굽이져 흐르는 시냇물이 있었고, 홀로 자라는 밀크위드와 개발 예정지로 표시된 구역도 있었다. 볼 수 있다는 건 축복이자 저주였다.

내 계절직 일자리에는 모험을 즐기고 경계를 허무는 사람들을 만날 수 있다는 장점도 있었다. 우리는 동료, 룸메이트, 친구로서 관습에 얽매이지 않고 외딴곳에서 도전을 즐기고 현실에서 벗어나 더 멀리 떠나라고 서로를 자극했다. 이들과 함께 야생을 마음껏 돌아다니며 미지의 땅으로 나아갈 자신감을 얻었다.

이런 배경을 생각하면 내가 양서류를 연구하다 나비를 따라 자전거를 타러 나선 것도 어쩌면 아주 자연스러운 일이었다. 양서류와 파충류에 대한 내 애정은 제왕나비에 대한 사랑으로 쉽게 이어졌다. 둘 다 환경 변화에 민감한 약한 생물로, 일부러 찾아보지 않으면 잘 보이지 않는다. 또 둘 다 말도 안 되는 확률을 뚫고 탈바꿈하며 보는 이에게 경이로움을 안겨준다.

개구리를 자전거로 따라가는 일은 힘들었을 것이다. 개구리는 태어난 곳에서 멀리 이동하지 않고 더군다나 대륙을 가로지르는 일은 절대 없다. 사람이 많은 곳에서는 잘 살기 어려운 만큼 개구리의 생존 환경을 개선하는 일은 더 어렵다.

하지만 제왕나비의 이동은 가능성으로 가득했다. 전체적으로 제왕나비는 하루 40~50킬로미터를 이동한다. 물론 더 멀리 가는 제왕나비도 있고, 하루에 426킬로미터를 갔다는 기록도 있지만 40~50킬로미터는 자전거로도 갈 수 있는 거리다. 수백만 마리가 흩어져 날아가니 경로를 짜는 것도 한계가 없다. 가정의 뒷마당, 학교 정원, 공원, 길가의 배수로, 버려진 땅 등 제왕나비는 마치 구름처럼 누구나 발견하는 곳에 나타난다. 자전거로 따라다니기 딱 좋다.

게다가 제왕나비는 쉽게 눈에 띄고 알아보기도 어렵지 않아서 아름다움을 감상하기도 쉽다. 나는 제왕나비가 자연의 정문을 지키는 경비원이자 자연으로 사람들을 이끄는 교사나 대사 같은 역할을 한다고 생각한다. 아직도 의문점이 많지만 활발한 연구가 진행된 제왕나비는 과학의 힘을 보여주는 동물이기도 하다. 멸종 위기에 처한 제왕나비를 보며 나는 내 몸과 시간과 목소리 그리고 자전거를 이용해 환경 보호에 힘을 보태겠다고 마음먹었다.

봄을
좋아서

4월 17 ~ 22일

2,573~2,869km

"오클라호마에 온 걸 환영해." 텐트에 물이 차는 걸 보며 중얼거렸다.

해거먼을 떠나 오클라호마주와 텍사스주 경계에 있는 티쇼밍고 야생동물보호구역에 왔다. 나무들 사이에 텐트를 쳤는데 구름이 비를 뿌리자 개구리마저 몸을 숨겼다.

밤중에 내리기 시작한 비는 서서히 텐트 밑에 깔린 솔잎을 적시더니 아침 해가 기지개를 켤 때쯤에는 폭우로 바뀌었다. 내 텐트는 풍랑을 만난 구멍 난 보트 신세가 되었다.

시계를 보니 5시 15분. 너무 이른 시간이라 근처의 솔잎을 긁어 작은 해자를 만들고 물길을 돌려 시간을 벌었다.

7시쯤 되자 물이 점점 차올라 더 버틸 수 없었다. 할 수 없이 가방을 챙기고 텐트 지퍼를 열어 10센티미터 가까이 올라온 물속으로 발을 내밀었다. 추위에 소름이 돋았다. 발이 젖은 김에 발꿈치를 들 필요도 없이 첨벙대며 이 상황에 실소를 터뜨렸다. '왜

고생을 사서 하니?!'

가방은 자전거에 걸었지만 텐트는 굳이 말 필요가 없었다. 질척거리는 덩어리를 대강 뒷주머니에 걸쳐 아래로 묶고 출발했다. 물에 빠진 생쥐 꼴로 자리를 떠나는 내 모습이 의외로 신선해서 야영지를 잘못 택했다는 후회도 누그러졌다.

자전거를 타자 굴러가는 바퀴에 빗물이 튀어 올라오면서 비옷 위아래 할 것 없이 물이 들어왔다. 번개가 번쩍거리고 천둥이 쳤다. 그래도 멈추지 않고 달리면 몸에서 열이 나와 한기를 막을 수 있을 것이다.

흠뻑 젖은 채 한 마을에 도착했다. 당장 급한 일은 없어서 폭우를 피할 심산으로 우산 쓴 여성에게 도서관이 어디인지 물었다. 자전거 여행자에게 도서관은 징검다리와도 같다. 책상, 콘센트, 인터넷을 이용할 수 있다. 아무 대가 없이 자기 일을 할 수 있는 공간과 분위기도 주어진다. 책장을 이리저리 돌아다니고 할 일을 처리하는 다섯 시간 동안 아무도 내게 눈치를 주지 않았다. 나만 도서관을 피난처로 삼은 건 아닌 것 같았다. 그렇게 편안하게 앉아 있다가 구름이 걷히고 푸른 하늘이 다시 손짓하는 걸 보고 도서관을 나왔다.

도로에 남은 물웅덩이 위로 자전거를 달렸다. 바퀴가 물에 비친 하늘을 흔든다. 축축한 피부로 시원한 바람이 불고, 자전거에 묶은 비옷이 바람에 흔들리며 말라갔다. 그날은 내내 바둑판 같은 농장 길을 따라 달렸고 밤에는 교회 뒤에 텐트를 쳤다. 헛간처럼 작은 교회는 날 숨겨주지는 않았지만 숨을 필요도 없었다. 지는 햇살에 텐트가 마르도록 펼쳐놓고 저녁으로 마른 시리얼을 한 움큼 씹어 먹었다.

열쇠가 자물쇠를 열듯 오클라호마의 봄비는 몸이 근질근질한 파충류를 깨웠다. 상자거북은 부지런히 굴속의 거미줄과 먼지를 치워 햇볕을 받고, 은화 한 닢만 한 비단거북은 배를 채우러 따뜻한 물가로 힘차게 기어간다. 길에서 옮겨준 고퍼스네이크 한 마리가 내내 생각났다. 목적지로 잘 갔을까?

제왕나비 역시 머릿속을 맴돌았다. 제왕나비는 만날 때마다 놀라움을 안겼다. 오클라호마까지 오면서 제왕나비 성체를 겨우 45마리밖에 못 봤지만 그 정도로도 힘을 내기에 충분했다. 한 마리도 못 보는 것보다는 한 마리라도 보는 게 나았다. 나는 제왕나비를 만날 때마다 멈추고는 인사를 건네듯 작은 수첩을 꺼내 그때의 시간, 바람 같은 지역 정보와 제왕나비의 행동을 기록했다. 지나가는 차들은 제왕나비를 지나친다는 사실을 알까? 내가 종이와 펜을 들고 제왕나비에게 영원한 생명을 부여하려 애쓴다는 걸 상상이나 할까?

제왕나비를 하나하나 기록하면서 더 자세히 관찰할 수 있었다. 겨울을 나고 날아온 제왕나비가 더 많을 때는 날개가 주황색보다 하늘색에 가까운 나비가 많이 보이더니 점점 색이 밝고 풋풋한 어린 세대가 나타나기 시작했다. 늙고 지친 제왕나비의 투혼도 인상적이었지만 어린 나비들을 보니 이주는 윗세대가 아랫세대에게 자리를 내주면서 이루어진다는 것을 알 수 있었다. 제왕나비의 이주는 릴레이 경주다. 지금 보이는 어린 세대가 캐나다까지 이어지는 다음 구간을 날아갈 것이다. 전체 왕복 이동을 모두 마치려면 3~5세대가 있어야 한다. 제왕나비 한 마리가 전체 여정을 알 방법은 DNA에 깊이 숨겨진 정보를 들여다보는 것 말고는 없을 것이다.

차들이 휙휙 지나치는 길가에 쪼그려 앉아 밀크위드의 작고 여린 잎 뒷면에 붙은 알을 살폈다. 전체 이야기를 모두 담은 마침표 하나를 보듯 불가사의했다. 제왕나비는 이런 작은 풀을 어떻게 찾았을까? 작은 얼룩처럼 생긴 알은 어떻게 애벌레가 되고 다시 번데기가 되었다가 성체가 되어 북쪽으로 날아가 알을 낳고 죽을까? 새로 태어난 나비는 어떻게 부모의 행동을 똑같이 따라 할까? 그리고 그 나비의 손자와 증손자뻘 되는 나비들은 어떻게 가을이 되면 멕시코로 돌아갈까?

그토록 경이로운 과정을 바라보며 느끼는 기분을 좀 더 정확하게 설명할 수 있다면 여행 내내 듣던 "왜 우리가 제왕나비를 구해야 하는가?" 같은 질문에 좀 더 나은 답을 내놓았을 텐데. 나는 그 질문을 들을 때마다 대체 인류애가 남아 있긴 한 건지 의심스러웠다. 내게는 너무 당연해서 말로 설명하기 힘든 문제였다.

우리가 제왕나비를 구해야 하는 이유는 제왕나비가 존재하기 때문이다.

링컨 브라워(Lincoln Brower) 박사는 내 말의 의미를 이해했다. 저명한 제왕나비 생물학자인 브라워는 167편의 상호 심의 논문을 발표했고 멕시코에 제왕나비 생물권 보호구역을 정하는 데 도움을 주었다. 또 제왕나비기금과 저니 노스의 이사로 재직하며 경각심을 일깨우기 위한 많은 강연을 진행했다. 안타깝게도 2018년에 세상을 떠났지만 브라워 박사의 유산은 여전히 살아 있다.

다큐멘터리 제작자 도로시 패디먼(Dorothy Fadiman)이 제작한 영상에서 링컨 브라워는 카메라를 보며 말한다. "대중 강연을 다니다 보면 '그런데요, 브라워 교수님, 제왕나비가 무슨 쓸모가 있나요?'라고 물어보는 사람들이 있어요." 브라워는 잠시 웃다가 말을 계속한다. "물론 그런 질문을 받으면 극도로 신경질이 납니다."

나는 영상 속 백발노인의 말에 고개를 끄덕였다. 그는 계속해서 "제가 파리에 가서 〈모나리자〉를 봤어요. 〈모나리자〉가 무슨 쓸모가 있죠? 그냥 종이 한 장에 그린 그림일 뿐인데요. 하지만 우리는 이 그림을 우리 문화와 전통으로 받아들이고 사랑합니다. 제왕나비는 〈모나리자〉만큼이나 소중해요. (…) 그 자체로 매혹적이고 가치 있습니다."

대학원생 한 명의 비슷한 질문에 "자네는 무슨 쓸모가 있는데?"라고 답했다는 말에 나는 눈물까지 닦으며 웃었다. 혼자가 아니라는 생각은 언제나 위안이 된다.

링컨 브라워는 한발 더 나아갔다. 그는 제왕나비의 이주가 사라지더라도 제왕나비라는 종은 살아남을 것을 알았다. 제왕나비는 북아메리카와 남아메리카에 자생하지만 최근에는 하와이, 남태평양, 오스트레일리아, 뉴질랜드, 지중해에도 퍼졌다. 제왕나비가 어떻게 태평양을 건넜는지는 밝혀지지 않았다(사람의 손길이 작용했을 것 같기는 하다). 어떻게 그곳에 도착했든 이제 제왕나비라는 '종'은 멸종 위기는 아니다. 그래서 브라워는 생물학적 현상을 보호하자고 주장했다. 그는 제왕나비의 이동이 지니는 고유의 아름다움이 보존되어야 한다고 여겼다. 그래서 2014년 미국 어류및야생동물관리국(United States Fish and Wildlife Service)에 제왕나비를 멸종위기종으로 올려달라는 청원에 서명했다. 관리국은 몇 차례 답변을 미루었고, 이 책이 출간되는 시점까지도 최종 결정을 내놓지 않았다.•

북아메리카의 제왕나비 이주가 사라지더라도 오스트레일리아 같은 곳에 가면 이주하지 않는 제왕나비를 만날 수 있을 것이다. 그곳에서도 제왕나비의 아름다움은 그대로겠지만 상실감이 들 것이다. 서로의 날개와 그림자를 껴안고 멕시코에서 겨울을 보내는 제왕나비들 사이를 걸어가는 마법은 사라지고 없을 것이다. 캐나다에서 알을 낳는 제왕나비를 보며 이 알이 한살이를 무사히 마치고 수천 킬로미터 떨어진 나무까지 날아갈 거라는 생각에 경외심을 느끼는 일도 없을 것이다. 종이 존재하는 것과 그 종이 '여러 세대'에 걸쳐 '여러 나라'를 이동하는 것은 다르다. 우리가 이 위대한 자연의 경이로움을 지킬 수 있을지는 아직 알 수 없다.

나는 제왕나비를 위기종으로 지정하면 제왕나비의 주요 서식지를 보호하고, 심각한 상황을 널리 알리고, 개체수 회복 계획을 세우고, 대규모 보호 활동을 벌이는 데 도움이 된다는 의견에 동의한다. 또한 위기종으로 지정된 후에도 사람들이 계속해서 애벌레를 기르고 야생 동물을 임시로 키우며 배울 수 있어야 한다고 생각한다. 청원서의 부록 B를 보면 개인이나 가정 또는 교육 기관이 한 해에 열 마리 이하의 애벌레를 키울 수 있다는 내용이 있다. 이렇게 되면 사람들과 제왕나비 사이의 연결고리와 보존 활동에 큰 변화가 생길 것이다.

찬성과 반대 의견 모두 일리가 있다. 어떤 방향으로든 변화 가 이루어져야 할 것이다.

오클라호마 7번 주립 고속도로를 달리며 하늘에 꼬리를 늘 어뜨린 가위꼬리딱새에 시선을 빼앗겼다. 들판에 핀 연어색, 자 홍색, 진홍색 인디언페인트브러시가 색색의 안개를 피웠다. 지방 도로 몇 개를 거쳐 또 한 번의 봄 폭풍이 도시를 씻어내리기 전, 아슬아슬하게 오클라호마주 털사 남부에 사는 샌디 슈윈(Sandy Schwinn)의 집에 도착했다.

샌디는, 북아메리카 이곳저곳에서 제왕나비의 위기를 전하 는 대변인이자 대리인 역할을 하는 모나크 와치(Monarch Watch) 의 보호활동 전문가 24명 가운데 한 명이다. 내 여행 계획을 전해 듣고 털사 주변을 지날 때 들르라고 나를 초대했다. 나는 보송보 송하고 안락한 거실에서 애벌레를 돌보는 샌디와 함께 쩍쩍 갈라 지는 하늘을 구경했다.

샌디는 제왕나비의 엄마가 된 듯 제왕나비 가족을 돌보는 데 많은 에너지를 쏟았다. 주로 뒤뜰과 그 뒤로 이어지는 야생 정원 에서 애벌레를 돌봤는데 그게 다가 아니었다. 내가 머무는 동안 에도 그녀의 부엌에는 뒤뜰에서 거둬온 배고픈 애벌레 수십 마 리가 살고 있었다. 애벌레들은 하루 두 번씩 청소하고 먹이를 채

위주는 플라스틱 통에서 안전하게 밀크위드를 먹었다. 카운터에는 제왕나비 책자와 전단지가 쌓여 있었다. 축제 부스에 내놓거나 관심을 보이는 기관에서 강연할 때 배포한다. 포치에 둔 작은 검정 플라스틱 화분에서는 밀크위드가 싹을 틔웠다. 샌디가 씨앗을 심어 키운 모종이다. 이렇게 자란 어린 밀크위드는 제왕나비 정원을 가꾸고 싶어하는 사람들에게 전달된다. 샌디는 이런 방법으로 바람을 대신해 밀크위드가 도시 곳곳으로 퍼져 뿌리내릴 수 있도록 도왔다. 이렇게 작은 화분 하나로 대초원을 되찾고, 정원 하나로 저항과 혁명을 넓혀 나갔다.

36년 전부터 제왕나비를 위해 헌신해 온 샌디는 이후 몇 가지 중요한 사실을 관찰했다. 우선 봄 이동에 그다지 중요한 장소가 아니라고 생각했던 오클라호마가 사실은 수많은 제왕나비가 머무는 주요 기착지였다는 점이다.

그다음 사실은 내가 방문했을 때 알게 되었는데, 그해에는 제왕나비가 예년보다 더 일찍 도착했다는 점이다.

이동 경로 근처에 살면서 제왕나비들이 좀 더 빨리 도착한 것을 알아챈 사람은 샌디만이 아니었다. 정원을 가꾸며 제왕나비를 관찰하는 많은 이들이 이런 변화에 당혹스러워하고 있었다. 제왕나비 초보자인 나는 북쪽으로 빠르게 이동하는 나비들은 선두 그룹이고 따라서 이는 좋은 일이라고 생각했다. 하지만 정원을 가꾸는 사람들이나 과학자들과 이야기해 보니 제왕나비가 강한 바람을 타고 평소보다 일찍 북쪽으로 올라오는 것이 어떤 문제가 있는지를 알게 되었다.

밀크위드가 대부분 겨울 휴면기를 마치지도 않았는데 오클라호마 북부 곳곳에 제왕나비가 도착했다. 암컷 제왕나비는 할 수 없이 작은 밀크위드 줄기 하나에 수십 개의 알을 낳아야 했다. 밀크위드 한 포기가 식성 좋은 애벌레를 여러 마리나 감당할 수는 없다. 또 북쪽의 추운 날씨 때문에 알이 잎에서 떨어지고 탈바꿈 속도도 느려졌다. 보통은 알이 생식 기능을 갖춘 어른 나비가 되려면(암컷이 알을 낳을 수 있게 되기까지 평균 5일이 걸리는데 이 기간 역시 기온에 따라 달라진다) 35일이 걸리지만 낮은 기온 때문에 이 기간이 45일까지 늘어났다. 선두 그룹만 사라지는 게 아니라 한 세대가 통째로 빠져 개체수를 늘릴 세대 간 징검다리가 사라질 수도 있었다.

제왕나비를 연구하는 올리 '칩' 테일러(Orley 'Chip' Taylor) 박사는 계절에 따른 날씨 변화가 제왕나비 개체수에 미치는 영향을 연구해 왔고, 환경 요인의 조합을 기반으로 월동하는 제왕나비 개체수를 예측하는 모델을 개발했다. 그는 멕시코에서 날아온 제왕나비가 텍사스에서 알을 낳을 때(샌디와 내가 있는 훨씬 북쪽 지역이 아니라) 개체수 증가에 적합한 패턴이 시작된다는 것을 발견했다. 암컷이 텍사스에서 산란하면 전체 번식기에 시동이 걸리고 재생산 시기에 더 많은 세대가 태어날 수 있다. 암컷이 북쪽으로 올라가느라 시간을 낭비하지 않아도 되고, 알 역시 텍사스에서 부화하면 따뜻한 기온에서 자랄 수 있기 때문이다. 날이 따뜻하면 발달 속도가 빨라지고 세대간 간격도 짧아진다. 여름 번식기에 더 많은 세대가 태어날수록 개체수도 더 많이 늘어날 수 있다.

시간, 기온, 바람, 밀크위드…. 변수가 정말 많다. 이 모든 요소가 서로 신호를 주고받아 전체적인 결과가 나타난다. 우리가 이 균형을 깨고 상황을 바꿔놓았다. 회전하는 지구가 이제야 그 결과를 보여주기 시작했다.

"밀크위드를 몇 종이나 키우세요?" 정원을 이리저리 걸으며 제왕나비의 이동에 대해 이야기하다 내가 샌디에게 물었다.

샌디는 즐거운 표정으로 숫자를 세기 시작하더니 외쳤다. "19종이에요." 하지만 이내 구석의 소용돌이치는 밀크위드와 또 다른 구석에서 자라는 손깍지 모양의 밀크위드를 기억하고는 20종이 넘는다고 대답했다. 나는 밀크위드를 구분하는 데 점점 자신감이 붙었지만 오클라호마 길가에 핀 밀크위드는 영양뿔밀크위드*Asclepias asperula*와 초록밀크위드*Asclepias viridis*밖에 구분할 수 없었다. 이마저도 헷갈렸다. 영양뿔, 초록, 초록영양뿔 같은 보통 명사들이 뒤죽박죽으로 나왔다. 오히려 학명을 부르는 게 더 편하기도 했는데, 나는 이런 학명이 꼭 슈퍼히어로 이름 같았다('아스클레피아스'가 성을 공격하고 '비리디스'와 '아스페룰라'가 눈으로 레이저빔을 쏜다!).

이름을 뭐라고 부르든 미국에는 70종 넘는 밀크위드가 자라고 이 가운데 30종이 제왕나비의 기주식물(寄主植物)이 된다. 누군가 초대해 주기를 기다리는 밀크위드를 위해 샌디는 집과 마당을 내주었고 샌디의 정원은 이제 밀크위드의 편안한 서식지가 되어 새로운 생태계를 이루었다.

자연에 공간을 내줄 때 우리는 자연에게 새 생명을 줄 수 있다.

대초원을
기억하며

4월 23일 ~ 5월 12일

2,869~3,853km

샌디의 집을 떠나 미로 같은 도심 길을 10킬로미터 정도 달리자 제왕나비의 또 다른 중간 기착지이자 나와 나비 모두에게 대피소가 되어줄 장소가 나타났다. 에이미 루카스 휘태커를 따라 자전거 차고로 향하면서 나는 꼭 집에 온 기분을 느꼈다. 에이미는 아주 멋진 '엄마' 같은 분위기를 풍겼다. 꼭 엄마처럼 내가 온 것을 기뻐하고 내 이야기를 듣고 자랑스러워했다. 집을 둘러보다가 피아노 위에 걸린 큰 그림 앞에 멈췄다. 엄마 코끼리가 긴 코로 아기 코끼리를 감싸는 알록달록한 그림으로 에이미가 직접 그렸다고 한다.

수영장과 초록 잔디가 보이는 뒤뜰은 언뜻 봐서는 야생 식물이 많이 자랄 것 같지 않았다. 그러나 보석처럼 반짝이는 밀크위드 한 무리가 봄날을 즐기러 소풍 나온 듯 밝은 초록색을 뿜내고 있었다. 밀크위드의 튼튼한 잎사귀는 위아래로 쭉쭉 뻗으며 제왕나비의 놀이방이 될 준비를 하고 있었다. 내가 제일 좋아하는 커먼밀크위드를 보러 걸음을 옮겼다. 작은 정원이지만 에이미 말로는 이미 애벌레 40마리가 이 풍성한 잎사귀를 거쳐갔다. 거기서 한 마리만 살아남아도 앞으로 수백 마리의 다음 세대가 태어날 수 있다.

무관심한 바다에 던지는 돌멩이처럼 우리가 심는 밀크위드는 잔잔한 물결을 일으킨다. 사람들이 기르는 밀크위드 한 포기, 내가 만나는 제왕나비 애호가 한 사람, 내가 밟는 1킬로미터가 어떤 방식으로든 변화를 이끌고 있었다. 이 모든 노력이 하나로 모여 쇼핑몰과 옥수수밭을 지나 대륙과 바다를 건너가는 것이 느껴졌다.

이게 바로 나비효과 아닐까?

매년 제왕나비의 전체 개체수는 번식기에 퍼져 나간 수가 아니라 겨울 서식지에 모인 수로 측정한다. 400만 제곱킬로미터에 퍼진 나비를 세는 것보다는 250제곱킬로미터의 땅에 내려앉은 제왕나비 수를 세는 게 더 쉽겠지만 이 역시 간단한 일은 아니다. 평균 크기의 오야멜전나무 가지 하나에 모이는 제왕나비는 6,000마리나 되는 것으로 측정되었다. 나비 무게를 다 더하면 가지가 부러질 수도 있을 만큼 많은 수다. 그래서 과학자들은 매년 겨울 제왕나비가 차지하는 지역을 측정하고 이를 다른 해의 면적과 비교해 개체수 추이를 파악한다.

과학자들은 제왕나비가 모인 겨울 숲의 면적을 측정하기 위해 우선 제왕나비 생물권 보호구역 안팎에서 제왕나비 무리가 모인 적이 있는 곳을 모두 찾아간다. 그리고 12월이 되어 제왕나비가 군집을 이루면 측정을 시작한다. 이 조사에 참여하는 단체는 해마다 조금씩 달라지는데, 현재는 세계자연기금(World Wildlife Fund, WWF), 멕시코 보호구역위원회(National Commission on Protected Areas Mexico, CONANP), 멕시코 환경및천연자원사무국(Secretariat of Environment and Natural Resources Mexico, SEMARNAT) 소속 과학자들로 꾸려진 팀이 측정을 맡고 있다. 과학자들은 제왕나비 군집의 가장 바깥쪽 나무를 따라 돌며 둘레를 측정한다. 이렇게 나온 다각형의 면적을 더하면 겨울을 나는 제왕나비 전체의 면적이 나온다. 이론적으로 면적이 넓으면 제왕나비 수도 많다.

과학자들은 1헥타르(1헥타르는 1만 제곱미터로 축구장 두 개 크기다)에 제왕나비 2,110만 마리가 평균적으로 모인다고 추정한다. 측정 방법에 따라 수치가 달라질 수 있겠지만 개체수 측정의 목적은 정확한 수를 아는 것이 아니라 여러 해에 걸친 변화를 파악하는 것이다. 매년 같은 방식으로 면적을 계산했을 때 평균적으로 면적이 변하지 않으면 개체수도 안정적이라고 할 수 있다. 안타깝게도 측정 결과는 안정적이지 않다. 모나크 와치에서 작성한 그래프를 보면 매년 겨울 멕시코에서 차지하는 제왕나비 면적이 계속 줄어들고 있음을 확실히 알 수 있다. 개체수 그래프가 오르락내리락하지만 전체 추세는 불안한 곡선을 그리고 있다. 1996~1997년 겨울 제왕나비가 차지한 면적은 20.97헥타르였다. 2013~2014년에는 이 면적이 0.67헥타르로 줄었다.

다행히 2014년부터 약간 회복세를 보이지만 좀 더 지켜봐야 한다. 내가 자전거 여행을 시작한 2016~2017년 겨울에는 서식지 면적이 2.9헥타르로 측정되었다. 2018~2019년 겨울에는 6.05 헥타르로 10년 만에 최대 면적이었다. 반등이 일어나는 것 같지만 실제로 개체수가 회복되지는 않았다. 2019~2020년에는 다시 2.83헥타르로 줄었기 때문이다.

야생 동물은 건강하더라도 상황에 따라 해마다 늘어나거나 줄어든다. 제왕나비가 걱정되는 이유는 장기적으로 수가 줄어들었기 때문이다. 지난 20년 동안 제왕나비의 90퍼센트가 사라졌다고 보는 과학자도 있다. 이렇게 개체수가 급감하면 기상 이변이나 질병, 기후 변화에 따라 줄어드는 개체수를 회복할 힘도 줄어든다. 과학자들은 그동안의 평균치에 따라 개체수 목표를 6헥타르로 정했다. 개체수를 이 이상으로 유지하지 못하면 0으로 떨어질 가능성이 높아진다.

개체수 0은 멸종을 뜻한다. 제왕나비가 전 세계로 퍼진 덕에 종 자체가 사라지지는 않겠지만 제왕나비의 이동은 끝나는 것이다. 우리는 한 현상의 종말을 눈앞에 두고 있다.

과학자들은 제왕나비 개체수가 이렇게 급감한 이유가 서식지가 줄었기 때문이라고 생각한다. 캔자스대학교의 교육, 보존, 연구 프로그램인 모나크 와치는 미국에서만 '매일' 2,400헥타르의 제왕나비 번식지가 주택 및 상업 지구, 농장, 도로 등 사람들이 쓰는 땅으로 변경되고 있다고 한다. 한때는 작물 사이나 밭 가장자리에서 밀크위드가 자라도록 놔두던 농장에서도 이제는 밀크위드를 죽이고 있다. 1999년부터 2009년 사이에 농업용지 구석구석에서 자라는 밀크위드는 아이오와주에서는 97퍼센트 줄었고, 일리노이주에서는 94퍼센트 줄었다. 매년 제왕나비가 꽃꿀을 빨아먹고 알을 낳을 장소가 줄어들고 있다. 제왕나비는 집을 잃고 추방당하며 멸종의 길을 가고 있다.

자전거를 타며 상상해 보았다. 지금은 거의 매일 식료품점을 찾을 수 있지만 만일 식료품점이 일주일에 한 번 또는 한 달에 한 번밖에 나타나지 않는다면 어떨까? 모든 식료품점이 문을 닫는다면 나는 어떻게 될까?

캔자스와 미국 중서부를 향해 북쪽으로 달려가면서 과학자들이 말한 현상을 직접 확인했다. 비옥한 대초원이 밀과 옥수수에 밀려 사라지고 있었다. 우리의 빵 바구니는 제왕나비의 희생으로 가득 채워졌다. 야생 동물을 마주칠 때나 잠시 대초원의 유령들을 잊을 수 있었다. 말뚝에 앉은 매의 존재감, 햇볕을 쬐는 가터뱀, 천적을 헷갈리게 만드는 남방공작나비 날개의 '눈'●…. 모두 파괴의 폭풍이 지나가기를 기다리며 생명이 아직 이곳에 있다고 외치고 있었다.

이미 운명이 다한 듯한 미국의 대초원 역시 제왕나비의 생존이 달린 중요한 장소다. 이렇게 강조해서 말하는 이유는 제왕나비가 쇠퇴하는 이유를 멕시코의 오야멜전나무 숲이 파괴됐기 때문이라고만 말하는 경우가 너무 많기 때문이다.

물론 멕시코의 숲은 위협받고 있다. 현재 제왕나비 생물권 보호구역은 두 지역으로 나뉘어 있다. 더 적극적인 보호를 받는

●　남방공작나비는 날개에 커다란 눈 모양의 무늬가 있어서 천적을 겁준다. ―옮긴이

'핵심 지역'에서는 어떤 자원도 가져갈 수 없다. 핵심 지역을 둘러싼 '완충 지역'은 제한된 벌목과 산림 관리가 허용되며 땔감과 버섯 채취도 가능하다. 항공 사진으로 두 지역의 훼손 정도를 분석해 보면 2001~2012년 사이 2,057헥타르가 불법 벌목의 피해를 보았다. 이 가운데 1,254헥타르는 숲의 임관이 10퍼센트도 남지 않았을 정도로 나무가 사라졌다. 다행히 엄격한 법 집행과 활발한 장려책 덕분에 대규모 불법 벌목이 줄어들었다. 이제 지역 주민 수가 늘어나면서 함께 늘어난 소규모 벌목을 줄이는 데 집중할 때다. 2010년 기준 제왕나비 생물권 보호구역의 완충 지역에는 2만 7,000명이 거주하고 보호구역 주변에 사는 사람도 100만 명이 넘었다. 자원은 한정된 상황에서 인구만 계속 늘어난다면 사람들은 생계를 위해 주변 숲에 의존할 수밖에 없다.

제왕나비에게는 월동하는 숲만큼 대초원도 중요하다. 멕시코에만 비난의 화살을 돌릴 수는 없다. 현실에 안주하기는 미국과 캐나다도 마찬가지이며 캔자스 사람인 나 역시 그렇다. 한때 키 큰 풀이 은하수를 이루던 내 고향의 톨그래스◆ 대초원은 이제 흙을 겨우 가릴 정도의 풀만 자라고 있다. 캐나다부터 텍사스까지 광활하게 펼쳐지던 옛 대초원은 이제 1퍼센트밖에 남지 않아 세계적으로 보기 드물고 소멸 위험이 큰 생태계가 되었다. 산처럼 극적이고 바다처럼 거대한 이야기다.

나는 가해자인 동시에 희생자이기도 하다. 화려한 대자연의 그림자만 물려받았을 뿐 한때 끝없는 장관이 펼쳐지던 대초원의

◆　tallgrass, 대초원에서 자라는 여러 키 큰 풀을 일컫는 말. —옮긴이

모습은 상상으로밖에 볼 수 없기 때문이다. 제왕나비가 내려다보는 대초원에서 들소 수백만 마리가 풀을 뜯고 돌아다니며 다시 풀이 자라는 모습은 꿈에서나 볼 수 있다. 산산조각이 난 과거를 생각하니 내 마음도 무너져 내렸다.

그러나 사라지는 대초원을 위한 보호구역이 곳곳에 생겨나 초원에 숨쉴 구멍을 뚫어주고 있다. 텍사스주 위치토에 세워진 대평원 자연학습장(Great Plains Nature Center)은 과거 캔자스의 모습을 떠올리게 하는 초원을 보호한다. 캔자스주 플레전턴 근처 마래데시뉴 국립야생동물보호구역(Marais Des Cygnes National Wildlife Refuge)은 어제의 풍경을 현재로 되살린다. 캔자스주 오버랜드파크에 사는 패티 숙모와 개리 삼촌의 '뒤뜰 보호구역' 같은 곳에 지구의 유산이 꽃을 피우고 제왕나비가 축하의 날갯짓을 보낸다. 제왕나비를 구하기 위해 우리는 공원 경비인, 보호구역 관리자, 패티 숙모와 개리 삼촌 같은 사람들의 뒤를 따라야 한다. 대초원에 다시 자리를 내주어야 한다.

캔자스주 외곽을 따라 달리다 미주리주 캔자스시티에서 돌 하나 던지면 닿을 거리에 있는 부모님 댁에 도착했다. 부모님은 몇 주 전부터 내가 오기만을 기다리며 딸에 대한 사랑을 표현하셨다. 엄마는 나를 위한 매끼 식단을 짜고(엄마의 채식 주특기 요리인 호박 스파게티 캐서롤로 시작해서) 내가 좋아하는 페퍼민트 과자와 초콜릿 아이스크림을 잔뜩 사두었다. 아빠는 극성팬처럼 매일 밤 내 야영 위치를 지도에 표시하고 이동 거리를 스프레드시트에 기록하며 구글 지도의 거리뷰를 따라 여행을 함께하다시피 했다. 나 역시 부모님을 만날 생각에 들떴다.

부모님이 그렇게 나를 기다린 데는 며칠 동안이라도 딸을 안전하게 재울 수 있다는 이유도 있었을 것이다. "부모님은 어떻게 생각하시죠?" 여행 중에 이런 질문을 정말 많이 받았다. 간단하게 대답할 수 없는 문제였다. 나도 부모님이 걱정한다는 것과 당연히 걱정할 일인 것도 알고 있다. 길에서 만난 많은 부모가 "부모님이 힘드시겠네" 또는 "세상에, 내가 댁의 엄마가 아니길 다행이지. 난 감당 못 했을 거예요"라는 식으로 말했다. 그럼 나는 위험의 개념을 설명하며 우리가 어떤 선택을 하든 완전히 안전할 수는 없다고 답했다. 안전이라는 환상을 위해 꿈을 포기하는 것은 또 다른 의미로 무모한 행동이다. 그래도 이해하지 못하면 이렇게 덧붙였다. "게다가 저는 이미 이런 여행을 해본 경험이 있어요. 위험을 볼 줄 모르는 사람도 아니고요. 대신 저는 위험을 조금 다른 관점에서 바라봅니다. 자전거를 타면 심장병 같은 다른 위험을 예방할 수 있거든요."

부모님도 내 모험이 위험을 감수할 만한 일이라고 생각하는지는 알 수 없다. 하지만 내가 계속해서 세상을 탐험하는 동안 걱정을 밖으로 표시하지 않았다는 건 안다. 부모님은 나를 있는 그대로 받아들일 뿐, 걱정으로 내게 부담을 주지 않는다. 나도 부모님의 희생에 대한 보답으로 안전을 위해 최대한 노력한다. 사람들이 차를 운전하거나 시내를 걷거나 햄버거를 먹을 때, 아니면 아침마다 일어나 삶을 살아갈 때와 마찬가지로 나도 계산된 위험만 받아들인다.

익숙한 진입로로 들어서며 자전거 벨을 울렸다. 비밀번호를 누르자 수백 번 그랬던 것처럼 차고 문이 열렸다. 자전거를 세우는데 문 앞에 부모님이 나왔다. 부모님을 포옹하고 이야기를 나눈 후 푹신한 소파에 파묻혀 버니나(오빠가 데려온 고양이)와 피스타치오(내가 데려온 고양이)를 무릎에 앉히려고 했지만 둘 다 도망갔다. "밀크위드 잘 커요?" 다시 일어나서 내가 맨 처음으로 심은 밀크위드를 확인하러 마당 한구석으로 달려갔다.

"땅을 다 헤집어 놓지만 말거라." 1년 전 봄에 찾아와 삽을 집어 들었을 때 엄마가 한 말이다.

당시 나는 자생 식물 모종에 네오니코티노이드(neonicotinoid) 처리를 하지 않는 육묘장을 찾아냈다. '네오닉'으로 많이 알려진 네오니코티노이드는 여러 모종과 작물의 뿌리와 씨앗에 뿌리는 신경독성 살충제다. 이렇게 살포된 네오닉이 물에 녹아들고 식물이 이 물을 다시 빨아들여 잎, 꽃꿀, 꽃가루, 열매로 보낸다. 식물 전체가 독성 물질의 매개체가 되는 것이다. 독소는 식물에 몇 년 동안 잔류해 광범위한 피해를 준다. 네오닉 처리된 작물의 꽃가루를 수정한 벌은 꽃꿀을 먹고 죽는다. 네오닉을 뿌린 씨앗이나 네오닉이 퍼진 들에서 오염된 씨앗을 먹은 새들도 피해를 입는다. 인간 역시 신경독에 노출된다. 예를 들어 1999년에서 2015년 사이에 수확한 체리 표본 중 45.9퍼센트에서 네오닉 잔류물이 검출되었다. 제왕나비 보호단체 '모나크 조인트 벤처(Monarch Joint Venture)'는 네오닉 처리된 식물을 버릴 수 없다면 꽃가루를 수정하는 곤충들을 유인해 독을 전달하지 못하도록 몇 년간 꽃을 잘라내라고 권한다. 또한 식물에 덮개를 씌워 곤충이 잎을 먹지 못하게 하는 방법도 있다. 네오닉을 뿌리지 않는 육묘장을 찾아 얼마나 기쁜지 직접 이야기하기도 했는데 이런 곳은 정말 아무리 칭찬해도 부족하다.

나는 밀크위드 세 그루를 비롯해 자생 식물 모종 열두 개를 자전거 수레에 싣고 돌아왔다. 그리고 엄마의 허락을 받아 삽으로 구덩이 열두 개를 팠다. 화분에 갇혀 있던 뿌리를 꺼내 조심스럽게 새집으로 옮기고 호스로 물을 뿌리며 축배를 들었다. 그때는 자생 식물을 심는 게 이렇게 쉽다고 큰소리쳤다.

지금 돌아와 보니 좋은 소식이 활짝 피어나 있었다. 등골나물, 미주리이브닝크리퍼, 미역취는 왕성하게 자라서 배고픈 들소를 경계하듯 대기를 쿵쿵거렸다. 하지만 밀크위드는 완전히 죽어버렸다. 슬프긴 하지만 밀크위드의 사망 소식을 곧 있을 학교 강연에서 들려주면 좋을 것 같았다. 캔자스에 도착하기 전에도 몇몇 학교와 자연학습장에서 내 모험과 제왕나비 이야기를 들려주고 왔다. 제왕나비 보존에 목소리를 내는 일은 내 마음속 희미한 희망을 밝혀주었다.

"모두… 죽고 말았어." 다음 강연에서 아이들에게 과장된 몸짓으로 말했다. "죽은 밀크위드를 보니 실패한 기분이 들었어요. 내 유일한 희망이었는데." 나는 연극을 하듯 잠시 멈췄다가 조용히 숨을 들이마시고 다시 과장되게 한숨을 내쉬었다. 그리고 팔을 마구 흔들며 우는 척했다. "너무 힘들어. 밀크위드는 바보야. 식물을 키우는 건 정말 싫어!" 아이들은 이해한다는 듯 키득거렸다.

"하지만." 눈썹을 들어올리고 턱을 두드리며(생각한다는 몸짓이다) 말을 이어갔다. "다시 생각했어요. '뭐가 잘못된 거지?' 그리고 조사를 좀 했지요. 밀크위드는 햇빛을 많이 받아야 한대요. 내가 밀크위드를 너무 그늘진 곳에 심었나 봐요. 그래서 햇빛 잘 드는 곳을 다시 골랐어요."

나는 아이들에게 밀크위드가 다시 잘 자랄 수 있을 거라고 생각하면 엄지를 올리고 아니면 내려달라고 했다. 아이들은 우리가 모두 아는 진실을 확인해 주었다. "잘될 거예요"라고 소리치며 들어올린 수많은 엄지손가락이 도전하고 또 도전하는 행동의 힘을 보여주었다(이때만 해도 세 번, 네 번 도전해야 할 줄은 몰랐다).

여행하면서 학생들을 만나야겠다고 생각한 건 2010년 하와이를 뺀 나머지 주를 모두 자전거로 달리는 '바이크 49'를 계획하면서였다. 친구들 네 명과 함께 2,400킬로미터에 달하는 경로를 짜면서 1년이나 되는 여행 기간을 좀 더 알차게 보내고 싶었다. 그래서 사회에 공헌할 방법을 찾아보기로 했다. 내가 학생들을 대상으로 강연을 해보자고 제안했다. 우리는 교사도 아니고 말도 잘하지 못하지만 해보기로 했다.

첫 강연은 엉망진창이었다. 그래도 우리에게 가장 중요한 강연이었다. 가르친 것보다 배운 게 더 많았고 허둥대는 우리를 지켜봐 준 교사에게는 언제까지나 고마워할 것이다. 우리는 더 잘하고 싶은 마음에 모든 실수를 마음에 새겼다. 나는 지금도 무언가를 설명할 때 '멋지다(cool)'는 말을 하지 않으려고 하는데, 첫 수업이 끝난 후 교사가 멋지다는 말은 아무 의미도 없다고 친절하게 설명해 주었기 때문이다. '멋지다'는 그림을 망치는 얼룩이다. '다양하다', '신난다', '잘 알려지지 않았다', '독특하다', '다채롭다', '낯설다' 같은 단어라야 그림이 제대로 그려진다.

'바이크 49'를 진행하면서 우리는 100곳이 넘는 학교를 방문했고 강연할 때마다 많은 걸 배웠다. 우리 수준이 좀 괜찮아졌다고 생각한 지 몇 달 지나 뉴저지의 한 유치원에서 수업을 마친 후 교사가 아이들에게 질문을 던졌다. 교사는 내 에어매트리스를 들고 "이건 가벼울까요, 무거울까요?" 하고 물었다. 아이 한 명이 그 질문에 "부드러워요"라고 답하는 걸 보면서 내가 한 말은 아이들의 머리를 그저 스쳐 지나갔겠구나 싶었다. 다시 한 번 배웠다. 이후로 어린 친구들에게 하는 수업은 훨씬 쉽고 재미있게 바뀌었다.

이번에도 많은 교훈을 얻고 캔자스시티를 떠나 캔자스주 로렌스가 기다리는 남서쪽으로 출발했다.

나비에
이름표 붙이기

5월 13일
3,853~3,920km

두 달 만에 처음으로 북쪽이 아닌 다른 쪽으로 방향으로 돌렸다. 들판과 무채색 암석 지대로 되돌아가다가 캔자스시티에서 남서쪽으로 틀어 캔자스주의 대학도시 로렌스(제이호크* 파이팅!)로 향했다. 제왕나비의 이주를 연구하고 보호하려는 목적으로 설립된 과학 교육 기관이자 제왕나비의 메카라고 할 수 있는 모나크 와치를 찾아가기 위해서였다. 곤충학 교수이자 제왕나비 세계의 유명인사인 칩 테일러(Chip Taylor) 교수가 1992년에 세운 모나크 와치는 제왕나비 보호운동과 거의 동의어라고 할 수 있는 곳이다. 그래서 나도 여행을 계획하면서 칩에게 이메일을 보냈지만 답장을 받을 거라는 기대는 거의 하지 않았다.

하지만 답장을 받기만 한 게 아니라 멕시코로 떠나기 전 여름 이곳을 직접 방문할 수 있었다. 칩은 몇 시간 동안 제왕나비

* Jayhawk, 캔자스대학교 스포츠팀의 마스코트. ―옮긴이

연구 이야기를 들려주고 내 경로에 대해서도 조언해 주었다. 그는 잘 알려진 연구 결과부터 최근 들어 이해하기 시작한 개념까지 마치 제왕나비 이야기를 처음 하는 사람처럼 열정적으로 토해냈다. 그의 목소리에는 지루함이나 거들먹거림이 전혀 없었다. 제왕나비의 통역사이자 전령이자 안내자를 자처하는 그는 제왕나비의 목소리 그 자체였다.

칩을 만나며 내가 추측만 하던 것들을 확실히 알게 되었고 내 야심에 대한 확신도 얻었다(칩은 솔직히 내가 해낼 수 있을지 약간 걱정했다고 털어놓았지만). 또 평생 제왕나비를 구하는 지난한 작업을 계속해 온 칩의 열정에 깊이 감동했다.

로렌스까지 돌아가느라 캐나다까지 가는 거리가 길어져도 모나크 와치에 들르지 않고는 제대로 된 제왕나비 일주를 했다고 할 수 없었다. 월동 지역에서 약 3,800킬로미터 떨어진 로렌스에 도착하니 순풍처럼 뜻하지 않은 기쁨이 나를 기다렸다. 내가 도착한 날이 1년에 한 번 있는 봄맞이 모나크 와치 오픈하우스 및 식물 판매 행사가 열리는 날이었다. 식물을 사고 과학을 이야기하고 함께 행진하는 이날은 제왕나비 세계의 슈퍼볼 같은 날이다. 우주가 응답했는지 모두가 하나 되어 제왕나비를 위해 싸우고 있었고, 현장에 도착한 나는 큰 힘을 얻었다.

제왕나비 애호가들이 오픈하우스에 모였다. 방금 우화(羽化)한 제왕나비를 짧은 흰 수염에 매단 칩은 방문객을 맞이하고 질문에 답하며 스포츠팀 코치처럼 모두를 격려했다. 그날 밤 나를 재워주기로 한 앤지 배빗은 아이들 얼굴에 제왕나비와 애벌레를 그려주었다. 아이들과 대화하고 그림을 그리는 모습이 아주 능숙

했다. 털사에서 만난 샌디 슈윈도 친구들과 함께 자생 식물을 사러 왔다. 환경보호 운동계의 슈퍼히어로 메리 네메섹과 내 고등학교 친구 샘 스텝 등 낯익은 캔자스시티 사람들이 제왕나비를 기리기 위해 모였고 뉴질랜드에서 온 재키 나이트는 나비와 나방을 보호하기 위해 자국에서 어떤 노력을 하는지 들려주었다. 화려한 정원에서는 호랑나비 애벌레가 딜 잎사귀를 먹어 치우고 흰레이스를 두른 데이지 꽃의 노란 태양이 자신의 빛에 흠뻑 취했다. 화분에 심은 식물에는 제왕나비 번데기가 매달려 무릎 꿇은 사람들과 눈높이를 맞추며 비밀을 속삭였다.

익숙한 얼굴들 사이에 모르는 사람도 섞여 있었지만 낯설지 않았다. 이름은 몰라도 나는 그들을 알았다. 제왕나비를 사랑하는 한 사람과 나비에 감화된 우리는 경로는 제각각이지만 같은 목표를 향하는 한 팀이었다.

봄맞이 오픈하우스는 보호 운동이라는 케이크의 꼭대기에 놓인 화려한 장식과도 같다. 이날을 제외한 나머지 기간 동안 모나크 와치는 과학과 보호 운동과 교육을 모두 결합한 두 가지 주요 프로그램, '제왕나비 이름표 붙이기'와 '중간 기착지 만들기'를 운영한다.

매년 가을이 되면 모나크 와치는 제왕나비에 이름표를 붙일 자원봉사자를 모집한다. 참가자는 자동차 번호판처럼 각각에 고유의 글자와 숫자 조합이 적힌 작고 둥근 스티커를 구입해 제왕나비 뒷날개 바깥쪽의 중실●에 붙인다. 그리고 제왕나비를 발견

●　中室. 주황색 손모아장갑 같은 부분.

나비에 이름표 붙이기

한 위치와 날짜를 모나크 와치에 알린다. 같은 나비가 이동 중에 발견되면 나비의 경로가 데이터베이스에 쌓인다.

아직 이름표를 붙이는 게 적절한 방식인지 의심이 들던 때였지만, 그러면서도 나는 이 방법에 거룩한 면이 있다고 생각했다. 물론 과학적 조사 방법이기는 하다. 나비에게 '우리가 파악한 이런저런 조건 아래 멕시코까지 갈 수 있니?' 하고 일일이 묻는 거니까. 하지만 동시에 믿음을 보여주는 행위 같기도 하다. 나비에게 '네가 멕시코까지 갈 수 있다고 믿어!'라고 이야기하는 것 같았다. 이름표를 붙인 나비는 축복이자 실험체가 되어 높은 하늘에 흩어진다.

1992년부터 2020년까지 제왕나비 약 200만 마리가 고유 ID를 받았고 이중 수천 마리가 이동하면서 발견되거나 다시 잡혔다. 처음 이름표를 붙인 후 멀지 않은 곳에서 발견되는 일도 많지만 최근 보고서에 따르면 1만 9,000개가 넘는 이름표가 멕시코에서 발견됐다고 한다. 이름표 하나를 찾을 때마다 데이터가 쌓이고, 칩은 숫자가 말하는 언어를 자세히 살펴 패턴을 찾는다.

사실 과학은 이 지점에서 끝날 때가 너무도 많다. 통계와 확률로 찾은 새로운 사실은 그 분야를 잘 아는 사람만 이해할 수 있는 논문이나 학술지 속에 숨어 나오지 않는다. 그 결과 발견의 의미는 사라져버리고 만다. 전문 용어는 영향력을 갖기 어렵다. 칩 테일러의 이야기가 그토록 강력하게 느껴지는 것은 칩이 정반대로 행동했기 때문이다. 그는 대중을 불러들여 시민 과학자로 만들었고 시민 과학자들이 모은 데이터와 거기에서 찾은 내용을 바탕으로 움직였다. 모나크 와치는 2005년 제왕나비의 중간 기착지를 만드는 프로그램을 시작했다. 사람들이 마당과 정원에 자생 식물과 밀크위드를 심어 지나가는 제왕나비가 먹고 쉬고 알을 낳을 수 있게 하는 것이 목표였다.

중간 기착지, 휴게소, 경유지…. 뭐라고 부르든 여행자라면 그 중요성을 알 것이다. 이런 곳들이 징검다리처럼 외딴곳의 또 다른 집 역할을 대신해 주어야만 장거리 여행이 가능해진다는 것을. 2020년 5월 현재 모나크 와치에 등록된 중간 기착지는 2만 8,210곳이다. 제왕나비를 초대한 땅이 2만 8,210군데이며 제왕나비의 소멸을 막고 과학이 찾은 문제를 해결할 방법이 2만 8,210가지 생겼다는 뜻이다.

이름표를 통해 과학 발전에 기여하고 중간 기착지로 서식지 훼손을 막는 것도 중요하지만 내 생각에 모나크 와치, 더 나아가 칩 테일러가 이룬 가장 큰 업적은 제왕나비를 둘러싼 수많은 점을 서로 연결했다는 것이다. 이름표가 제왕나비 200만 마리를 사람들과 연결하고 2만 8,210곳의 중간 기착지에 심은 밀크위드가 정원사와 지구를 연결한다. 행동할 때 해결책이 나오고 연결고리가 만들어진다. 해마다 성장하는 활동가들이 이렇게 연결된다. 또한 점점 사라지고는 있지만 우리가 끝까지 지켜낼 나비의 이주가 우리와 연결된다.

나는 제왕나비를 볼 때마다 이런 연결점을 생각했다. 햇빛에 잠긴 구름 너머로 날아간 나비는 이후 어떤 삶을 살았을까? 학교에 찾아가 어린 과학자에게 영감을 주었을까? 누군가가 처음 밀크위드를 심은 마당에서 자랐을까? 길에서 알을 낳았을까? 그 알은 누군가 풀을 벨 때 같이 떨어졌을까? 아니면 내가 지나간 길에서 애벌레가 되었을까? 이것만은 알 수 있었다. 나비들은 하늘을 날 때 부자와 가난한 자, 도시와 시골, 공화당원과 민주당원을 가리지 않으며 어떤 피부색도 개의치 않는다. 하늘은 오직 하나일 뿐이며 이동하는 제왕나비는 그 하늘을 아름답게 수놓을 뿐이다.

제왕나비를 보며 6단계 분리이론*을 생각했다. 칩과 모든 제왕나비를 연결하려면 몇 단계가 필요할까? 이 꽃 저 꽃을 날아다니는 나비처럼 오픈하우스의 방문객들 사이를 돌아다니는 칩을 보며 6단계까지는 안 될 것 같다고 생각했다. 그는 과학과 보호 활동과 교육 사이의 틈을 이었다. 칩의 연구 활동은 과학계에 경종을 울렸다. 암울한 데이터를 허공에 투척하고 마는 데서 그칠 것이 아니라 진정한 변화를 일으키라고.

칩의 노력이 가져온 효과를 보니 감동과 안심이 동시에 느껴졌다. 나는 몇 계절 동안 현장 생물학자로 일하며 양서류 수가 줄어드는 걸 보고 꼭 기록관이 된 기분을 느꼈다. 한때는 올챙이와 생기 넘치는 개구리로 끓어오르는 것 같던 개울이 이제는 조용했다. 뭔가 사라졌음을 안다는 것만으로 다른 사람(개구리도)을 도울 수 있을지 알 수 없었고 내가 그저 파괴를 기록하는 방관자가 된 기분이었다. 하지만 칩을 보면서 과학자도 문제를 발견할 뿐 아니라 해결책을 찾고 물결을 일으킬 수 있다는 확신을 얻었다.

나도 칩처럼 내 존재 전체를 작은 생명체에 바칠 수 있기를 진심으로 기도했다.

---

* 모든 사람이 6, 7단계를 거치면 아는 사이라는 이론. ─옮긴이

옥수수에 숨은
희망

5월 14 ~ 28일
3,920~4,754km

모나크 와치에 들르느라 잠시 벗어났던 길에서 돌아와 캔자스에서 북쪽으로 향하는 길은 사람과 동물 모두가 통행하기 좋도록 잘 닦여 있었다. 북쪽으로 날아가는 대부분의 제왕나비가 모여드는 중앙 이동 경로는 철새에게도 중요한 길목이었다. 흰머리수리와 흰기러기가 큰머리흰뺨오리와 흰뺨오리를 만나 고대의 길을 되짚으며 눈부신 여름으로 향했다. 미주리강은 중력에 따라 길을 내며 산을 초원으로, 초원을 바다로 초대했다. 루이스와 클라크 탐험대*처럼 나도 강을 거슬러 올라갔다(두 사람이 자전거로 가지는 않았지만). 29번과 35번 주간 고속도로 역시 곧장 북쪽으로 향하는 통로였다.

이런 통로가 얼마나 중요한지 느껴졌다. 여행자의 경로를 한

• 1804년 메리웨더 루이스와 윌리엄 클라크가 토머스 제퍼슨 대통령의 명령에 따라 꾸린 탐험대로 미주리강 근처를 지나며 미국을 횡단했다. —옮긴이

면만 보호해서는 안 된다. 모든 발걸음과 모든 날갯짓이 보호받아야 한다. 이주하는 동물들의 이동 경로 전체에서 봄, 여름, 가을, 겨울 내내 안전한 서식지를 보장받아야 한다. 하지만 이렇게 광범위한 영역에 걸친 필수 서식지가 대부분 훼손되면서 동물들의 안전이 위험해졌다.

한 가지 생각할 수 있는 해결책은 주간 고속도로를 활용하는 것이다. 35번 주간 고속도로(I-35) 주변의 토지 소유주와 주 정부 교통과가 자연 서식지를 복원하기 위해 협력하고 있다. 고속도로 옆에 '제왕나비 도로'가 깔릴 수도 있다. 이상적인 서식지라고 할 수는 없겠지만(과학자들은 교통 소음, 겨울에 뿌리는 소금 제설제, 매연 등이 길가 서식지에 미치는 영향을 연구하고 있다) 아무것도 안 하는 것보다는 낫다. I-35 위 고가도로에 서서 내려다보니 고속도로 옆 넓은 배수로 풀이 바짝 깎여 있었다. 그렇게까지 할 필요가 있었을까? 밀크위드를 심고 제왕나비 이주가 끝난 후 풀을 벨 수도 있었을 것이다. 제왕나비가 주 정부에 전화를 걸 수 있으면 좋을 텐데.

옥수수 생산지를 자전거로 달릴 때 가장 좋은 점은 농장에서 마을까지 길이 촘촘히 깔려 있다는 것이다. 이런 길은 찾기도 쉽고 교통량도 많지 않다. 가끔 승용차가 지나가지만 나와 길을 나눠 쓰는 건 느릿느릿 기어가는 농기계들뿐이었다. 못과 톱니바퀴로 무장한 쇳덩어리가 몇 발짝 옆에서 투명한 목줄에 끌려가는 괴물처럼 식식거리면 몸이 저절로 움츠러든다. 이런 농기계들은 도로를 거의 다 차지할 정도로 덩치가 크긴 해도 속도가 빠르지 않고 내가 지나갈 자리 정도는 꼭 남겨주었다. 거대한 형상이 느리지만 쉬지 않고 지평선을 향해 점점 사라졌다.

이런 기계들이 무서운 것은 나와 같은 도로를 가기 때문이 아니라 넓은 땅을 쓸어버리러 가기 때문이다. 그런 땅에는 제왕나비가 찾아가지 못한다. 인간은 자연의 빵 바구니를 옥수수밭으로 바꿔놓았다. 제왕나비가 지나가던 길은 이제 기억 속으로 사라져갔다. 내 자전거가 지나는 길도 함께 피를 흘렸다. 가끔은 내 슬픔과 옥수수 줄기만이 점점 자라는 것 같았다.

시골 하늘에서 기회를 찾는 생명이 보였다. 전신주 사이 긴 전선에 앉은 들종다리가 하늘을 향해 호루라기 소리를 냈다. 부들이 빽빽하게 자라난 연못에는 당당한 붉은어깨검정새가 가슴을 부풀리며 울었다. 이 새들이 내가 지나갈 때마다 새된 소리를 질러대는 통에 머리가 지끈거렸다. 경계해야 할 건 내가 아니라 새들의 집을 파괴하는 옥수수밭과 잔디라고 말해주고 싶었다.

대초원에 닥친 비극은 애써 모른 척 지나쳤지만 이렇게 거대한 자연이 파괴된 것을 보니 더 이상 참기 어려웠다. 옥수수 들판 사이로 희망을 찾아 나섰다.

미주리주 29번 주간 고속도로를 빠져나와 들어간 로스 블러프스 국립야생동물보호구역(Loess Bluffs National Wildlife Refuge)에서 늪거북과 눈을 맞추고, 습지 보호구역을 굽어보는 붓꽃을 바라보았다. 와바시 트레이스 자전거 길을 100킬로미터 정도 달렸을 때는 놀란 붉은스라소니를 만나기도 했다. 버려진 도로 배수구에 홀로 자라는 밀크위드도 있었다. 야생의 단편을 눈에 담으니 화가 가라앉았다.

내가 문명의 소란이 잠잠해진 야생의 모습을 볼 수 있었던 건 많은 이들의 노력 덕분이다. 그중에는 내가 아는 사람도 있고 메아리만 들은 사람도 있다. 나는 그들의 업적을 밟으며 내 발자국으로 고마움을 전했다. 발꿈치를 땅에 대며 혜안에 감사하고 발가락으로 땅을 밀어내며 무관심과 싸운 열정에 감사했다.

내 화를 치료하는 가장 좋은 약은 학생들과 꿈을 나누는 것이다. 학교를 찾아가는 길이라면 돌아간다 해도 싫지 않았다. 그런 기회가 또 다가오고 있었다. 여행을 시작하기 몇 달 전 오마하 세인트메리 마거릿 초등학교의 3학년 교사 케이트 레잭이 이메일로 나를 초대해 주었다.

하지만 케이트의 집에서 20킬로미터 정도 남았을 때쯤부터 천둥이 치는 통에 오마하까지 가는 길은 좀 오래 걸렸다. 해골이 춤추듯 번개가 치더니 그 주 몇 번이나 내린 폭우가 다시 쏟아졌다. 나는 비처럼 초대받지 않은 손님이 되어 드리프트우드 여관 차양 밑으로 들어갔다.

추위에 오들오들 떨면서 비가 그치기를 기다렸지만 쉽게 그칠 기미가 보이지 않았다. 혹시나 하는 마음에 여관 문을 열었는데 그곳은 여관이 아니라 바였다. 평범한 바도 아니고 맥주를 양동이에 담아 팔고 경품 티켓을 돈처럼 주고받는 재미난 곳이었다. 내가 상상하던, 미국 중서부 바의 오후 4시 풍경 바로 그 모습이었다. 섬처럼 들어앉은 바에 일고여덟 명쯤 되는 손님들이 앉아 자기들끼리만 아는 농담을 주고받았다. 손글씨로 장식한 간판과 텔레비전 몇 대도 보인다. 도로에 떨어지는 빗소리가 희미해졌다. 나는 닥터페퍼를 주문하고 반갑게 인사해 주는 사람들 사이에 섞여들었다.

그들은 처음에는 주저하는 것 같더니 곧 질문을 쏟아냈다. 내 대답을 듣자 반쯤 흥미를 보이다가 점점 관심과 의심을 동시에 보였고 다음에는 충격을 받았다가 결국 완전히 감탄했다. 바텐더는 내 컵에 부지런히 닥터페퍼를 채워주고 팝콘 기계까지 켜서 팝콘도 무제한으로 가져다주었다. 질문 세례를 마친 나의 새 친구들은 냉동 피자를 구워주겠다며 좀처럼 켜지 않는 오븐으로 몰려갔다. 따뜻한 곳에서 이렇게 환영받은 걸로 충분하다는데도 자꾸만 피자를 권했다.

피자값을 내겠다고 사람들이 꺼낸 지폐가 바에 수북이 쌓였다. 바텐더는 그 돈을 몽땅 내 쪽으로 밀었다. 자전거 여행이라는 마법이 여관 손님들을 친구로 만들어주었다. 배도 부르고 주머니도 두둑해진 나는 따뜻한 몸과 마음으로 여관을 나왔다. 아이오와주와 네브래스카주를 가르는 강을 건너 미로 같은 주택가에서 또 한참 헤매다 케이트의 집을 찾았다.

케이트 레잭의 집에서도 드리프트우드 여관과 비슷한 경험을 했다. 이들은 나를 자신들의 일상 속으로 받아주고 넘치도록 퍼주었다. 덕분에 내 여행은 더 특별해졌다.

나는 케이트 가족의 정돈된 혼돈 속에서 며칠을 지냈다. 케이트 부부와 재능 많은 세 청소년 딸은 꽉 찬 일정을 소화하느라 바빴고, 이리저리 돌아다니는 토끼만이 자유 시간을 누리는 것 같았다. 하지만 이들은 바쁜 와중에도 어떻게든 나를 위해 시간을 냈다. 첫날 아침 가족들이 모두 외출한 후 일어나 주방에 나가보니 막내딸 애니가 쓴 쪽지가 보였다. "잘 주무셨어요? 아무거나 꺼내 드시고 얼른 학교에서 만나요!" 고마운 마음으로 쪽지를 읽었다. 아이의 따뜻한 마음이 소중했다.

학교에 가서도 학생들의 긍정적인 에너지와 설렘에 나도 덩달아 신이 났다. 강연을 들으러 식당에 들어오는 아이들은 흥분을 감추지 못하는 표정이었다. 내가 손을 흔들자 아이들의 얼굴에 미소가 번지고 놀란 얼굴로 돌아보는 아이도 있었다. 아이들은 강연을 듣기 전에 내가 여행하면서 만든 영상을 미리 시청했다고 한다. 화면으로 본 사람이 실제로 존재할 뿐 아니라 학교 식당에 서 있는 걸 보고 놀란 것이다. 나는 자전거와 텐트도 같이 가져갔는데 이걸 본 아이들이 질문을 쏟아냈다.

"왜 텐트를 쳐두셨어요?" 1학년 학생이 물었다.

"낮잠 좀 자려고." 내가 농담으로 말하자 아이도 웃었다. 어색함이 사라졌다.

모두 줄을 맞춰 앉고 나도 바로 강연을 시작했다. 아이들은 내가 이야기해 본 어른들보다 제왕나비에 대해 훨씬 잘 알았다. 제왕나비의 한살이뿐 아니라 제왕나비 애벌레가 밀크위드만 먹는다는 것도 알고 있었다.

아이들의 뜨거운 반응에 정신이 혼미해졌는지 계획에 없던 우스꽝스러우면서도 돌발적인 실수를 저지르고 말았다.

"내가 '밀크'라고 하면 여러분은 '위드'라고 하세요." 내가 '밀크'를 외치고 식당에 가득 찬 아이들 쪽으로 마이크를 돌렸다.

"위드!" 교복을 입은 아이들 수백 명이 한목소리로 소리쳤다.

그 소리를 듣자마자 우리가 의도치 않게 다른 걸 찬양한다는 걸 눈치챘다.* 당장 멈추고 싶었다. 하지만 아무리 머리를 굴려도 갑자기 멈추면 더 어색해질 것 같아 계속할 수밖에 없었다.

"밀크! … 위드! … 밀크! … 위드!"

다행히 경악한 표정을 짓는 사람은 없어서 조용히 다른 주제로 넘어갔다.

세인트메리 마거릿 초등학교 학생들은 나비 정원을 가꾸며 연계 학습을 하고 있었기 때문에 밀크위드나 제왕나비가 낯설지 않았다. 케이트가 맡은 3학년 학생들이 학교를 안내해 주었다. 식물들을 가리키며 이것저것 알려주는 학생들과 함께 정원 사잇길을 따라 걸었다. 이 학교는 최근 전교생이 힘을 합쳐 길을 새로 깔았다고 한다. 아이들의 가벼운 발걸음에서 자부심을 느낄 수 있었다.

이런 정원을 만드는 게 쉬운 일은 아니었다. 케이트가 정원을 가꾸겠다고 했을 때 학교 측의 반응은 시큰둥했다. 그래서 풀을 깎기도 힘들고 잘 보이지도 않는 주차장 인근 비탈진 땅만 조금 내줬다. 하지만 케이트와 학생들이 삽을 들고 자생 식물을 심자 그 작은 땅이 완전히 바뀌었다. 이제 이곳은 교실이자 연구실이고 형광등 불빛과 퀴퀴한 공기를 피해 쉴 수 있는 휴식처가 되었다. 이 정원에서 학생들은 자연을 탐구하고 주민들은 담소를 나누고 제왕나비는 자연을 가르친다.

방송국 직원과 기자들이 정원과 내 강연을 취재하러 와서 몇 가지 질문에 답해주긴 했지만 나는 무엇보다 정원을 돌아보고 싶었다. 그래서 학생들이 찾아오자마자 바로 따라나섰다. 밀크위드

●　　weed는 '풀'을 뜻하지만 대마초를 부르는 말로 흔히 쓰인다. —옮긴이

앞에서 숨겨진 비밀을 찾을 때는 에너지 넘치는 아이들의 함성 가운데서도 평화로움이 느껴졌다. 밀크위드를 손으로 쿡 찌르니 하얀 거품이 흘렀다. 아이들이 거품을 잘못 보고 "알이다!" 하고 소리쳤다. 나는 그냥 가까이 가서 보라고 알려줬다. 정답을 알려주는 건 내 일이 아니었다. 정원이 아이들의 선생이니까. "수액이에요!" 아이들은 독성 물질을 손으로 만져봤다는 생각에 흥분해서 소리를 질러댔다. 아이들이 흩어지려는데 어디선가 비명이 터져 나왔다. 꼬마 과학자들이 진짜 제왕나비 알을 발견한 것이다.

매일이 이런 배움의 연속이었다. 제왕나비와 관련된 두꺼운 책을 연구하거나 밀크위드 연구 논문을 읽을 수도 있겠지만, 몸을 숙이고 아이들과 이야기하면서 시험이나 여름 방학이 끝나도 사라지지 않을 진정한 배움을 얻었다. 나는 오감으로 내 마음속 교과서를 쓰고 호기심으로 그 책장을 넘겼다.

"제왕나비다!" 3학년 학생들이 손가락으로 하늘을 가리키며 외쳤다. 메아리가 퍼지듯 반 전체가 고개를 들어 머리 위로 날아가는 제왕나비를 바라보았다. 아이들의 순수한 기쁨과 제왕나비의 섬세한 주황빛 날개가 내 마음을 희망으로 가득 채웠다. 인간은 자연과 싸우도록 만들어지지 않았고, 우리는 자연에서 태어났다. 정원에서 자유롭게 춤출 수 있다면 자연에 우리의 집이 있고 제왕나비와 그 집을 함께 쓸 수 있음을 알게 될 것이다.

제왕나비는 마치 우리를 찾아온 전령처럼 날갯짓으로 대기를 축복하고 아이들 한 명 한 명을 과학자이자 환경보호 활동가로, 우리가 함께하는 이 행성의 일원으로 임명했다. 아이들의 마음이 네브래스카의 한 학교 안 작은 정원에서 멕시코, 캐나다, 뉴욕시로 퍼져 나갔다. 이 나비는 잔디, 포장도로, 시멘트, 벽돌, 타일, 플라스틱, 간판, 목재로 이루어진 불친절한 생태계를 지나 이제는 학생들이 만든 작은 정원에서 쉴 곳을 찾았다. 우리가 자연에 자리를 내줄 때 자연은 아름다운 색깔과 그밖의 더 많은 것으로 보답한다는 사실을 보여주는 증거였다.

나 역시 학생들처럼 놀란 얼굴로 서 있었다. 제왕나비를 만나 우리의 길이 교차하는 순간에야 우리는 제왕나비를 만나는 경이로움이 무엇인지 알 수 있다. 모든 어린이에게 이런 교감을 선사하기 전까지는 누구도 아이들 앞에서 떳떳할 수 없다.

모든 학교에 정원이 생기고 모든 학생이 살아 있는 실험실에서 자연과 생생한 관계를 맺는 상상을 해보았다. 제왕나비가 우리 공동의 책임, 공동의 행성, 공동의 노력을 나타내는 상징이 될 것이다. 모든 학교가 나비를 위한 자생 식물 정원을 가꿀 때 아이들이 사는 곳, 그곳의 정치 성향, 사람들의 생김새, 말투, 경제적 배경은 더 이상 중요한 문제가 아닐 것이다. 제왕나비가 모두를 이어주고 우리가 놀라운 존재임을 알려줄 테니까.

반대를 무릅쓰고 정원을 만들기 시작한 케이트의 결단력과 용기에 감동했다. 케이트의 정원은 제왕나비만큼이나 나에게도 단비 같았다. 나는 더 나은 미래를 위해 자기 몫의 노력을 기울이는 사람들을 직접 보고 싶었던 것 같다. 눈부신 정원을 가꿔 나가는 케이트를 보며 내 의지도 더 단단해졌다.

미주리강을 다시 건너 북쪽으로 달리며 옥수수밭과 아이오와주 경계선을 지났다. 디소토 국립야생동물보호구역(Desoto

National Wildlife Refuge)의 겹겹이 펼쳐진 야생풀에서 점박이 새끼 사슴들과 습지에서 노래하는 산적딱새들을 만났다. 너구리의 거친 위엄에 내 마음이 들떴다. 옥수수밭을 또 지나 아이오와주 몬다민(인구 379명, 마을 이름은 북미 원주민 여신의 이름에서 따온 것으로 뜻은 바로 옥수수다)에 도착했다. 중학생 한 무리가 학교 운동장 근처 야생 초원 보존구역 근처로 걸어가고 있었다. 다음은 아이오와주 수시티였다. 마을이 내려다보이는 언덕 위 풀밭에서 고리목뱀이 인사를 건넨다. 하지만 이런 희망찬 순간은 가끔일 뿐 주위는 온통 옥수수밭이었다. 진실을 외면하기는 힘들었다.

"전에는 제왕나비가 정말 많았는데 지금은 거의 안 보여요." 한 슈퍼마켓 주인이 중얼거린 이런 말을 거의 매일 들었다. 악의 없이 한 말인 건 알지만 들을 때마다 아팠다. 가끔 재미있는 이야기도 들었다. 제2차 세계대전 당시 정부는 밀크위드 씨앗에 난 솜털을 양파 자루에 담아오는 아이들에게 돈을 줬다고 한다. 솜털은 군인들의 구명조끼를 만드는 데 쓰였는데, 구명조끼 하나에 양파 두 자루 분량의 솜털이 들어갔다. 구명조끼는 120만 개가 필요했다. 밀크위드는 우리에게 100만 개 넘는 구명조끼를 줬는데 우리는 보답으로 제초제를 살포했다.

대부분은 마음 아픈 이야기뿐이었다. 나이 든 세대는 밀크위드가 아직 흔해서 잡초 취급을 받던 시대를 살았다. 노인들은 어릴 때 밭에서 밀크위드를 뽑아서 버리는 게 일이었다고들 했는데 그 이상은 이야기하지 않았다. 어른이 된 후 가족이 운영하던 농장이 팔리고 거대 농업 기업이 토지를 지배하기 시작한 이야기는 하지 않았다. 2000년대가 되자 적용 범위가 넓어진 제초제와 유전자 변형 작물이 퍼졌다는 이야기도 하지 않았다. 그들이 어린 시절을 보낸 농장은 독성 물질을 뒤집어쓴 땅에서도 살아남는 유일한 작물인 유전자 조작 옥수수밖에 자라지 못하는 땅이 되었다. 한때 흔하게 자라던 밀크위드도 대부분 무릎을 꿇었고 마지막까지 버티던 대초원도 결국 두 손을 들었다. 오직 유전자가 뒤바뀐 옥수수만이 살아남아 헐벗고 유독한 단색의 풍경을 만들어냈다.

노인들은 근사한 풍경을 직접 보았으면서도 나에게는 그림자만 물려주었다. 대부분 의문을 제기하지 않았고 미안하다고도 하지 않았다. 잘못된 상황을 어떻게 할 거냐고 묻고 싶었지만 늘 공손함에 굴복해 이렇게 설명하고 말았다. "지금의 농업은 옛날과 달리 자생 식물이 자랄 자리를 남겨두지 않아요. 제왕나비에게는 밀크위드가 필요해요. 밀크위드가 없으면 제왕나비도 살 수 없어요. 농업 방식을 바꿔야 합니다." 다시 자전거를 타면서, 내가 전한 말이 그들의 마음을 불편하게 했기를, 그래서 주위를 한번 둘러보고 다른 이야기를 하게 되기를 바랐다.

한때는 수십억 마리에 달하던 제왕나비가 이제는 수백만 마리밖에 남지 않았다. 전에는 수백만 마리이던 에스키모쇠부리도요(Eskimo curlews), 수십억 마리이던 여행비둘기(passenger pigeon), 수조 마리이던 로키산메뚜기(Rocky Mountain locust)는 이제 한 마리도 없다.

이런 생명은 우리에게 경고하고 있다. 밀크위드와 제왕나비는 탄광 속 카나리아처럼 울고 있다. 80억 명에 이르는 인간 역시 위협받고 있다고. 곤충과 새와 개구리를 죽이는 망가진 지구가 우리도 죽이고 있다. 우리는 공격받고 있다. 뉴스를 보고 밖에 나가 보자. 호주의 한 싱크탱크는 아무 변화가 일어나지 않는다면 오늘날 우리가 보는 문명은 2050년이 되면 무너져 내릴 거라고 예측했다. 그때가 되면 나는 65살이다. 제발 제왕나비의 이주가 사라지기 전에 내가 먼저 죽으면 좋겠다.

너무 극단적으로 들릴지 몰라도 앞으로 태어날 아이들에게 내가 젊었을 때는 제왕나비가 아직 철따라 이동했다고 이야기하는 고통은 참을 수 없을 것 같다.

물론 인간은 먹어야 한다. 경작지와 보호지 사이에 균형이 필요한 것도 사실이다. 하지만 우선순위를 생각해야 한다. 나누는 방법을 기억해야 한다. 농사가 오히려 커먼밀크위드의 수를 늘리던 때도 있었다.

유럽 정착민이 들어오기 전 커먼밀크위드가 자라는 지역은 한정되어 있었다. 파헤친 땅에 자라는 성질이 있는 커먼밀크위드는 대부분 동물의 은신처 근처에서만 자랐다. 땅을 경작하기 시작하면서 광활한 땅에 기회가 열렸다. 커먼밀크위드는 줄지어 심은 옥수수와 밭 가장자리에 무섭게 퍼졌고 암컷 제왕나비 역시 근처 비경작지의 서식지보다 이런 곳에 산란하기를 더 좋아했다. 아마도 더 찾기 쉽고 천적이 더 적고 햇빛을 덜 받아서 먹을 수 있는 연한 잎이 많거나 잎에 질소가 많아서였을 것 같다. 이유가 무엇이든 공생은 가능하다. 지금은 우연히라도 땅을 나눠 쓰지 않는다.

1940년대부터 사용하기 시작한 제초제는 원래 옥수수가 열리기 전에 뿌려야 했다. 안 그러면 옥수수도 죽어버렸기 때문이다. '잡초'를 없애는 글리포세이트(glyphosate, 몬산토가 '라운드업'이라는 상표로 판매하고 있는)가 도입되었지만 이것도 작물이 맺히기 시작하면 쓸 수 없었다. 작물이 열리면 제초제 사용을 중단했기 때문에 제왕나비도 안전하게 농경지를 이용할 수 있었다.

1996년 유전자 조작(GM) 콩이 등장하고 이어서 1998년에는 GM 옥수수가 나왔다. 글리포세이트에 내성이 있는 '라운드업 레디(Roundup ready)' 종자는 작물이 열린 후에도 제초제 살포가 가능했다. 2012년까지 옥수수의 73퍼센트, 콩은 93퍼센트가 라운드업 레디 종자였다. 그렇지 않은 종자는 광합성 구조가 망가지면서 스러졌다.

밀크위드는 살아남지 못했다.

2019년 미국 농무부 발표에 따르면 미국 내 37만 1,000제곱킬로미터(축구장 6,900만 개)가 넘는 땅에 옥수수가 자라고 이중 89퍼센트가 제초제에 내성이 생기도록 유전자가 조작된 종자에서 싹을 틔웠다. 우리의 물, 공기, 밀크위드 그리고 제왕나비가 계속 그 피해를 보고 있다.

끝없이 다가왔다 멀어지는 옥수수를 바라보며 가장 화가 나는 것은 심지어 옥수수 대부분이 사람이 먹는 용도도 아니라는 점이었다. 시장 상황에 따라 약 3분의 1은 동물 사료로, 또 3분의 1은 에탄올 생산에 쓰인다. 에탄올은 만드는 데 드는 에너지보다 더 적은 에너지를 내는 연료인데도 정부는 보조금을 지급해 에탄올 생산을 지원한다. 우리는 정부가 농부에게 주는 지원금을 '보조금'이라 부르고 가난한 사람에게 주는 지원금은 '복지'라고 한다. 야생 동물과 토양에는 '규제'라는 보조금을 주어야 한다. 나는 유일하게 내 목소리를 들어주는 구름을 향해 소리 질렀다. 구름이 초원의 옛 모습을 나에게 이야기해 주기를 바라면서.

수시티를 달린 지 며칠이 지난 어느 시원한 아침, 기자와 전화통화를 하면서 분노가 새어 나왔다. 그러자 기자가 늘 그렇게 화가 나 있느냐고 물었다. 일부러 그런 건 아니겠지만 내 걱정을 무시하는 말을 듣자 머리가 멍했다.

내가 항상 화가 나 있었나?

자전거 여행을 시작하기 전, 그러니까 4,800킬로미터 남쪽에 있었을 때 제왕나비 문제에 관한 내 지식은 거의 학술적인 것이었다. 지난 20년 동안 이동 구역 전체에 걸친 서식지 훼손으로 제왕나비 개체수가 심각하게 줄어들었다는 것을 알았고, 그런 이론적 지식은 내 짜증과 분노에 기름을 부었다. 그러나 끝없이 펼쳐진 옥수수밭과 난개발된 교외 도시들을 보니 이제는 사라지고 없는 것들이 사무치게 그리웠다.

나는 제왕나비의 상실을 내 몸과 시간과 목소리로 대신 전하고 있었다. 하지만 내 분노에 대한 반응이 체제에 의문을 제기하는 것이 아니라 침착함에 대한 나의 능력(또는 의지)을 의심하는 것이라니. '이성을 찾아라.' '예의를 갖추고 파괴의 굉음을 무시하라.' 열정적인 환경운동가인 마거릿 뮤리(Margaret Murie)는 문화적 규범으로 문제를 흐리면 안 된다는 걸 알고 있었다. 그녀는 1977년 미국 의회에서 야생을 대변해 정치인들에게 이렇게 물었다. "나는 감정적인 여성의 목소리로 이곳에서 증언할 겁니다. 신사들에게 묻지요. 감정을 느끼는 게 왜 잘못이지요?"

뮤리는 "알래스카는 알래스카로 남아야 한다"고 주장했고 그녀의 열정 덕에 야생의 땅 일부가 보존되었다. 나는 앞으로도 이 땅을 직접 보지 못할지 모르지만 그곳은 존재만으로도 내 영혼을 지켜준다. 하지만 북극 국립야생동물보호구역(Arctic National Wildlife Refuge)은 지금도 공격받고 있다. 다음 세대 또한 야생을 원할 것이다. 그들도 지구의 영혼과 자신들을 이어주는 온전한 땅에서 어제와 내일이 더 평화롭게 춤추기를 바랄 것이다.

제왕나비는 제왕나비로 남아야 한다. 나는 감정적인 여성의 목소리로 이 말을 전한다. 그리고 여러분에게 묻는다. 어떻게 아무 감정이 없을 수 있나?

기자의 질문에 곪은 상처가 터져버렸다.

나는 화가 났다. 지구를 고치려면 변해야 하고 변화는 힘이 드니까, 그리고 고치는 건 불편하니까 고장난 지구를 그냥 받아들이라는 말에 화가 났다. 힘 있는 사람들이 반대 의견에 과민반응이라는 딱지를 붙이는 것에 화가 났다.

제왕나비 이동 경로의 중심지를 따라 거의 4,800킬로미터를 달렸는데도 제왕나비도 밀크위드도 보이지 않아 화가 났다. 삶의 무지개를 희생해 기껏 독을 심었다는 사실에 화가 났다.

내 행동이 과장됐다는 반응 때문에 화가 났다. 고통을 티 내지 않고 조심조심 걸어야 한다는 데에 화가 났다. 침착한 무관심과 현상 유지는 품위 있는 행동이고, 진실을 말하고 사람들에게 안주하지 말라고 외치는 건 부적절하다는 무언의 규칙에 화가 났다.

화를 내는 것이 부적절했을까? 내가 볼 땐 더 강렬하게 분노해야 했다.

"항상 그렇진 않아요." 내가 기자에게 대답했다. 비록 분노가 끓었지만 그걸 표현해 봐야 좋을 게 없다는 걸 알고 있었다. 여전히 그들의 규칙을 따라야 했다.

기자에게는 내 분노가 멀리 사라지는 순간들을 들려주었다. 바스락거리는 식물과 목청 높은 새들과 시원한 바람의 교향곡을 들으며 아직 지킬 것이 많다는 생각이 들 때, 학교에 조성된 정원에서 아이들에게 둘러싸일 때, 그 아이들이 지나가는 나비를 보며 반가움에 소리 지를 때를 이야기했다.

제왕나비가 찾아올 미래를 꿈꾸며, 심고 가르치고 홍보하고 지원하고 키우고 이끌고 권하고 돌보는 사람들을 만난 이야기를 전했다. 우리가 무엇을 잃어버렸는지 기억하는 구세대와 무엇을 도둑맞았는지 알고 있는 신세대에 대해서도 이야기했다.

나는 화낼 권리가 없는 걸까? 희망을 품는 건 순진한 생각일까?

답은 알 수 없었다. 인사를 하고 전화를 끊은 후 북쪽으로 계속 갔다. 며칠만 더 가면 미네소타였다.

봄에서
여름으로

5월 29일 ~ 6월 5일

4,754~5,420km

아이오와주와 미네소타주의 경계, '1만 호수의 땅'에 온 것을 환영한다는 간판 뒤에서 바람을 피하며 사과를 먹었다. 며칠 만에 처음 본 제왕나비 한 마리가 내 발치의 민들레에 자리를 잡고 주둥이와 발로 노란 꽃을 살펴보며 감각과 맛의 춤을 추었다. 나도 제왕나비를 따라 꽃들의 아름다움을 감상했다. 이렇게 귀여운 노란 태양을 왜 잘라내는 걸까?

민들레 꿀을 실컷 빨아먹은 제왕나비는 다른 꽃에 앉을까 잠시 망설이더니 바람을 타고 훌쩍 날아갔다. 나도 바람을 뚫고 미네소타로 향했다. 봄이 여름으로 바뀌며 노란 꽃과 흰 꽃의 은하수가 길가의 우주를 가득 메웠다. 구름이 해를 가렸지만 눈부신 꽃잎도, 자연을 찾아낸 내 안도감도 그늘지지 않았다.

거센 바람에 맞서 달리다가 주 경계에서 멀지 않은 곳에 공원이 있는 것을 보고 마음이 놓였다. 자주 도심 공원에 들러 쉬곤 했지만 이곳처럼 잘 꾸며진 곳은 없었다. 바람을 막아주는 쉼

터부터 물병을 채울 수 있는 급수대와 충전이 가능한 콘센트까지 자전거 여행자에게는 기적 같은 공원이었다. 나는 재빨리 공원을 내 부엌, 사무실, 라운지로 만들었다.

일정을 확인하며 야채 샌드위치를 먹고 있는데 여름 방학을 맞아 학교에서 해방된 아이들이 자전거를 타고 멋진 척 욕을 하며 다가왔다. 욕은 무시해도 질문은 무시할 수 없었다. 아이들은 곧 내가 뭘 하는 사람인지 알아내더니 이번에는 내 자전거를 살살이 살폈다. 멋진 척하려는 태도는 어느새 사라지고 나는 더 이상 낯선 사람이 아닌 가능성을 실현하는 사람이 돼 있었다. 아이들은 젊은 사람들이 늘 그러듯 내가 어디까지 할 수 있는지 물어보기 시작했다. 텐트가 있으면 어디서든 잘 수 있어요? 아무데서나 요리하려고 스토브를 가지고 다니는 거예요? 진짜로요? 멕시코부터 캐나다까지 자전거로 간다고요?

나는 아이들 역시 자신만의 모험을 떠날 수 있도록 바퀴에 바람을 넣어주고 체인에 기름칠도 해주었다. 아이들은 부모 세대보다 한 옥타브 높을 뿐, 비슷한 말투로 나의 안전한 여행을 빌어주었다. 나도 손을 흔들며 다시 바람 속으로 출발했다.

다음으로 바람을 피하러 들어간 곳은 미네소타주 앨버트 리의 슈퍼마켓이었다. 탄산음료 자판기, 신문 판매대, 버려진 카트가 줄줄이 놓인 시멘트 벽 앞에서 바람을 피하며 잔뜩 산 물건을 가방에 욱여넣고 꽉 묶었다. 배고플 때 장을 봤더니 피클, 김, 사과, 곰 젤리, 해바라기씨, 양상추, 샐러드드레싱, 빵, 프레첼이 담겼다. 좀 안 어울리는 조합 같지만 텐트 칠 장소만 찾으면 그럴듯한 만찬을 차릴 수 있을 것 같았다.

마을 밖으로 3킬로미터 정도 페달을 밟으니 구글 지도로 찾은 교회가 나왔다. 미국 중서부의 시골 교회는 캠핑하기 좋은 장소다. 외진 곳에 있어서 조용히 생각하기 좋고 관리하는 사람이 딱히 정해져 있지도 않다(메리는 '짐이 들여보냈겠지' 하고, 짐은 메리가 문을 열어줬을 거라고 여기는 식이다). 하지만 이 교회는 주변에 집이 많아서 적절해 보이지 않았다. 다음 후보지를 찾아가려는데 우주가 윙크했는지 톰 에르하르트가 전화를 걸었다.

톰은 슈퍼마켓에서 만난 사람인데 자기 집에서 묵고 가라는 걸 내가 거절했었다. 사람들의 제안은 무조건 받아들이자는 게 내 원칙이지만 이번에는 낯선 사람의 세상을 탐험할 에너지가 남아 있지 않았다. 끝없는 옥수수밭 풍경에 피곤하고 무기력해진 기분이었다. 어쩌면 톰은 이런 내 기분을 알고 다시 내 명함을 찾아 전화를 걸었나 보다. 나는 두 번째 기회는 기꺼이 받아들였다.

고풍스러운 톰의 집 진입로에 자전거를 세우니 톰의 부인과 아들 그리고 개 두 마리가 나를 맞았다. 톰의 집은 야생의 땅, 다양한 식물이 무성한 길가 배수로, 또 최근 톰이 가꾼 자생 식물 초원에 둘러싸여 있었다. 오길 잘한 것 같았다. 미국의 대초원이 옥수수로 뒤덮인 현실에 기운이 빠졌는데 톰을 만나니 선물을 받은 기분이었다. 앨버트 리 종자원(Albert Lea Seed House)을 운영하는 톰은 시장 상황과 수익 구조가 바뀌어 이제 농부들이 초원을 되돌리고 있다고 설명했다. 옥수수로 버는 돈보다 옥수수를 키우는 비용이 더 들어(톰에 따르면 옥수수를 키우면 1에이커당 100달러의 손실이 난다) 농부들이 대안을 찾고 있다는 것이다. 예를 들어 미국 농무부의 보존유보프로그램(Conservation Reserve Program)에 참여해 농사로 약해진 땅에 토양과 환경을 개선하는 식물을 심으면 해마다 토지 사용료를 받을 수 있다. 지하수 수질을 개선하고 토양 유실을 예방하며 야생 동물 서식지가 생겨날 수 있도록 계약 기간은 10에서 15년 사이다. "농부들이 매일 전화해서 옥수수 말고 뭘 심어야 하냐고 물어본답니다." 톰은 음식만큼이나 내가 간절히 원하던 희망을 채워주었다.

도착했을 때보다 훨씬 가벼운 마음으로 톰의 집을 떠났다. 나는 새로운 믿음과 톰이 준 밀크위드 씨앗 한 봉지를 들고 밀크위드가 늘어선 자전거 길을 달려 북동쪽에 있는 미네소타주 로체스터로 향했다. 로체스터에서는 앤드루 슈미드의 집에서 묵었다. 지난 여름 웅장한 시에라산맥 산비탈에서 처음 만나 나를 초대해준 사람이다. 우리는 고산 환경과는 전혀 다른 그의 집 지하실에서 낮에 찍은 내 인터뷰가 나오는 심야 뉴스를 같이 시청했다.

과거에서 현재로 흐른 그 시간이 조금 비현실적으로 느껴졌다. 그렇다고 놀랍지는 않았다. 여행하다 보면 만나는 사람과 방문하는 곳에 따라 다음 여행지가 정해질 때가 많다. 로체스터에 간 것은 앤드루를 만났기 때문이었고, 시에라산맥을 등반했기 때문이었다. 그리고 산을 사랑했기 때문이었고, 글레이셔 국립공원(Glacier National Park)에서 일했기 때문이었다. 그리고, 그리고….

오마하에서 케이트의 집에 묵은 덕에 트윈시티*에 사는 케

---

* Twin Cities, 미국 미네소타주에 있는 미니애폴리스와 세인트폴 생활권을 묶어 부르는 명칭. —옮긴이

이트의 동생 부부 집에 초대받았다. 로체스터에서 트윈시티로 갈 때는 북쪽으로 향하는 주택가 도로를 골랐다. 수많은 가능성 중에 그 길과 그 시간을 택한 덕에 주황색과 검은색이 섞인 나비들을 만날 수 있었다. 나는 자전거를 멈추고 군무를 추듯 함께 공중을 도는 나비들을 지켜보았다. 처음에는 제왕나비인 줄 알고 멈췄는데 다시 보니 제왕나비를 흉내내는 나비였다. 처음으로 그 유명한 총독나비*Limenitis Archippus*를 보게 된 것이다. 주황색 뒷날개를 가로지르는 검은 줄과 가장자리의 더 가지런한 흰 점을 빼면 인간을 포함한 동물들이 왜 총독나비를 제왕나비와 혼동하는지 알 것 같았다.

어떤 포식자는 먹잇감이 주황색이라는 이유만으로 가까이 가지 않는데 이를 경계색(警戒色)이라고 부른다. 포식자가 주황색을 경계하는 것은 경험과 진화의 결과다. 제왕나비의 경계색을 무시하고 입에 넣으면 일부 척추동물을 제외한 나머지 동물은 주황색 나비에 독성이 있다는 걸 바로 알게 된다. 제왕나비 애벌레가 밀크위드를 먹고 저장해 둔 독성 물질 카르데놀리드 때문이다. 카르데놀리드는 성체에도 그대로 남아 쓴 구토제 역할을 한다. 무심코 제왕나비를 입에 넣은 포식자는 바로 뱉어낼 것이고 제왕나비는 날개 한 귀퉁이를 다칠 뿐 무사하다. 이런 불쾌한 경험을 하고 나면 비슷하게 생긴 먹잇감에도 접근하지 않는다. 우리도 배탈 난 경험이 있는 음식은 피하게 되지 않는가?

총독나비는 다른 동물을 흉내내는 동물이다. 이를 의태(擬態)라고 하는데, 제왕나비와 똑같은 날개 모양과 색깔로 제왕나비의 독성이라는 보호 장치를 등에 업는 것이다. 포식자는 둘을 구분하지 못하기 때문에 둘 다 먹지 않는다. 의태에는 몇 가지 종류가 있다. 오랫동안 총독나비는 베이츠 의태*로 분류되어 제왕나비는 맛없는 종, 총독나비는 맛있는 종으로 여겨졌다. 이 경우 포식자가 총독나비를 먼저 먹고 아무 불쾌한 경험을 하지 않으면 제왕나비도 안전하다고 생각할 것이므로 제왕나비도 위험해진다.

1990년대 초반 총독나비가 정말 베이츠 의태인지 의문이 제기되었다. 총독나비도 맛없는 먹잇감인 것 같았기 때문이다. 총독나비 애벌레는 캐롤라이나버드나무*Salix caroliniana*를 먹고 제왕나비와 마찬가지로 방어 물질을 몸에 저장한다. 성체가 된 총독나비는 포식자를 만나면 이 방어 물질을 분비해 포식자를 단념하게 만든다. 현재는 총독나비와 제왕나비가 둘 다 맛없는 종이라는 뮐러 의태◆가 좀 더 적절한 분류로 보인다.

총독나비 근처를 걸어가던 연인이 이 식물 저 식물을 오가는 나를 바라보았다. 내 카메라는 그들에게는 안 보이는 작은 차이를 잡아내도록 훈련되어 있었다. 보는 법을 훈련하지 않으면 주황색 날개와 초록색 잎과 파란 하늘조차 구분하지 못할 수 있다. 집이라고 부르는 곳에서도 길을 잃을지 모른다.

총독나비들은 내 시선을 받으며 하늘로 날아올랐다. 나는 꽃이 줄지어 자라는 자전거 길을 따라 65킬로미터를 더 달리며 짝짓기 중인 제왕나비 몇 쌍을 발견했다. 미루나무가 반짝이를 뿌

- Batesian mimicry, 독성이 없는 생물이 독성이 있는 생물의 형태나 모양을 모방하는 것. —옮긴이
- ◆ Mullerian mimicry, 독성이 있거나 맛없는 생물끼리 서로 모방하는 것. —옮긴이

리듯 솜털 달린 씨앗으로 여름을 축하했다. 하루가 저물 때쯤 멀리 떠나가는 구름처럼 아스라이 미니애폴리스와 세인트폴이 보였다. 어두워지기 전에 도착하기는 힘들 것 같아 밤을 보낼 곳을 찾기로 했다.

침례교회로 향하는 긴 진입로를 따라가다 알맞은 장소를 찾아냈다. 잔디밭 너머 벽돌담 뒤 에어컨 실외기 옆으로, 지나는 차들이 거의 보지 못하는 자리가 있었다. 서쪽은 덤불이 가려주고 동쪽은 빈 땅이었다. 자전거를 세우고 기분 좋게 몸을 쭉 폈다. 아무도 찾지 않는 구석진 자리가 다시 한 번 내 집이 되어주었다.

날이 밝자 알람시계와 내가 동시에 깨어나고, 교회 옆 들판에서 잠자던 트랙터도 같이 깨어나 낮은 소리로 으르렁거리며 돌아다닌다. 아침 햇살에 눈을 끔뻑거리며 운전석에 앉은 남자에게 손을 흔들었다. 친근하게 보이면 의심을 덜 살 것 같아서. 하지만 운전자는 너무 바빠 교회 뒤에 텐트를 친 여자에게 신경쓰지 않는 것 같아 다시 눈을 감았다.

몇 시간 후 다시 눈을 떴는데, 이번에는 잔디깎이가 텐트 바로 옆에서 돌아다니고 있었다. 잔디깎이를 운전하는 남자는 나를 놀이터에 놓인 기구쯤으로 취급했고 나는 그 사람을 시끄러운 자명종 정도로 생각했다. 바로 짐을 챙기고 그 와중에 손도 한 번 더 흔든 다음 자전거를 타고 도로로 나왔다. 내가 만일 흑인 남자였다면 어떻게 됐을까? 경찰이 왔을까? 자전거를 다시 탈 수는 있었을까?

내가 특권을 누리는 게 아닌가 하는 생각은 트윈시티에서 북쪽으로 80킬로미터 정도 떨어진 곳에서 경찰이 내 텐트를 흔들며 일어나라고 소리쳤을 때 다시 떠올랐다. 나는 "캠핑 금지" 표지를 무시하고 등산로로 이어지는 공원에 텐트를 쳤다. 평소였다면 이런 표지를 어기지 않는데 그날은 공사 때문에 차가 밀려 시간이 늦어졌고 어두운 곳에서 계속 가다가는 위험할 수도 있다. 그리고 숲에 몰래 숨어들어 아침 일찍 등산 온 사람들을 놀라게 하기보다는 입구에 텐트를 치는 게 낫겠다고 생각했다. 옆에 세워둔 자전거가 여행자의 고충을 설명해 줄 거라고 여겼다.

이 방법이 경찰에게는 통하지 않았다. "일어나! 경찰이다!" 경찰이 내 텐트를 두드리며 소리쳤다. 자다가 깬 나는 나도 모르는 새에 싸울 준비를 했다. 욕을 줄줄이 내뱉은 것이다. 그러다 정신이 번쩍 들어서 텐트를 열고 운전면허증을 내밀었다. 경찰들이 나를 둘러싸고 질문을 퍼부었다. 다들 내 범죄에 어울리지 않게 화가 난 것 같았다. 다행히 오전 7시여서 경찰이 나가라고 할 때 행복하게 짐을 싸서 나올 수 있었다. 악의적인 규칙이라도 지키게 하는 것이 경찰의 역할인 건 알지만 호기심이라고는 전혀 없이 그렇게까지 앙심을 품은 듯 굴어야 했을까? 길에 텐트를 친 것도 아니고 주변 쓰레기까지 정리한 후 잠만 잤을 뿐인데 말이다.

짐을 챙기면서 속이 부글부글 끓었다. 그러다 존엄을 요구하는 대가로 목숨을 잃는 사회에 사는 게 어떤 느낌일지 생각해 봤다. 불과 몇 달 전 이곳에서 멀지 않은 곳에서 흑인 남성 필랜도 캐스틸이 차에서 경찰의 총에 맞았다. 여자친구 다이아몬드 레이놀즈는 내가 한 번도 강요받지 않은 침착함을 유지하며 운전석에 앉아 있었다. 뒷좌석에 아기가 타고 있고 필랜도가 옆에서 죽어가는 상황에서 레이놀즈는 자신을 향해 총을 겨눈 살인자를 "경찰관님"이라고 불렀다.

나는 법을 어겼지만 필랜도 캐스틸은 미등이 깨져 있을 뿐이었다. 나는 분노를 표출할 틈이 있었지만 다이아몬드 레이놀즈는 감히 그러지 못했다. 만일 내 텐트에 그녀가 있었다면 경찰은 어떻게 했을까? 자다 깬 필랜도가 놀라서 욕을 했다면? 내 여행이 어쩌면 내 피부색 덕분인지도 모른다는 사실을 받아들이기 힘들었다. 불평등이 피부색이 다른 내 형제자매를 향해 죽음의 칼을 휘두르는데 과연 제왕나비를 우선순위에 두어야 할지 의문이 들었다.

나는 제왕나비를 연민의 상징으로 보기 시작했다. 개체수가 줄어든다고 제왕나비를 비난하는 사람은 없다. 제초제와 살충제 사용으로 애벌레가 죽어가는 것이 제왕나비의 잘못이라는 사람도 없다. 제왕나비가 게을러서 밀크위드를 찾지 못한다거나 이동 경로가 35번 주간 고속도로 위를 지나가니 차에 치여 죽어 마땅하다고 하는 사람도 없다. 대신 우리는 제왕나비의 고충을 알아준다. 목소리를 높이고 싸우고 울고 화를 내고, 뭐라도 해보려고 한다.

우리에게는, 규칙을 만들고 일부를 움직이는 몇몇 사람 위주로 세상이 돌아간다는 진실을 볼 수 있는 눈이 있다.

제왕나비는 나에게 여러 세상을 보여주었다.

여름 방학과
자전거

6월 6 ~ 18일

5,420~6,452km

계속 북쪽으로 달려 슈피리어호에 도착했다. 하지만 제왕나비도 그렇듯 영원히 북쪽으로만 갈 수는 없었다. 방향을 틀어 미시간주 어퍼반도를 따라 동쪽으로 갔다. 방향을 바꿈과 동시에 내 매일 일과도 바뀌었다. 미국 학교가 여름 방학에 들어가면서 내 여행도 단순해졌다. 강연에 따르는 이런저런 준비 없이 자전거 타기에 집중할 수 있었다.

다음 강연 일정은 1,100킬로미터 떨어진 캐나다 온타리오주 서드베리에서 열흘 후에 있었다. 미시간주에서 쭉 빠져나와 북쪽으로는 슈피리어호, 남쪽으로는 미시간호를 팔처럼 거느린 반도를 비와 바람, 그밖의 온갖 장애물을 뚫고 지나가야 했다. 내 속도를 늦추는 것은 길에서 만나는 생명체뿐일 것이다. 아무리 급해도 이들을 그냥 지나칠 수는 없다.

좁은 오프로드에서 늑대거북 한 마리를 발견하고 자전거에서 내렸다. 적당히 거리를 유지하며 무릎을 꿇고 눈높이를 맞췄다. 지친 기색으로 나를 바라보는 거북의 대리석 같은 작은 눈에 황금빛 불꽃이 일었다. 부리의 검은색·금색 줄무늬가 눈빛과 잘 어울렸다. 잘못 손 대면 손가락을 잃을 수도 있다는 건 알고 있었다. 겨우 몸을 덮는 매끄러운 등딱지의 긁힌 상처가 고단한 삶을 말해준다. 녀석을 오프로드 차량이 위협하는 찻길에 그냥 둘 수는 없었지만 그렇다고 어떻게 들어야 할지도 알 수 없었다. 나뭇가지로 유도해 볼까 했더니 목을 획획 돌려 가지를 쳐내고 씩씩댔다. 공격성을 가장한 두려움이었다.

"그래, 예쁜 친구. 겁나는 건 알지만 널 이런 길에 내버려 둘 순 없어." 나는 안전거리를 유지하며 거북의 꼬리를 잡고 뒤로 끌어당겼다. 공포심이 분노로 바뀐 늑대거북은 근육을 수축해 온 힘을 내 손으로 보냈다. 풀숲으로 뒷걸음질친 우리 둘의 심장이 쿵쾅거렸다. 드디어 내가 손을 놓고 멀리 물러나자 늑대거북은 숨쉬는 바윗돌처럼 꼼짝하지 않고 앉아 나를 향해 눈을 이글거렸다. 내가 말했다. "미안해. 여러 가지로."

늑대거북은 시작에 불과했다. 이틀 뒤 ATV(all terrain vehicle) 도로에서 등딱지에 흙을 잔뜩 붙이고 느릿느릿 걸어오는 나무거북을 만났다. 1킬로미터 더 가니 나무거북이 한 마리 더 있었다. 황금빛 줄이 옛 시간을 품은 눈에서 시작되어 죽 늘어난 거친 목과 등껍질 사이의 동굴까지 이어져 있었다. 거북은 길고 우아한 발톱을 뽐내며 뭉툭한 다리 네 개로 우두커니 멈춰 있었다.

그러다 여기저기서 산란의 여러 과정을 거치는 암컷 거북 무리를 보고서야 무슨 일인지 알 수 있었다. 최근 내린 여름비로 암컷 거북들이 알을 낳기 위해 안전한 물을 떠나 뭍으로 올라온 것이다. 길을 가다 보니 늑대거북뿐 아니라 나무거북에 비단거북까지 점점 더 많은 엄마 거북들이 둥지를 만들기 위해 길가의 부드러운 흙을 파내고 있었다. 몇몇은 이미 알을 낳은 둥지에 흙을 덮거나 적당한 땅을 찾고 있었다. 나는 등껍질의 윤기, 무늬의 차이, 눈에 보이는 작은 반점 등을 노트에 적으면서도 왜 위험하게 차들 지나다니는 곳에 알을 낳느냐고 잔소리를 퍼부었다. 아직 둥지를 파지 않은 엄마들을 길에서 좀 더 멀리 떨어지게 유도하고, 차량이 거북이 알을 돌아서 지나갈 수 있게 나뭇잎 다발과 바위를 옮겨놓기도 했다. 길가에 아기방이라니…. 사람들은 계속 빼앗고 동물들은 겨우 버티고 있다.

눈길을 끈 것은 거북이들만이 아니었다. 산 밑으로 캐나다두루미가 흐느적흐느적 걸어가고 코요테는 날쌔게 달아났다. 호랑나비가 날개의 검고 노란 매듭으로 허공을 빗질하며 자갈밭에 내려앉았다. 미네소타주 덜루스 동쪽, 깍깍대는 갈까마귀 무리로 소란스러운 나무에 다가가니 하얀 거품 같은 게 섞여 있어서 깜짝 놀랐다. 아무리 봐도 신기했다. 갈까마귀는 검은색이다. 하지만 늘 보는 검은 갈까마귀 몇 마리 옆에 흰 깃털을 뒤집어쓴 새 두 마리가 있었다. 꿈이 아니라는 증거로 사진도 찍었다. 시간이 없었지만 신비로운 새와 알을 낳는 거북 그리고 바다처럼 넓은 호수에서 수영할 기회를 어떻게 그냥 지나치겠는가? 뭐, 그 정도로 급하진 않다고 생각하기로 했다.

루핀이 가득한 들판을 지날 때도 멈춰야 했다. 활짝 핀 보라색 꽃 옆에 꿀벌 한 마리가 붕붕거렸다. 어른이 되기 위해 열심히 잎을 갉아먹는 제왕나비 애벌레가 밀크위드에 붙어 있었다. 그 옆에는 껍질이 갑옷처럼 단단한 곤충이 돌아다녔다. 내 곤충 식별 실력이 그리 좋지는 않지만 그것은 노린재 같았다. 노린재는 뾰족한 주둥이로 먹잇감의 체액을 빨아먹는다.

나는 침을 꿀꺽 삼켰을 뿐 아무것도 하지 않았다. 이곳은 길이기도 하지만 야생 동물의 땅이고 제왕나비는 그 세계의 일부다. 제왕나비에게는 독성이 있지만 천적이 많다. 거미부터 말벌, 개미, 노린재, 파리까지 모두 제왕나비의 알과 애벌레와 번데기를 먹는다. 알에서 유충이 되는 과정을 조사한 시민 과학자들의 자료에 따르면 유충이 되는 알은 20퍼센트밖에 안 되고, 그중 2령 애벌레까지 자라는 비율은 10퍼센트, 3령 애벌레까지는 2퍼센트라고 한다. 연구마다 수치는 다르지만 알에서 성체가 되는 비율이 10퍼센트 미만이라는 데는 이견이 없다(아마도 실제로는 훨씬 낮을 것이다).

책장을 넘기듯 조심스럽게 밀크위드 잎을 뒤집어 살펴보았다. 움트는 꽃봉오리 끝에 진딧물이 가득했다. 둘 사이에 인과관계가 있는지는 확실하지 않으나 기주식물의 상황과 제왕나비가 잡아먹힐 확률 사이에 흥미로운 관계가 나타난다. 밀크위드에 다른 곤충이 많으면 제왕나비의 생존에 피해를 준다는 증거가 있다. 이는 진딧물 같은 먹이가 천적을 끌어들이고 이중에는 거미 같은 범식(汎食) 포식자도 있기 때문으로 보인다. 범식 포식자는 진딧물이든 제왕나비든 닥치는 대로 먹는다. 꽃이 핀 밀크위드도 제왕나비의 생명을 단축하기는 마찬가지다. 꽃은 꽃가루를 나르는 곤충을 부르고 이런 곤충은 천적을 불러 제왕나비가 잡아먹힐 확률을 높인다. 때로는 제왕나비 스스로 저녁 종을 울릴 수도 있다. 애벌레가 뜯어먹은 잎에서 분비되는 방어용 화학 물질이나 하얀 수액 같은 시각적 자극으로 포식자가 찾아올 수 있기 때문이다.

천적과 먹잇감의 관계는 복잡한 춤과 같다. 스텝 한 번이 중요하듯 생명체 하나, 먹이 한 개, 도피 한 번, 운을 다한 알 하나가 전체에 영향을 준다. 제왕나비에게 천적이 없다면 암컷 한 마리가 400개의 알을 낳고 여름이 끝날 때쯤에는 6,400만 마리의 증손자가 태어날 것이다. 모든 알이 다 살아남지 않아도 된다. 제왕나비가 알을 낳을 밀크위드가 많으면 된다.

다시 포장도로에 올라 미시간주의 어퍼반도를 반 정도 지났을 때 며칠째 지평선에 걸려 있던 비구름이 나를 둘러쌌다. 번개를 가득 품은 소나기구름이 푸른 하늘을 위협하더니 서서히 빗방울이 떨어지기 시작했다.

오후 6시 30분, 이 정도로 하루를 마무리할까 생각했으나 시간이 없었다. 게다가 나는 비 맞으며 자전거 타는 게 좋았다. 빗방울이 거센 빗줄기로 바뀌자 비옷을 꺼내 입고 신발도 샌들로 갈아신었다. 패니어의 버클을 단단히 채운 다음 자전거의 깜빡이등도 켰다. 피할 방법이 없으니 단단히 준비했다. 밀가루 반죽 같은 구름에서 장대비가 쏟아졌다. 나는 비에 흠뻑 젖어 행복하게 소리쳤다. "이게 바로 빗속에서 자전거 타는 맛이지." 긴 하루 끝의 피로가 물벼락을 맞으며 사라졌다. 나를 비웃는 폭우에 붙잡힐까 기를 쓰고 달렸다. 곧 비가 우박으로 바뀌어 축축한 덩어리가 떨어졌다. 얼음이 피부를 때릴 때마다 손이 움찔거렸다. 몸을 방패

삼아 한 팔을 옷 속에 집어넣었다. 팔을 바꿔가며 구름을 향해 웃었다. '이 여행이 누구 아이디어였더라?'

"바로 나지!"내 코웃음 소리가 빗물에 떠내려갔다.

갓길이 사라지고 차량이 늘어나자 웃을 수 없었다. 차가 지나갈 때마다 물벼락이 솟아올랐고 지나가는 차들이 나를 볼 수 있을지 걱정되었다. 계속 가는 게 의미가 없겠다는 생각에 자전거를 멈추고 배수로를 건너 역시 비에 흠뻑 젖은 나무 밑으로 갔다. 거기서 폭우가 그치길 기다릴까도 생각했지만 점점 어두워지는 데다 비가 몇 분이면 그칠지 아니면 몇 시간이나 더 올지 알 수 없었다. 아무래도 금방 그칠 기미가 보이지 않아 최대한 빨리, 물이 안 들어가게 텐트를 치기로 했다. 하지만 손이 얼어붙어 아주 더뎠고 금세 축축해졌다. 내가 빗속에서 갈팡질팡하는 동안 텐트 겉면에 씌운 방수천이 깔때기가 되어 빗물을 방충망 안으로 쏟아부었다.

텐트를 다 치고 안으로 들어갔을 때는 웃어야 할지 울어야 할지 당황스러웠다. 하지만 눈물은 바닥에 고인 호수만 넓힐 뿐이라고 마음을 다잡으며 텐트를 손보기 시작했다. 냄비로 물을 퍼내고 여행용 수건을 잘 배치해 마른자리를 확보한 후 젖은 옷을 벗고 잠옷을 입었다. 셔츠와 바지를 꽉 짜서 바닥에 남은 물기를 닦아내고 입구에 던져놓았다. 아침에 처리하기로 했다. 마지막으로 침낭을 펴니 따뜻하고 보송보송한 잠자리가 되었다. 방수 패니어를 뒤져(이때는 입던 옷을 깔고 입구에 앉아 있었다) 급하게 저녁을 만들었다. 시리얼과 허니버터 부리토를 먹고, 빵에 산더미 같은 양상추와 해바라기씨와 샐러드드레싱을 넣어 샌드위치를 만들었다(샐러드 샌드위치는 그릇이 필요 없다!). 곰 젤리 한 주먹을 디저트로 먹었다.

다음 날이 되자 하늘이 미안하다는 듯 따뜻한 햇살을 보내준다. 짐을 말리고 미시간호의 잔잔한 물결에 수영을 즐겼다. 며칠 전 너무 차가워 호들갑을 떨었던 슈피리어호와 달리 오래 있어도 좋을 만큼 따뜻하고도 시원했다. 오대호는 서로 이웃하면서도 각각 다른 호수로 이루어진 물의 연방 같았다. 다섯 개 호수 전부에서 수영하기로 마음먹었다.

다른 여행자들과 마찬가지로 손에 들고 먹는 고기파이인 패스티(pasty)도 먹어보고 싶었다. 패스티는 이민자와 탄광 노동자들이 즐겨 먹다가 어퍼반도를 대표하는 음식이 되었다. 요즘은 길에서 파는 군것질거리가 됐지만 나는 군것질을 좋아하니까 상관없었다. 패스티를 먹기 위해 두 번, 제왕나비 스물네 마리를 보기 위해 스물네 번 멈췄다. 하루 최고 기록이다. 또 페리를 타고 맥키노섬으로 가는 사치도 부렸다. 차가 다니지 않는 이 섬은 자전거, 말, 행인만 다니는 도로와 퍼지•로 여행자들을 불러모은다. 자전거로 섬을 돌아다니다 휴런호의 잔잔한 물가에서 꽃 사이를 날아다니는 제왕나비 세 마리를 만났다.

순풍을 타고 북쪽으로 올라가 세인트메리강이 활발하게 굽이치는 캐나다 국경까지 갔다. 그곳에서 공사 중인 좁은 다리 위에 올랐다. 내 뒤로도 긴 차량 행렬이 이어졌고 강 아래 계곡으로 매서운 바람이 불어댔다. 나는 핸들을 꼭 잡고 차선에서 벗어나

•   fudge, 설탕, 우유, 버터, 초콜릿으로 만드는 간식. —옮긴이

지 않는 데 집중했다. 다리의 가장 높은 부분까지 올라간 다음에는 중력에 몸을 맡겼다. 점점 속도를 높이며 미국을 떠나 캐나다로 들어갔다.

길에서 만난
동물들

6월 19 ~ 24일
6,452~6,812km

미로 같은 일방통행 길을 달린 후 미국 달러를 캐나다 달러로 바꾸고 캐나다 국기를 배경으로 사진도 찍었다. 이날 찾아가기로 한 밸 바이런의 집 근처 버려진 기찻길에 커먼밀크위드 군락이 당당하게 자리를 차지하고 있었다. 솜털이 보송한 잎사귀에 제왕나비 알 하나가 붙어 있었다. 멕시코에서 올라온 제왕나비의 증손자 정도 될 것이다.

여러 세대에 걸친 제왕나비의 이동은 크게 네 번의 이동으로 나눌 수 있다. 봄에는 북쪽으로, 가을에는 남쪽으로 이동하는 첫 번째와 네 번째 이동은 쉽게 눈에 띈다. 두 번째 이동은 멕시코에서 겨울을 난 제왕나비의 자손들이 계속해서 북쪽으로 날아가는 기간이다. 이 세대는 미국 남부에서 알을 깨고 성체가 되어 북쪽을 향한 이주를 이어 간다. 그러나 멕시코에서 올라오는 제왕나비처럼 북쪽 비행이라는 목표를 가지고 이동하는지는 확실치 않다. 이들은 태양을 나침반으로 이용하기보다는 단순히 밀크위드를 찾아 북쪽으로 움직이거나 더워지는 남쪽 기온을 피해 날아가는 것일 수 있다(이렇게 이동하면서 알을 낳는다).

어쨌거나 6월 초가 되면 제왕나비는 한 방향을 향하던 비행을 최소 몇 주 동안 중단하고 북쪽 서식지에서 다시 군집을 이룬다. 제왕나비 성체는 6월과 7월 대부분 한 지역에 머물다가 7월 말이 되면 세 번째 이동을 시작하는데('한여름 이동'이라고도 한다), 이때 다 같이 움직이지는 않는다. 이 세대 중 일부는 지역에 계속 머물고 나머지만 세 번째 이동을 시작하는 것이 일반적이다. 이 세 번째 이동은 멕시코까지 날아가는 네 번째 이동에 앞선 소규모 남하라고 할 수 있다. 캐나다에서 처음 본 그 알은 지역을 떠돌거나 세 번째 이동 무리에 합류하게 될 것이다. 둘 중에 무엇이 될지는 알 수 없다. 나는 곧 나비가 될 알에게 말했다. "행운을 빌어."

제왕나비 이동 범위의 북쪽 경계까지 왔지만 한가하게 돌아다닐 때가 아니었다. 제왕나비의 중앙 이동 경로를 따라 북쪽으로 왔으니 아직 동쪽 이동 경로가 남았다. 제왕나비는 해마다 우세풍을 따라 조금씩 다른 각도로 동쪽으로 밀린다. 나비처럼 나도 동쪽으로 밀려 미국 본토에서 아직 페달을 밟아보지 못한 로드아일랜드주까지 가면서 제왕나비 서식지를 더 찾아본다고 생각하면 기분이 좋았다. 경로를 동쪽 대서양까지 늘이려면 머뭇거릴 시간이 없었다. 다음 강연은 북쪽으로 약 320킬로미터 떨어진 온타리오주 서드베리에 있었고, 나는 서드베리까지 3일 만에 가야 했다.

제왕나비 이동 범위가 동쪽으로 늘어난 것은 비교적 최근 일이다. 유럽인들이 들어와 정착하면서 커먼밀크위드의 분포가 달라지자 밀크위드 종 전체의 분포가 달라졌고 그러면서 제왕나비의 분포도 달라졌다. 원래 제왕나비는 밀크위드가 풍부하게 자라는 북아메리카 중앙의 대초원에 많았다. 그러나 1800년대 이후 밀크위드로 가득하던 대초원이 농장이 되고 오대호부터 대서양 연안까지 펼쳐진 낙엽수림이 파괴되었다. 자생지에서 밀려난 밀크위드는 한때 숲이었던 땅에 새로 자리를 잡았고 제왕나비도 따라왔다.

서드베리로 가는 길(이제 제왕나비 이동 범위로 들어왔다)에 나는 농장과 숲이 조각보처럼 붙은 아름다운 시골길을 따라 하루를 시작했다. 챙이 넓은 모자와 보닛 아래 미소 짓는 메노파● 농부들이 사륜마차를 타고 내 옆을 지나갔다. 농가, 헛간, 농기계가 옹기종기 모인 길가에는 시간도 켜켜이 쌓여 있었다. 밀크위드에 둘러싸인 경관을 보며 모든 감각을 열고 깊이 숨을 들이마셨다. 이 고풍스러운 풍경을 지나며 이번 여행을 통틀어 가장 무서운 야생 동물이 숨어 있을 줄은 꿈에도 몰랐다.

고요하고 평화로운 풍경 속에서 편안한 리듬에 빠져들었다. 오르막을 오르다 보니 어느새 멀리 지평선이 펼쳐졌다. 처음에는 우듬지가 보이다가 다음에는 옛 농가의 풍향계가 보였고 마지막으로 현기증 나는 시골 풍경이 펼쳐졌다. 내리막길에서는 다리를 가만히 둔 채 온몸으로 바람을 맞았다. 점점 속도가 붙으며 길이 흐릿하게 보였다. 오르락내리락, 오르락내리락, 으악!!

● 재세례파 교회의 한 파. ─옮긴이

분명히 살아 있는 스컹크가 길에 넘어질 듯 서 있었다. 그동안 죽은 스컹크를 너무 많이 봐서인지 살아 있는 스컹크를 만났다는 기쁨에 아찔했다. 스컹크가 깜짝 놀라 동작을 멈추고 코를 킁킁댈 때에야 나를 만난 것이 스컹크의 심기를 건드릴 수도 있겠다는 생각이 들었다. 브레이크에서 손을 떼고 가속도와 중력의 도움으로 위험에서 벗어났다. 거리가 충분히 떨어졌다 싶었을 때 자전거를 멈추고 뒤를 돌아보다가 다시 가까이 가보기로 했다.

스컹크는 길을 따라가며 물이 찬 배수로를 건널 방법을 찾고 있었다. 나는 살금살금 되돌아가서 한껏 집중해 벌름대는 콧구멍이 보일 정도로 스컹크에게 가까이 갔다가 살짝 비켜 최대한 가만히 서 있었다. 그러자 여전히 배수로 건널 방법을 찾던 스컹크가 무심코 내 쪽으로 다가왔다.

우리 사이에 도로 너비만큼의 거리밖에 남지 않았을 때 스컹크가 멈춰서 코를 킁킁거렸다. 호기심 가득한 코와 경계하는 눈빛이 바람을 읽고 있었다. 녀석의 등에 박힌 흰 줄무늬는 도로 표시선처럼 가지런했지만 꼬리털은 흐트러져 있었다. 심장이 쿵쿵 뛰며 최악의 시나리오가 머릿속에 펼쳐졌다.

스컹크가 그 유명한 악취를 분사한다면? 샤워할 곳도 없고 옷도 못 갈아입는 상황에서 며칠 혹은 몇 달, 아니 여행 내내 내 몸에서 스컹크 냄새가 풍길 수도 있었다. 언젠가 토마토주스로 샤워하면 스컹크 악취를 없앨 수 있다는 말을 들었는데 나는 케첩밖에 없었다. 케첩도 될까? 케첩이 뒤범벅된 고물 자전거를 끌고 스컹크 악취를 풍기며 강연할 학교로 들어가는 상상을 해보았다.

'이런 놀라운 친구를 만나려면 그 정도는 감수해야지.' 스컹크가 내 정체를 파악하려고 구슬 같은 눈알을 굴렸다. 우리가 잘 안다고 생각하는 스컹크, 너구리, 주머니쥐 같은 동물은 사실 무척 흥미롭다. 야생에서 만나는 이런 동물들의 아름다움은 여행잡지에 등장하는 이국의 생명체를 훨씬 뛰어넘는다.

스컹크가 길을 찾아내 짙은 풀숲으로 사라진 후에야 나도 그곳을 떠났다. 스컹크는 내게 악취를 뿌리지 않았다. 돌이켜 보니 아쉽다. 케첩을 온몸에 뒤집어썼다면 대단한 이야깃거리가 됐을 텐데.

계속 길을 가다가 곧 밀크위드 덤불에 정신이 팔렸다. 길가에 줄지어 자라는 커먼밀크위드를 보니 바른 경로로 잘 가고 있다는 생각에 희망이 커졌다. 밀크위드만 있으면 나도 제대로 가는 것이고 제왕나비도 살아갈 기회를 얻을 수 있다. 대담하게 쭉쭉 자라는 밀크위드의 익숙한 흔들림이 나를 위로했다. 그러다 갑자기 충격적인 진실을 맞닥뜨렸다.

밀크위드로 가득하던 배수로가 갑자기 끝나고 최근 풀을 벤 듯 윗부분이 매끈하게 정리된 짧은 녹색 풀이 길가를 뒤덮고 있었다. 바닥에 떨어진 밀크위드의 윗부분은 미래가 사라진 삶을 부정하는 듯 아직 파릇했다. 자전거를 세우고 잘린 밀크위드를 확인했다. 두려워하던 대로 잘린 풀마다 알이나 작은 애벌레가 붙어 있었다. 수많은 미래 세대의 일원이 집이 파괴된 것도 모른 채 버려졌다.

자전거에서 내려 집 잃은 알과 애벌레를 길에서 멀리 떨어져 살아남은 밀크위드에 옮겨주었다. 60개쯤 옮기고 나자 그렇게 일일이 알을 옮기면서 캐나다를 지나갈 수는 없겠다는 생각이 들었다. 내 한계를 깨닫자 기운이 빠지고 분노가 끓어올랐다. 화풀이를 한바탕 하고 싶었는데 마침 1킬로미터 정도 가니 적당한 상대가 나타났다. 한 남자가 최근 풀을 깎아 생명이 죽었다는 것도 모르고 현관 앞 그네에 앉아 있었다.

하지만 운명을 받아들이며 내 손에 조용히 놓인 작은 제왕나비 알들을 보니 선명하게 알 수 있었다. 그 남자를 탓하면 내 여행은 거기서 끝장날 것이다. 분노를 드러내는 건 내 목소리를 막는 것과 마찬가지다. 나는 그저 비닐봉지에 든 알이 나 대신 뭔가를 알려주길 바라며 남자에게 말을 걸었다. 남자는 내 말을 들었다. 그 사람이 진심으로 들었기를 바란다. 또 지방 정부에 전화해 풀 베는 시기를 조절해 달라고 이야기했기를 기도한다.

지방 정부에 전화하는 건 그다지 획기적이거나 매력적인 방법이 아니다. 하지만 전화 한 통이 중요하다. 우리가 모두 누군가에게 이야기한다면 그 사람들도 누군가에게 이야기할 것이고 그러면 전 세계가 알게 될 것이다.

밀크위드를 하나씩 조사할 수도 없고 버려진 애벌레를 무시할 수도 없었기에 15킬로미터 앞서 자전거 도로를 벗어나기로 했다. 잘려 나간 풀을 보며 아픈 마음을 쉬게 하려면 도로 옆 자갈길로 피신해야 했다.

캐나다 횡단도로(Trans-Canada Highway)에 오르자 다른 생각을 할 수 있긴 했다. 지도에서 봤을 때는 한가하고 흥미로울 것 같았는데 실제로 와보니 차량 행렬이 끝이 없었다. 똑바로 가는 데에 집중할 수밖에 없었다. 차와 자전거 사이가 10~20센티미터밖에 안 되는 길을 수백 킬로미터 달려야 했으니까.

점심때쯤 굵은 빗줄기가 쏟아지는데 마침 시골 교회에 비를 피할 만한 지붕이 있었다. 기다리는 동안 지붕 끝에서 수도꼭지처럼 콸콸 쏟아지는 물줄기에 손을 씻었다.

점심을 만들려고 하는데 뭔가 이상했다. 네 개여야 할 패니어가 세 개뿐이었다. 다시 세어봐도 마찬가지였다. 제발 아니길 빌었지만 식기, 음식, 자전거 수리 도구가 가득 든 뒷바퀴 패니어를 잃어버린 게 확실했다. 패니어가 어디에 있을지 떠올리기 위해 지난 몇 시간 동안 있었던 일을 더듬었다. 자전거를 타는 동안 떨어졌다면 내가 알아챘을 것이다. 아무래도 25킬로미터 전쯤 자전거를 눕혔을 때 떨어진 것 같았다.

당황해서 다시 자전거를 돌렸다가 이내 포기했다. 50킬로미터(한나절 거리)를 다시 갈 수는 없었다. 히치하이킹을 해볼까도 했지만 차들이 너무 빨랐다. 이도 저도 안 되니 혹시 지나가던 운전자가 호기심에 가져갔거나 대형 트럭에 밟혀 뭉개졌거나 길가에 굴러다니다가 사라졌으면 어쩌나 싶었다. 나는 외딴집으로 걸어가 문을 두드렸다.

한 여성이 문을 열어주더니 울상인 나를 보고 집으로 들어오라고 했다. 가장 비싼 재산인 냄비를 비롯해 그 많은 물건을 다시 구할 생각에 앞이 캄캄한 데다 배까지 고파 더 정신이 없었다. 물건이야 다시 구하면 되지만 그렇게 바보 같고 부주의하게 잃어버리는 건 싫었다. 정말 마음이 무거웠다.

집주인도 나의 낙심에 공감해 주었다. 그러자 더 바보 같은 기분이 들어 울기 시작했다. 나이도 먹을 만큼 먹어서 이렇게 우는 게 정말 한심해서 발길질을 하고 싶을 정도였지만, 그저 그 사람의 호의를 넙죽 받았다. 그녀는 샌드위치와 물을 챙겨준 다음 나를 차에 태웠다. 아니나 다를까, 정말 25킬로미터를 되돌아가니 내가 자전거를 눕혔던 자리에 주인이 돌아오길 기다리는 충성스러운 개처럼 내 패니어가 기다리고 있었다. 낯선 사람에게 이런 친절을 베풀어준 여성에게 넘치도록 고마움을 표했다.

하루가 저물었다. 낮에 호들갑을 떨다 늦어진 덕에 뜻하지 않게 휴런호의 노스채널 근처 조그마한 공유지에서 야영할 수 있을 것 같았다.

뭐, 시도는 해봐야지. 휴런호는 길에서 400미터 떨어져 있고 정글처럼 울창한 나무와 바위와 모기에 둘러싸여 있었다. 오대호 가운데 한 호숫가에서 조용한 밤을 보내고 싶은 마음에 빽빽한 숲을 통과해 물가로 가보기로 했다. 자전거를 잡아당기고 밀고 끌고 올리고 같이 미끄러지면서 겨우 숲을 통과해 점점 물가로 다가갔다.

그러는 동안 나뭇가지에 얼굴을 얻어맞고 덩굴에 갇히고 그루터기에 정강이를 찔리자 '자전거와 오지 탐험하기' 계획을 되돌리고 싶었다. 지나치게 가까이에서 붕붕거리는 먹파리 떼 소리가 '여기서 뭐 하니?'로 들렸다. 하지만 멀리 거친 바위섬에 부딪히는 물살을 보자 힘들게 오길 잘했다 싶었다. 숲이 도로의 소음을 잠재우고 사람 발자국은 전혀 보이지 않았다. 모험을 즐기는 천막벌레나방 애벌레를 빼면 이끼 긴 바위 세상이 온통 내 차지였다. 호수에 이는 물결에 내 모습이 일렁였다. 먹파리가 집 지키는 개처럼 윙윙거리고 물어댔지만 신경쓰지 않았다. 별이 물결과 함께 춤추기 시작할 무렵 텐트로 들어갔다. 방충망 사이로 좌절한 먹파리들이 자장가를 불렀다.

인내심 강한 (그리고 배도 고픈) 먹파리들은 내가 일어났을 때에도 기다리고 있었다. 벌레 퇴치용 스프레이를 들고 다니지 않으니 파리 떼의 공격에 대비해 무더운 비닐 비옷으로 무장했다. 짐을 다 꾸린 후 파리를 손으로 치고 욕도 퍼부으며 도로로 나왔다.

수많은 파리가 윙윙대는 탓에 땀도 나고 기운도 빠져서 정신 없이 자전거에 올라탔다. 3킬로미터 정도 달린 후 멈춰서 비옷을 벗었다. 신선한 공기가 땀에 젖은 피부를 간질이고 허둥지둥 도망친 기억을 지워준 그 몇 초는 더운 날 마시는 탄산음료보다 더 상쾌했다.

먹파리 떼가 성가시게 굴 때도 있었지만 캐나다 횡단도로에서 만난 동물들은 대부분 호의적이었다. 그중에서 단호하면서도 아무 생각 없어 보이는 천막벌레나방 애벌레가 가장 좋았다. 자전거를 멈추고 도로 위를 기어가는 애벌레를 도와준 일도 많다. 그래봐야 그냥 옆으로 던졌을 뿐이지만. 대부분 천막벌레나방 애벌레를 보면 해충이라고 생각한다. 이런 아름다운 애벌레를 못 알아보다니 슬플 뿐이다. 나는 털이 복슬복슬한 애벌레의 황금색 얼룩과 에메랄드그린색 줄무늬를 찬찬히 들여다보았다.

호수와 구원의 도시 서드베리에 도착하자 쉬고 싶은 마음이 간절했다. 친구의 친구인 데이브 리클리와 헤더 제라마즈가 아름다운 호숫가의 채소밭과 사시나무 사이에 섬처럼 들어앉은 집으로 나를 초대해 주었다. 두 사람은 주말을 맞아 카누 여행을 가고 열쇠는 숨겨뒀다. 그들의 관대함과 신뢰는 나를 집 안으로 이끌었다.

냉장고를 가득 채워놨으니 원하는 대로 꺼내 먹으라는 메모가 주방에 붙어 있었다. 나는 망설이지 않고 집에서 끓인 스튜 남은 걸 먹었다. 배를 두드리며 산더미처럼 쌓인 일은 잠시 잊고 사치를 즐겼다. 샤워도 하고 빨래도 하고 따뜻한 차도 마시며 마침내 쏟아져 내리는 비를 구경했다. 다음 날 학교에 가야 해서 일찍 잠자리에 들었다.

일찌감치 방학에 들어간 미국과 달리 캐나다 학교는 아직 학기가 끝나지 않았다. 일찍 일어나 첫 캐나다 강연을 준비했다. 학생들은 열광적으로 나를 맞아주었고 내 강의에 완전히 몰입해 가슴 아픈 질문들을 던지고 모금한 돈을 지퍼백에 담아주었다. 그 돈으로 살 수 있는 어떤 것보다 귀한 선물이었다. 나를 신뢰하고 응원하는 사람들이 있다는 걸 알려주는 동전들이었다. 그 많은 아이들이 긍정적인 마음과 믿음을 가지고 나를 응원한다는 걸 생각하자 나도 아이들의 기대를 저버리지 말아야겠다는 생각이 들었다.

강연이 끝난 후 내 몸과 마음이 원하는 대로 하루 쉬었다. 때마침 데이브와 헤더가 돌아와 나에게 사우나를 경험시켜 주겠다고 했다.

핀란드 이민자와 차가운 호수가 많아서인지 서드베리 사람들은 사우나를 무척 좋아한다. 데이브가 우선 작은 사우나실에 불을 피웠다. 난로에 뿌린 물이 지글지글 피어오를 때 우리도 들어갔다. 사우나 풋내기인 내가 불에서 제일 먼 곳에 앉았다. 처음에는 기분 좋던 열기가 답답하게 느껴지면서 사우나실 뒤 차가운 호수의 유혹을 뿌리칠 수 없을 때쯤 다 같이 물속으로 뛰어들었다. 찬물에 몸의 열기가 사라지면 다시 반복한다. 포근한 담요 같은 사우나실의 열기 속에 파묻혔다가 다시 호수로 뛰어들었다.

서드베리는 이런 호수들과 그 사이의 숲에 소중한 이야기를 품고 있다. 어떻게 하면 일이 잘못될 수 있는지 경고하고 또 어떻게 다시 좋아질 수 있는지 알리는 이야기다. 나는 서드베리 이야기를 여러 번 들었다.

1900년대 초까지 서드베리는 구리, 니켈 같은 광물 생산지였다. 그렇게 광물을 채굴한 결과가 검은 산비탈, 척박한 땅, 토양 침식으로 나타났다. 인간의 행동이 어떤 결과를 낳을 수 있는지 보여주듯 죽어버린 호수와 함께 서드베리는 거의 사람이 살 수 없는 황무지가 되었다. 수십 년에 걸쳐 달 표면 비슷한 모습이 되는 바람에 1969년에는 아폴로호의 우주비행사들이 이곳에서 훈련을 받기도 했다. 기후 변화나 미세 플라스틱과는 달리 결과가 너무도 분명해 남용과 불균형의 부작용을 무시할 수 없었다.

그러다 서드베리가 행동에 나섰다. 의사, 교사, 생물학자, 예술가들이 과학, 혁신, 열정을 무기로 죽음과 싸웠다. 호수의 산도를 낮추고 묘목을 심고 잘 자라도록 돌봤다. 모두가 힘을 모아 주변 숲을 살리고 깨끗한 물에서 다시 수영할 수 있도록 만들었다. 다시 한 번 희망이 생겼다.

나는 다시 살아난 서드베리 호수 한 곳의 물가에서 밀크위드를 살펴보았다. 호수 이야기는 두 번째 기회에 대한 이야기다. 하지만 제왕나비와 밀크위드에게는 이곳의 위기가 첫 번째 기회가 되었다. 서드베리의 나무들이 잘리지 않았다면 밀크위드 같은 식물이 번성하는 천이* 현상도 일어나지 않았을 것이다. 밀크위드는 급격한 파괴에서 혜택을 입었고 이는 제왕나비도 마찬가지다. 떠도는 여행자처럼 자연도 우연히 만난 기회를 놓치지 않았다. 제왕나비와 나는 모두 기회를 찾아 돌아다니는 여행자다.

● 遷移, 같은 장소에서 시간의 흐름에 따라 진행되는 식물 군집의 변화.
　　　─옮긴이

서드베리에서
동쪽으로

6월 25일 ~ 7월 1일

6,812~7,392km

여기저기서 만나는 자전거 행렬을 따라 캐나다 횡단도로를 천천히 달렸다. 캐나다를 가로지르는 다른 차들과 마찬가지로 광활하고 도로도 없는 숲을 달리던 자전거들도 이곳 2차선 도로로 모여들었다. 자전거 타는 사람들이 하루에도 몇 명씩 보이기 시작했다. 6,500킬로미터를 달리면서 이렇게 자전거가 많이 보이는 건 처음이었다. 그래도 아직은 지나가는 자전거를 볼 때마다 반가울 정도로 적은 숫자이긴 했다. 서로 반대쪽으로 가다가 마주치면 손짓, 고갯짓 또는 자전거 벨로 동료애를 전하고 같은 방향으로 갈 때는 멈춰서 어디로 가는지 이야기하곤 했다. 같은 구간을 달리더라도 각자의 이야기와 경험은 달랐다. 같은 방향을 가는 무리가 으레 그렇듯 우리는 공통점도 많았지만 각자 사연이 달랐다. 가끔은 그 사연들이 만나 연결되고 하루를 바꿔놓기도 했다.

  뇌우가 도로를 막 때리기 시작하는데 닉, 라이언, 프랭크가 나를 지나쳤다. 나는 같이 가면 좋겠다고 생각하며 깜빡이등을 켰다. 장대비 속에 혼자 달리려니 투명 인간이 된 것 같고 총알 같은 차들이 아슬아슬하게 나를 피해 가는 것도 무서웠다. 그래서 노스베이를 지나는 갈림길을 발견하자마자 위협적인 도로에서 방향을 돌려 속도도 느리고 머리도 핑핑 돌지 않는 길로 들어갔다. 거기서 식당 차양 아래 비를 피하는 세 사람을 다시 만났다. 나도 바로 옆 빗물 고인 웅덩이에 자전거를 세우고 세 사람과 각자의 모험담을 나눴다.

뉴욕으로 가는 닉과 라이언은 나와 비슷한 나이로 여행 스타일은 나와 정반대였다. 자전거에 짐을 거의 싣지 않고 속도를 즐기면서 거리를 늘이는 데 집중했다. 또 호텔에서 자고 식당에서 먹었다. 모든 걸 다 짊어지고 천천히 달리는 내 방식에는 매력을 느끼지 않았을 것이다. 두 사람은 몇 주 전 캐나다 횡단 여행에서 프랭크를 만났고 세 사람은 그때부터 저녁마다 모여 햄버거를 먹고 호텔 비용을 나눠 냈다. 나는 몇 시간 더 달릴 계획이었지만 세 사람의 동료애가 좋아 보이고 비 때문에 춥고 무서워 생각이 달라졌다. 목표 거리를 다 채우는 것도 중요하지만 자전거 타는 사람들과 어울려도 좋은 기억이 될 것 같았다. 호텔비를 나눠 내자는 세 사람의 제안을 받아들였다.

자전거 투어 세계에서 모르는 사람과 한 시간 혹은 하루나 일주일 또는 그보다 더 길게 같이 여행하는 건 흔한 일이다. 서로를 가늠해 본 다음 뜻이 잘 맞고 괜찮은 사람 같으면 자원을 나눠 쓰는 장점도 누릴 수 있다. 망설여지는 것도 사실이지만 신뢰가 망설임을 넘어서기도 한다.

그런 생각으로 낯선 세 여행자와 방을 같이 쓰게 됐는데 다음날 아침 호텔 프런트에 앉은 여자가 나를 보고 경악했다. 호텔을 나서려는데 여자가 내게 몇 호에 묵었는지를 물었다. 나는 사실 그대로 모른다고 답했다. 그러자 여자가 다시 누가 숙박비를 냈는지 물었고 나는 "프랭크"라고 답했다. 성은 몰랐다. 여자의 경멸하는 눈빛에 연유를 설명할까도 했지만 그럴 이유가 없어 그냥 한 번 웃고 나왔다. 이후로도 자전거 타는 사람들을 많이 만났지만 간단하게 인사만 했다. 한 사람만 빼고.

의사이면서 전도사인 짐을 만난 것은 퀘벡에 온 것을 환영한다는 표지판 앞에서 사진을 찍고 있을 때였다. 여행 방식이 비슷한 우리는 석양에 그림자가 길어지는 퀘벡으로 자연스럽게 함께 들어갔다. "야영할 거예요?" 내가 물었다. 딱히 같이하자는 초대도 아니고 대답도 기대하지 않았지만 그는 계속 나와 나란히 달리며 그러겠다고 했다. 텐트를 치기에 완벽한 길가 공원을 지날 때도 토론 따위는 없었다. 그날 밤만큼은 둘의 여행 경로가 겹쳤을 뿐이다.

우리는 간이테이블에 앉아 서로의 이야기와 생각을 나눴다. 68세인 짐은 '나이 들 준비'를 하기 위해 캐나다 횡단 여행을 하고 있었다. 오래전 처음으로 장거리 여행을 떠났을 때 사람들이 "젊을 때 여행하라"고 한 조언이 떠올랐다. 틀린 말은 아니지만 전적으로 맞는 말도 아니다. 나는 멋진 모험을 펼치는 15세와 85세인 사람을 모두 만났다. 아마도 '할 수 있을 때 여행하라'가 더 적절한 조언일 것이다. 짐은 이를 알고 있었다. "더 열심히 일할 걸 그랬다고 말하는 사람은 없어요"라고 중얼거린 걸 보면.

우리 둘 다 짐을 잔뜩 싣고 비슷한 속도로 여행했지만 다른 점도 많았다. 짐은 해먹이 있고 나는 텐트가 있었다. 짐은 불에 음식을 조리해 먹었고 나는 샌드위치를 만들어 먹었다. 짐은 세제와 더운물로 설거지를 하고 나는 빵 조각으로 그릇을 닦았다. 아침이 되자 짐은 일찍 일어나 빗속에서 짐을 싸더니 캠핑용 그릇을 진짜로 설거지하는 사람답게 단호히 길을 나섰다. 나는 부끄럽게도 오후 2시까지 빈둥거렸다.

같은 길을 가더라도 똑같이 여행하는 사람은 없다.

게으르게 하루를 시작했더니 춥고 질척이고 실망스러운 저녁이 찾아왔다. 마거릿과 브라이언의 아늑한 농장에 도착하지 못하고 늦게까지 자전거를 탄 후 빗속에서 텐트를 치고 또다시 축축한 밤을 보내야 했다. 따뜻한 집, 따뜻한 샤워, 따뜻한 차를 누리는 호사는 다음 날로 미룰 수밖에 없었다.

마거릿과 브라이언의 흙길 위 그림 같은 목장에 도착했을 때에도 비는 계속 세차게 퍼부었다. 흠뻑 젖은 채 집 안으로 들어가니 천국 같았다. 따뜻하게 샤워하고 드디어 몸에서 물기가 마른 후 다음 날 아침까지 창밖의 비를 느긋하게 감상했다. 오후가 되니 구름이 걷혔다. 나는 마거릿의 정원을 거닐며 말갛게 씻긴 후 햇살에 잠긴 세상을 감상했다. 잎사귀 하나하나가 반짝이고 꽃들은 그림자를 다시 만나 기뻐했다.

나는 정원을 돌아다니며 제왕나비와 강한 동질감을 느꼈다. 우리 둘 다 공동체의 보살핌으로 먹고 잘 수 있었다. 나는 마거릿이 농장 우유로 직접 만든 더블 초콜릿 아이스크림을 핥아 먹었고 얼룩무늬 나비들은 꽃 간식을 즐기다 날아올랐다. 또 검은 딱정벌레들은 잎사귀 사이에서 사냥했다. 정원은 만찬장이었다. 누군가는 혼란스럽다며 풀 깎는 기계를 찾을지 몰라도 나는 제왕나비와 다른 야생 생물들의 관점으로 세상을 보는 법을 배우고 있었다. 초록 정글에 숨겨진 가능성이 보이고, 길들지도 다듬어지지도 않은 식물의 아름다움이 보였다. 무질서 안에 숨은 완벽함이 보였다. 제왕나비와 배고픈 애벌레를 먹이는 마거릿의 노력이 보였다. 제왕나비와 나의 여행이 열매를 맺으려면 마거릿 같은 사람이 있어야 했다.

마거릿의 정원에서 꿀을 먹은 나비들은 그에 보답하듯 햇빛을 받아 스테인드글라스처럼 반짝였다. 나는 제왕나비와 내게 친절을 베풀어준 마거릿에게 작은 그림으로 고마움을 전했다. 그리고 자전거를 타고 캐나다의 수도 오타와로 향했다.

내가 도착하는 날 마침 캐나다의 날(Canada Day)을 기념하는 화려한 불꽃놀이가 있었다. 나는 오타와에 머물 것도 아니었고 별다른 계획도 없었다. 그래도 팔랑나비가 활주로의 비행기처럼 가득 앉은 시골길을 따라 도시의 혼란을 향해, '캐나다의 날'을 둘러싼 소란을 향해 앞으로 나아갔다.

오타와에 도착하기 전 꽃이 활짝 핀 밀크위드 물결을 지났다. 캔자스부터 본 커먼밀크위드의 성장 단계는 점점 달라졌다. 처음에는 잎이 발아하고 다음에는 꽃봉오리가 올라왔다. 하지만 태양보다 앞서 움직여 일몰을 보지 못하는 위성처럼 나는 커먼밀크위드 꽃이 활짝 핀 건 한 번도 보지 못했다.

여행을 시작하고 처음으로 남쪽으로 달리면서 전에는 늘 앞서가느라 놓친 달콤한 향기를 맡기 위해 꽃밭으로 달려갔다. 밀크위드의 꽃 색깔은 종에 따라 노랑, 초록, 분홍, 주황으로 다양하지만 나는 전체 밀크위드 종 가운데 커먼밀크위드의 보라색을 가장 사랑한다. '커먼(common)'은 평범하다는 뜻이지만 이 꽃은 평범하지 않다. 길가에 피어난 아스클레피아스 시리아카*Asclepias syriaca* 퍼레이드는 보라색 폭죽으로 모든 여름날을 축하하는 듯했다. 나도 자전거에서 내려 화려한 축제를 즐겼다. 달콤한 꽃향기를 찾아 숨을 깊이 들이마셨다. 이런 멋진 꽃은 사람들에게 키워보라고 권하기도 쉽다. 절로 찬사가 나오는 꽃이다.

불꽃놀이는 밤 11시가 되어서야 시작되었다(누가 불꽃놀이를 밤 11시에 시작한담?!). 나는 폐소공포증을 유발하는 엄청난 캐나다 관중과 캐나다 국기 사이를 물방울이 또르르 굴러다니듯 돌아다녔다. 그러다 오타와강을 가로지르는 다리에 서서 도시의 야경을 즐겼다. 퀘벡과 온타리오를 가르는 물결 위로 수백 척의 보트가 자동차 극장에 들어찬 차들처럼 수로를 가득 메우고 있었다. 다들 조용히 수군거리며 기다렸다. 첫 번째 색깔이 꽃을 피우자 수군거림이 환호로 바뀌고 머리 위에서 폭죽 소리가 울렸다.

첫 폭죽이 터지며 하늘로 올라갔다. 팡팡 터지는 불꽃들이 눈 아래 수면에 비치고 불꽃이 꺼진 후 피어오르는 연기에 건물의 실루엣이 흐릿해졌다. 불꽃이 타오를 때마다 '와!', '이야!' 하고 같이 외칠 친구가 없는 나는 열광하는 사람들의 광기를 생각했다. 수천 명이 한데 모여 다른 사람이 쏘아 올린 폭죽이 불꽃과 연기와 재가 되어 떨어지는 걸 구경하다니.

불꽃놀이는 20분 후 끝났다. 너무 갑자기 끝나서 또 피식 웃음이 나왔다. 그리고 곧 말도 안 되는 생각이 떠올라 또 웃었다.

그 시간에 도시를 빠져나가는 게 좋을 것 같았다. '지금처럼 좋을 때가 어디 있겠어?' 빠져나가는 군중 속에서 속삭였다. 자정이 다 되어서야 드디어 자전거 페달을 밟았다.

몇 번이나 길을 잘못 들었다가 겨우 도시를 빠져나가는 자전거 도로를 찾았다. 삼삼오오 뭉쳐 사방으로 흩어지는 사람들은 자기 집을 찾아 침대에 몸을 누일 것이다. 내 계획도 똑같았다. 다만 침대를 어디에 펼지 정하지 않았을 뿐. 그래도 걱정 없이 편안하게 사람들 사이로 도시를 돌아다녔다. 완전히 깨지도 잠들지도 않은 상태로 일상을 벗어난 도시를 구경했다. 도시를 탐색하기에는 더할 나위 없이 좋은 시간이었다.

원래도 그다지 신통치 않은 내 방향 감각으로 위아래만 겨우 구분하며 자전거 도로를 따라 도시를 빠져나왔다. 다행히 지나가는 주머니쥐와 너구리의 눈에 비친 불빛 덕분에 혼자가 아니라는 건 알 수 있었다. 여러 겹의 시 외곽을 몇 번이나 왕복한 뒤 새벽 2시 30분이 되어서야 도시 풍경이 저 멀리 보이는 도시 외곽을 빠져나왔다. 밤의 흥분이 완전히 사라진 후 한 교회 앞에서 야영해도 될지 살펴보았다. 차가 주차되어 있고 마당이 진흙이고 느낌이 안 좋았다. 경고 사인이 너무 많아서 지나가기로 했다.

새벽 3시, 시골 학교 주변으로 갔다. 내 모습이 잘 보이고 아침에 양방향에서 차들이 몰려올 것 같아 여기도 포기했다. 자갈길을 조금 더 내려갔다. 바위로 길이 막혀 있어서 차는 못 들어오고 보행자와 자전거만 지나갈 수 있는 길이 있었다. 길 끝에서 맨발로 개울을 건너고 이리저리 돌아간 끝에 야생화가 울타리처럼 자라는 완벽한 평지에 도착했다. 마거릿과 브라이언의 농장에서

120킬로미터를 달린 후 드디어 전혀 예상하지 못한 완벽한 장소에 텐트를 칠 수 있었다.

딱 계획했던 대로.

반가운
잡초들

113 ·········· 123일

7월 2 ~ 12일

7,392~7,818km

버몬트주에 들어가자마자 동쪽으로 방향을 틀어 존 헤이든과
낸시 헤이든 부부가 과일과 베리류를 키우는 비트윈 농장(Farm
Between)에 도착했다. 길에서부터 선명하게 보이던 붉은 외양간
과 농가는 예전 목장의 흔적이었다. 바람 부는 진입로에 들어서
니 소 대신 진입로부터 끝없이 펼쳐진 밀크위드의 바다가 보였
다. 몇 년 동안 공들인 덕에 단단하게 뿌리내린 밀크위드가 저마
다 보라색 꽃을 피우고 있었다. 이제 원하는 식물을 마음대로 키
울 수 있게 된 땅에는 다양한 자생 식물이 공동체를 이뤘다. 지금
까지 본 어떤 밀크위드 군락보다 넓은 밭을 보면서 비트윈 농장
이라는 이름이 고풍스러운 마을 사이에 있어서 지어진 것인지 과
일나무와 딸기 덤불 사이에 자연이 살아 숨쉰다는 의미로 붙인
것인지 궁금했다.

　이후 며칠 동안 라벤더색 화폭 같은 농장을 걸어다녔다. 밀
크위드 꽃향기가 밴 달콤한 공기를 들이마시고 자신을 키워준 땅

을 대신해 증언하는 곤충들의 날갯짓에 귀기울였다. 태양 아래 몸을 뻗는 어린 사과나무를 만나고 야생 식물들 사이에서 옹기종기 자라는 허클베리와 딱총나무 꽃을 맛보았다. 낸시가 직접 만든 팬케이크 위에 신선한 농장 과일로 만든 시럽을 뿌려 먹었다. 나 역시 여행길에 너그러운 농장을 만나는 행운을 누렸다.

멀리서 볼 때는 넓은 바다 같던 야생화 밭은 들어가서 보니 밀크위드 한 송이 한 송이가 다른 생명체와 팀을 이루어 살아가는 섬 같았다. 눈이 휘둥그런 거미가 이파리를 커튼 삼아 슬그머니 바깥을 엿보고 하얀 공단 날개를 단 천사 같은 나방이 보라색 꽃 사이를 떠다녔다. 탈피한 지 얼마 안 돼 색이 선명한 곤충 한 마리가 밀크위드의 하얗고 까칠한 털에 붉은 다리로 매달려 있었다. 제왕나비의 5령 애벌레가 밀크위드 줄기에 거꾸로 붙어 비버처럼 줄기를 씹어 먹는다.

나는 아예 쪼그리고 앉았다. 애벌레는 거의 먹히고 없는 초록 잎사귀를 몸에 두르고 있었다. 잎이 하얀 유액을 흘려 자신을 방어했지만 애벌레는 단념하지 않았다. 마치 설계도에 자신감이 넘치는 건축가처럼 애벌레는 체계적으로 움직였다. 이렇게 많이 자란 애벌레는 줄기를 파먹어서 유액이 잎으로 가지 못하게 만들기도 한다. 식전 기도 같은 의식이다.

어린 애벌레는 끈적거리는 풀 같은 유액을 먹으면 입이 딱 붙어서 굶어 죽을 위험이 크기 때문에 큰 애벌레와는 다른 전략을 쓴다. 1령과 2령 애벌레는 잎을 조금씩 갉아 말발굽 모양의 구멍을 내는 방법으로 유액의 공격을 방어한다. 그러면 유액이 흘러나와 은밀히 기다리던 애벌레가 먹을 수 있을 정도의 작은 섬이 만들어진다. 이 이야기는 피자를 먹기 전에 기름을 닦아내던 어린 시절 친구를 생각나게 한다.

밀크위드의 끈적거리는 수액이나 제왕나비 애벌레가 위험을 피하려고 쓰는 방어술은 두 생물이 오랫동안 싸우며 진화한 결과다. 이 전투의 결말을 볼 정도로 오래 살 사람은 우리 중에 없겠지만 이미 일어난 일은 알 수 있다. 밀크위드가 독한 카르데놀리드를 가진 식물로 진화할 때 제왕나비는 독성을 몸에 저장해 강력한 방어술로 바꾸도록 진화했다. 밀크위드가 끈적한 수액을 갖도록 진화할 때 제왕나비는 독성을 피하는 행동을 하도록 진화했다. 경쟁은 계속된다.

이웃 밀크위드에서도 한참 전투가 벌어졌던 모양이다. 갉아먹혀 빛나는 섬처럼 된 부분에 외따로 떨어진 애벌레가 힘들게 일한 보상을 즐기고 있었다. 여러 밀크위드 종에 보이는 솜털은 식물의 초록색 속살을 보호하도록 진화했다. 패배를 원치 않는 제왕나비는 이 갑옷을 피할 방법도 찾아냈다. 1령과 2령 애벌레는 솜털을 물어서 끊은 후 부드러운 잎을 먹는다.

밀크위드는 방어하고 제왕나비는 공격한다. 밀크위드와 제왕나비가 지구에 온 이후 계속 진화한 무기 전쟁이다. 인간의 압력을 견뎌낼 수만 있다면 제왕나비와 밀크위드는 우리의 상상을 훨씬 초월해 진화할 것이다. 생물 다양성을 키우는 데는 동기, 공간, 시간이 필요할 뿐이다.

존과 낸시가 농장에서 다양성을 추구하는 이유는 지구에 도움을 주기 위함도 있지만 다양성에서 도움을 얻을 수 있기 때문이기도 하다. 야생화는 꽃가루 매개자를 불러들이고, 햇빛을 가려

토양의 수분 손실을 막고, 야생 동물에 서식지를 제공하고, 땅에 영양소를 돌려주고, 탄소를 저장하고, 수질을 개선하고, 말을 먹이고, 농장에 균형을 가져다준다. 두 사람이 자연을 신뢰하고 생태계 기능을 화학 비료와 살충제에 맡기지 않는 것이 색달랐다.

이 농장은 우리가 인간의 식량과 제왕나비의 식량 가운데 하나를 선택하지 않아도 된다는 증거였다. 땅을 홀랑 벗겨내지 않아도 된다. 존과 낸시의 농장에서 나는 신선한 과일, 사과주스, 과일 시럽 셔벗을 포기하지 않고도 제왕나비를 살릴 수 있다. 게다가 인간과 제왕나비의 먹거리가 함께 있으면 농장은 더 건강해지고, 제왕나비 이동을 도우며, 다른 꽃가루 매개자도 보호할 수 있다.

꽃가루 매개자를 보호하는 것이 존과 낸시의 목표다. 사실 비트윈 농장은 무엇보다도 전 세계적으로 감소하고 있는 꽃가루 매개자를 보호하기 위한 5.6헥타르 규모의 보호구역 또는 전쟁터라고 할 수 있다. 제왕나비나 꿀벌을 위해 정원을 가꾸면 눈에 띄지 않는 다른 종도 보호할 수 있다. 내가 방문한 많은 정원이 제왕나비 보호를 위해 만들어졌지만 그 덕에 다른 여러 꽃가루 매개자의 쉼터 역할도 했다.

벌 한 마리가 토마토 꽃에서 밀크위드 꽃으로 날아갔다. 한때는 흔했지만 이제는 볼 때마다 살아남은 것이 반갑다. 양봉업자들은 2006년부터 2013년까지 매년 30퍼센트씩 벌의 군집 규모가 줄었다고 보고했다. 같은 기간 야생벌 개체수는 23퍼센트 감소한 것으로 보인다. 살충제, 서식지 감소, 기후 변화, 기생충, 병원균이 모두 연관된 이 안타까운 감소 추세는 동물 매개 수분●에 의존하는 모든 작물(초콜릿의 원료인 카카오도 마찬가지다!)을 생각하면 더욱 안타깝다.

　존과 낸시는 벌을 보호하는 것이 얼마나 중요한지 잘 알았다. 벌이 수분을 도와주어야 생계를 유지할 수 있기 때문이다. 농장 이곳저곳에는 단독 생활 하는 벌들이 집을 지을 수 있도록 빈 막대를 모아둔 벌 호텔과 꿀벌이 모여 사는 벌집이 환영 매트처럼 여기저기 흩어져 있었다. 벌들은 집주인에게 감사하다는 듯 장시간 열심히 일했다. 방문판매원처럼 이 꽃 저 꽃 돌아다니며 꿀을 먹고 보답으로 꽃가루를 날랐다.

　카리스마 넘치는 벌레 박사이자(꿀벌 캠프에도 참여했을 정도) 양봉업자인 존은 벌의 건강과 행복을 위해 노력한다. 3미터 높이 덩굴에 분봉◆을 위해 꿀벌 떼가 모인 것을 확인하고 좋아할 때는 나까지 덩달아 기뻤다. 재빨리 소매를 걷고 돕기로 했다. 목표는 덩굴을 잘라 여왕벌을 벌 상자에 넣는 것이었다.

　존은, 벌 떼 중앙에 여왕벌이 있고 일벌들은 새 벌집을 짓기 위해 적당한 장소를 찾으러 다니는 중이라고 설명했다. 존의 벌통이 새집으로 완벽했으므로 벌들이 통을 찾을 수 있게 도와주기만 하면 된다. 분봉 단계의 벌들은 아주 유순하지만 우리 둘 다 양봉 모자를 썼다. 존이 사다리를 타고 올라 벌 떼와 마주보며 덩굴을 잘랐다. 나는 큰 나무 쟁반을 들고 벌 떼 밑에 서 있다가 무리에서 떨어져 나오는 벌들을 담았다.

　존이 벌을 풀어주자 몇 마리가 떨어지기 시작하더니 우수수

- 受粉, 종자식물에서 수술의 꽃가루가 암술머리에 붙는 일. ─옮긴이
◆ 分蜂, 벌집이 작아져 새 여왕벌이 일부 일벌과 함께 벌집을 나와 새 벌집을 만드는 현상. ─옮긴이

떨어졌다. 쟁반에 내려앉은 벌도 많았지만 우리 주위를 멍하니 날아다니는 벌도 있었다. 벌이 내 위험도를 판단하는 동안 되도록 가만히 서 있었다. 여왕벌과 무수한 일벌, 거기에 내가 쟁반에 담은 나머지 벌까지 벌집으로 옮기는 동안 우리 둘 다 한 번도 물리지 않았다. 다른 벌들은 여왕벌이 자리잡은 걸 보고 새집으로 들어올 것이다.

"다 됐어요." 존이 상기된 얼굴로 선언했다. "겁먹지도 않고 아주 잘했어요!"

"네? 무서워할 것 하나도 없다면서요?"

모험은 믿음을 연습하는 과정이다. 우리 자신과 우리가 만나는 사람, 그리고 흥얼거리며 집으로 돌아가는 유순한 벌을 믿어야 한다. 차츰 모습을 드러낼 미지의 존재 역시 믿어야 한다. 나는 잠시 동안 밀크위드로 뒤덮인 버몬트의 농장에서 미지의 세계를 경험했다. 미지의 길을 따라 멕시코에서 이곳까지 자전거를 타고 온 내게 이제 새로운 미지의 존재가 앞으로 가라고 손짓하고 있었다.

이때 나에게 '앞으로'는 동쪽을 의미했고 동쪽으로 가려면 높은 언덕을 여럿 넘어야 했다. 초록 안식처가 되어준 존과 낸시의 비트윈 농장을 떠나자 가파르고 무자비한 오르막이 연속으로 나타나 속도는 느려지고 시간은 지체되었다. 나는 몸의 모든 근육을 데본스힐(Devon's Hill), 팜스테드힐(Farmstead Hill), 노스이스트힐(North East Hill) 같은 언덕 지역의 도로를 오르는 데 썼다. 그렇게 풀밭이 펼쳐진 능선에 다다르면 천천히 페달을 굴리며 멀리 구름과 섞인 겹겹의 초록 들판을 감상했다. 내리막에서는 아무 생각도 하지 않고 고생한 몸을 쭉 늘리며 날아갈 듯한 속도를 즐겼다. 도로에 움푹 팬 구멍을 조심하며 중력에 몸을 맡기고 휙 내려갔다가 그 힘으로 다시 다음 언덕을 올랐다. 오르락내리락하며 농장과 숲을 지나고 구불구불 동쪽 땅을 누비다 제스의 작은 오두막 앞에 멈췄다.

제스 휘게바르트는 홈볼트 주립대학에서 만난 친구다. 우리는 지속 가능한 기술을 조직 및 개발하고 교육하고 배우고 지원하는 대학 조직인 캠퍼스 적정기술센터(Campus Center for Appropriate Technology)에서 함께 일했다. 나는 정원 관리자로 일하며 마늘 파종과 사과나무 가지치기를 배우고, 자생 식물을 기르고, 키위 덩굴이 올라갈 그물 벽을 만들고, 소식지를 제작하고, 자원봉사자들을 교육했다. 평범함을 거부하고 모든 것에 의문을 가지며 다른 사람이 문제를 해결해 줄 때까지 기다리지 않는 열정적인 사람들이 나와 한 팀이었다. 적정기술센터는 다른 어떤 수업보다 내게 많은 영향을 미쳤다. 그곳에서 배운 것들이 내 삶의 뼈대가 되었다.

정원 관리자로 일하던 어느 날 섬광처럼 중요한 교훈이 찾아온 날이 있었다. 당시 정원에서 지지벽을 세우고 있었는데 불안감이 심해 일을 진행할 수가 없었다. 벽 세우는 일에 대해 아무것도 모르는 내가 그 일을 한다는 건 사기나 다름없었다. 그래서 친구 피터 린치에게 내가 이 일을 맡을 자격이 안 된다고 고백했다. 잠시 후 피터는 나보다 먼저 정원 관리자로 일한 사람들의 사진을 보여주었다. 사진 속에는 지저분한 청바지를 입은 사람들이 힘들게 일군 정원에서 삽을 들고 웃고 있었다. 다들 편안하고 자신감 있어 보였다.

"일 잘하는 사람들 같아 보이지?" 피터의 말에 나도 동의했지만 마음이 편해지지는 않았다. 그러자 피터는 몇 주 전에 찍은 사진을 보여주었다. 사진 속에서 나와 내 친구들이 곡괭이를 들고 흙먼지 묻은 얼굴로 웃고 있었다. "우리도 일 잘하는 사람들처럼 보여."

일을 시작하기 전부터 전문가인 사람은 없다. 중요한 건 일단 일을 시작하는 것이다. '될 때까지 되는 척하라.' 그 순간 나는 시간과 경험을 통해서만 알 수 있는 것까지 미리 알아야 한다는 부담에서 벗어나 당장 시작할 수 있는 날개를 달았다. 그 교훈 덕에 수천 킬로미터를 갈 수 있었고 이 책도 쓸 수 있었다.

그 사진에 제스도 있었는지는 기억나지 않지만, 만일 있었다면 가장 지저분한 청바지를 입고 가장 활짝 웃고 있었을 것이다. 성실하고 개척 정신이 강한 제스는 어느 정원에 가도 자기 집처럼 일했다. 9년이 지난 지금은 유기농 작물을 기르는 농부가 되어 언젠가 자기 농장을 운영할 때 필요한 기술을 습득하고 있다. 그리고 여전히 잘 웃고 현명하게 남을 돕고 편견 없이 사람을 대한다. 물론 천진난만하던 젊은 시절의 우리가 지금의 우리 모습을 본다면 오글거린다고 할 정도로 변했지만 그래도 남들이 가지 않는 길을 가는 것 같긴 했다.

밤이 되어 제스와 친구들과 함께 목재 펠릿과 소나무 조각으로 모닥불을 피우고 제스가 얼마 전 참석한 결혼식에서 가져온 음식을 나눠 먹었다. 우리는 나무 그루터기와 자동차에서 뜯어낸 의자에 왕처럼 편안하게 앉았다. 불과 어둠이 우리 이야기와 섞이니 집처럼 편안했다.

　낮에는 지역 농장에서 일하는 제스를 따라다녔다. 비트윈 농장의 다년생 식물과 달리 제스가 키우는 채소는 잡초를 뽑아줘야 숨을 쉴 수 있었다. 하지만 밭 가장자리에는 자연이 그대로 살아 있었다. 자유롭게 자라는 밀크위드는, 제왕나비가 서식하는 길쭉한 잎과 농장이 서로를 배척하지 않는다는 증거였다. 제스가 맨발로 무동력 파종기를 끌며 양상추 밭에 씨를 뿌리는 동안 나는 야생이 살아 있는 가장자리를 돌아다녔다. 그곳에는 길들지 않은 '잡초'와 벌레가 가득했다. 내 자전거 여행은 이들을 위한 것이기도 했다.

대서양을
따라

7월 13 ~ 30일
7,818~8,880km

바다 수영을 즐기기까지 비와 산이라는 장애물이 남아 있었다. 버몬트주를 떠나 뉴햄프셔주로 들어가는 지역을 화이트산맥이라고 부른다. 마침 이름에 걸맞게 당당한 산들이 흰 마스크 같은 무채색 구름을 걸치고 있었다. 숲이 조금이라도 보이는 구간이 거의 없었다. 끝이 파란 가문비나무와 누런 빛을 띤 오리나무가 희미해지는 햇빛 아래 초록을 지키려 안간힘을 쓰고 있었다. 회색빛 암벽조차 안개 장막에 가려져 보이지 않았다. 잠깐씩 스치는 꼭대기를 보며 산의 모습을 상상하는 수밖에 없었다.

산세를 따라 봉우리들을 넘은 후 내리막길에서 자유로워진 바퀴의 노래를 듣다 보니 안개 낀 추운 날씨가 어느새 따뜻해져 있었다. 자전거를 멈춰 야생 밀크위드 사진을 찍고, 자유롭게 따 먹을 수 있는 길가 농장에서 라즈베리를 따고, 학생들과 함께 학교 정원을 방문했다(방학인데도 나를 안내해 준 학생들에게 고맙다). 메인주로 건너가 이동 거리 8,000킬로미터를 축하하며 점점 더 바다에 가까워졌다.

　비와 산이 장애물이라면 바다는 파도가 물 세상을 지키는 울타리였다. 짠물의 광활한 힘을 모르지 않지만 그 전까지 바다에 갈 때면 항상 해변을 걷기보다는 문이나 다리를 찾아 도망치려는 사람처럼 쫓기는 기분이 들곤 했다.

　멕시코에서 8,082킬로미터를 달려 7월의 메인주 모래 해변에 도착한 나는 도망가는 모래와 붙잡으려는 인도 사이에 놓인 벤치에 자전거를 기대 세웠다. 무거운 짐을 실은 내 자전거를 보고 해변 관광객들이 대륙 횡단 여행을 마쳤겠거니 생각하고 축하의 미소를 보냈다. 속건성 속옷과 우스꽝스럽게 햇볕에 탄 자국을 당당하게 내놓고 물가로 걸어갔다. 파도를 따라 몸이 흔들리고 자전거가 멀리 조그맣게 빛나는 점으로 보일 때까지 계속 갔다. 그 순간 바다는 울타리가 아니었다. 그 순간 나는 날개를 달고 또 다른 파란색으로 빛나는 하늘을 날았다. 구름을 잡으러 산을 오르거나 물살을 알기 위해 강에서 카누를 타는 것과 비슷했다. 경계를 시험할 때 새로운 세계로 가는 다리를 찾을 수 있다.

　바다는 나와 제왕나비를 남쪽으로 몰았다. 해변을 따라 들어선 화려한 저택의 성벽이 잡초처럼 이어져 있었다. 그래도 거대한 바다를 배경으로 날아가는 제왕나비를 훔쳐볼 수는 있었다. 대서양과 애팔래치아산맥 사이에 긴 동부 이동 경로를 날아가는 나비들이었다. 우세풍을 따라 동쪽으로 밀린 제왕나비들은 연안류와 산맥이 만든 상승 기류를 이용해 남쪽으로 밀려 내려간다. 미국 중서부의 중앙 이동 경로와 달리 동부 이동 경로는 멕시코로 곧장 가는 길이 아니다. 경로가 길다 보니 이 길로 가는 나비들은 가을 이동 기간이 보통 2주 정도 길어진다. 북쪽이 아니라 북동쪽에서 출발해 더 긴 경로를 내려오는 나비들을 보면 대체 '어떻게' 하는 건지 의문이 들 수밖에 없다. 어떻게 뉴욕에서 태어난 제왕나비는 남쪽으로 가다가 남서쪽으로 방향을 틀어야 한다는 걸 알까? 미네소타에서 태어난 제왕나비는 남쪽으로 직진해야 한다는 걸 어떻게 알까? 과학자들도 아직 완전한 답을 모른다. 어쩌면 제왕나비는 바다거북처럼 현재 위치와 가야 하는 곳의 상관관계를 아는 진정한 항해사일지도 모른다. 아니면 다른 능력이 있을 수도.

제왕나비의 장소를 옮겼을 때 일어나는 일을 관찰한 예비 연구에 단서가 있을 수도 있다. 한 연구에서는 제왕나비를 캔자스에서 조지아로 옮겨 풀어주었다. 풀려난 나비들은 캔자스에서와 똑같이 남쪽으로 날아갔다. 하지만 조지아에 일주일 가까이 가둬두자 새 지역에 맞게 방향을 다시 잡는 것 같았다. 이 나비들은 근방의 야생 제왕나비들처럼 서쪽으로 날아갔다.

더 알쏭달쏭하게도 같은 지역에서 태어난 제왕나비들이 멕시코에서는 같은 군락으로 가지 않는다. 뉴욕, 미네소타, 조지아에서 태어난 제왕나비는 여러 겨울 서식지로 흩어진다. 대체로 이름표를 붙인 것이 발견되는 나비 중 80퍼센트는 엘로사리오 군락에서 발견되었고 7~12퍼센트는 시에라친쿠아와 세로펠론, 나머지는 다른 군락지에서 발견되었다. 이름표를 붙인 지역을 살펴보면 놀라울 정도로 비율이 비슷하다. 미네소타주 캐넌폴스, 캔자스주 로렌스, 아이오와주에서 이름표를 붙인 제왕나비 가운데 각각 79.4퍼센트, 84.5퍼센트, 79퍼센트가 엘로사리오에서 발견되었다. 비슷하게 캔자스주의 한 장소에서 네 시간 동안 이름표를 붙인 제왕나비 2,800마리도 겨울나기 군락지 세 곳에서 앞에 말한 것과 비슷한 비율로 발견되었다.

완전히 이해하지는 못해도 모든 제왕나비를 응원했다. 해변을 수놓은 커먼밀크위드도 나처럼 나비들을 응원했다. 남쪽으로 내려가 매사추세츠주 입스위치로 향했다. 그곳에서 케이티의 집에 들러 쉬기로 했다.

케이티 뱅크스 혼(Katie Banks Hone)은 모나크 가드너(Monarch Gardener)라는 기업과 웹사이트를 운영한다. 케이티는 몇 년째 제왕나비를 위한 정원을 가꾸고 있는데, 처음에는 자신의 잔디밭을 야생 식물의 은신처로 바꾸었고, 이후 다른 사람들도 똑같이 할 수 있게 도와주기 시작했다. 이제는 지역 단체와 학교에서 강연도 하고, 나비 정원을 가꾸고 싶은 사람들을 상담해 주기도 한다. 내가 도착했을 때는 정원에 꽃이 만발해 있었고 제법 과학자처럼 보이는 어린 두 딸이 정원을 안내했다. 정원 안팎이 모두 자연의 비밀로 가득한 미로였다. 질문과 답이 피어나고 살랑이고 날아다니고 미끄러지고 우적우적 썹어먹고 뛰어들고 숨고 흔들리고 노래하고 물고 춤추고 무성하게 자라났다.

제왕나비에 대한 지식이 많은 케이티는 열대밀크위드 *Asclepias curassavica*라는 밀크위드 종을 둘러싼 논란도 알고 있었다. 이 식물은 미국 자생종은 아니지만 인기가 높아졌고 전파와 재배가 쉬워 널리 퍼졌다. 하지만 우려를 일으킨 종이기도 하다. 문제는 크게 두 가지인데 모두 자라는 지역과 관련이 있다.

겨울에 휴면기에 들어가는 자생종과 달리 열대밀크위드는 북쪽 위도에서 겨울을 나지 못한다. 다른 한해살이풀처럼 봄이 되면 다시 심어야 한다. 이 때문에 자생 밀크위드들이 겨울을 나기 위해 잎을 떨어뜨리는 가을에도 열대밀크위드는 계속 푸르고 무성하다. 자생 밀크위드는 가을이 되어 기온이 내려가고 햇빛이 줄어들면 영양가가 낮아진다. 이 잎을 먹은 애벌레는 번데기에서 나비로 변태할 때 생식 기능이 없는 성체가 된다. 새로운 연구에 따르면 열대밀크위드의 푸르고 건강한 잎을 먹은 애벌레는 짝짓기하고 다음 세대 알을 낳을 시간이 있다고 착각해 생식 기능을 갖춘 성체로 부화할 확률이 높다. 이런 나비들은 이주하지 않고 다음 세대의 알을 낳을 것이고 이런 알은 겨울 추위에 살아남지 못한다.

위도가 낮은 지역에서는 다른 문제가 생긴다. 특히 남동쪽에서는 열대밀크위드가 죽을 정도로 기온이 떨어지지 않아 열대밀크위드가 지역에 자리를 잡을 수 있다. 이런 밀크위드를 먹은 제왕나비는 생식을 쉬지 않고 재생산을 이어가며 이주도 하지 않는 것으로 알려졌다. 이주하지 않으면 멕시코 숲에 의존하지 않아도 되는 제왕나비 무리가 생기니 좋은 현상이라고 할 수도 있지만 질병 문제가 생길 수 있다. 특히 OE라고 하는 오프리오시스티스 일렉트로시르하*Ophryocystis elektroscirrha* 원충이 문제다.

OE의 생애는 포자에서 출발한다. 애벌레가 밀크위드에 붙은 OE 포자를 먹으면 OE는 애벌레 몸 안에서 개체수를 늘린다. 나비가 탈바꿈을 거치고 나면 포자는 나비의 비늘에 붙는다. OE에 감염된 성체는 짝짓기를 할 때 다른 나비를 감염시키거나 밀크위드에 붙어 알을 낳아 다음 세대로 포자를 전달한다. 이런 과정이 반복된다. 심하게 감염된 제왕나비는 부화하지 못하거나 부화하더라도 너무 약해서 날지 못한다. 감염 정도가 약하면 수명이 짧아지거나 비행 실력이 떨어진다.

제왕나비와 OE의 관계는 생물의 세계가 얼마나 복잡한지 잘 보여준다. 봄에 멕시코에서 날아가는 제왕나비는 대체로 OE에 감염돼 있지 않다. OE에 심하게 감염된 나비는 제대로 이주를 마치지 못하기 때문이다. 제왕나비 밀도가 높은 곳에서는 OE 수준이 낮았다가도 금세 높아질 수 있고 특히 여러 세대가 같은 식물에 알을 낳을 때는 더 위험하다. 그러므로 제왕나비 밀도가 높고 번식기가 길어지는 경우(그리고 밀크위드가 시들지 않아 포자가 계속 남아 있는 경우) 제왕나비의 감염률이 높아진다. 여름 번식지가 감염 수준이 낮은 지역들까지 넓게 퍼지면 도움이 된다. 이런 지역에서 태어난 제왕나비가 겨울을 나고 봄에 다시 군락을 이룰 때, 겨울에 시들었던 밀크위드도 감염되지 않은 상태로 다시 자랄 것이다.

미국 남부에서 자라는 열대밀크위드가 겨울에도 살아남으면 잎을 떨구지 않아 OE 포자 수도 떨어지지 않는다. 그렇게 OE 수준이 계속 유지되면 감염률 또한 올라갈 것이다. 이 문제는 이주하지 않는 제왕나비뿐 아니라 봄에 돌아와 OE 감염률이 높은 밀크위드를 만나게 될 제왕나비에게도 문제가 된다.

더 심각한 문제는 열대밀크위드가 자생 밀크위드보다 카르데놀리드 독성 함량이 더 많다는 점이다. 애벌레 아이들이 강력한 방어력을 갖추길 원하는 암컷에게는 이 점이 더 매력적으로 느껴질 것이다. 독성은 애벌레의 OE 감염 수준을 낮추지만 아예 없애지는 못한다. 이 애벌레들은 감염된 상태로 자라 더 멀리 날아가고 짝짓기 활동도 더 많이 해서 그 결과 더 많은 OE를 퍼뜨려 문제를 악화시킨다.

기후 변화 또한 문제다. 열대밀크위드는 따뜻한 기후에서 자랄 때 독성이 강해지는 것으로 보인다. 자생종인 스왐프밀크위드 *Asclepias incarnata*와 비교해도 열대밀크위드는 기후가 따뜻할 때 독성이 강해져 제왕나비에게 위험할 정도가 되기도 한다. 고온 지대의 열대밀크위드를 먹고 자란 제왕나비는 온대 지역 열대밀크위드를 먹고 자란 제왕나비보다 생존율이 떨어진다는 연구 결과도 있다. 비교적 최근 연구여서 아직 반복 실험이 이루어지지 않았지만 의미하는 바는 확실하다. 식물을 들여오거나 기후를 바꾸는 등 자연을 왜곡하면 예측할 수 없는 복잡한 결과가 따른다.

케이티는 이 모든 요소를 고려해 정원에서 키울 식물을 추천한다. 2017년에는 열대밀크위드를 키우는 장점이 단점을 넘어선다고 생각했다. 케이티가 사는 곳이 북쪽이기 때문에 열대밀크위드가 겨울마다 죽었고 OE 역시 겨울을 넘기지 못했다. 애벌레 철이 길어지면 아이들이 제왕나비를 만날 기회가 늘어나니 좋은 일이라고 생각했다. 하지만 이 책을 쓰는 지금은 생각이 바뀌어 케이티도 열대밀크위드를 키우지 않는다. "확실히 알 수 없다면 조심하는 편을 택하려고요. 잘한 결정 같아요."

케이티가 열대밀크위드를 키우지 않겠다고 하자 처음에는 일부 고객이 실망했다고 한다. 하지만 모두 적응하고 있다. 그 틈을 메울 멋진 자생종이 많으니까. 그녀는 가장 좋아하는 자생 밀크위드 종으로 버터플라이위드*Asclepias tuberosa*를 꼽았다. "아무리 식물을 못 키우는 사람도 키울 수 있어요. 심고 물 몇 번 주고 잊어버리면 돼요."

케이티도 나도 열대밀크위드가 제왕나비의 가장 큰 위협이라고는 생각하지 않는다. 지금도 밀크위드가 아예 없는 것보다는 열대밀크위드라도 키우는 편이 낫다고 생각하지만 조심하는 것도 중요하다. 자연을 왜곡하면 그에 따른 결과가 나타난다는 걸 잊지 말아야 한다. 요즘은 이런 경고를 무시하는 분위기가 강하다. 단기적 이익만이 유일한 동기가 된 듯하다. 미래를 생각해 조심하는 것은 너무도 당연한 일이다.

케이티의 앞뜰과 뒤뜰을 둘러본 후 우리는 조심스러운 사람들이 개발 욕망을 억제하고 모래를 남겨둔 그 지역 해변으로 나갔다. 푸른 자생 식물이 군데군데 자라나는 사구를 지나 모래가 파도에 곱게 깎인 바닷가를 걸었다. 당장 어떤 이익이 될지 알 수 없더라도 이런 곳을 지켜내는 조심스러운 마음이 소중했다.

야생이 살아 숨쉬는 해변을 떠나 보스턴의 교통 체증을 피할 생각으로 내륙으로 향했다. 그 길에 매사추세츠주 콩코드 근처의 월든 호수를 지났다. 1800년대 중반 헨리 데이비드 소로(Henry David Thoreau)가 대표작을 집필하는 데 영감을 준 호수다. 이곳은 소로의 은신처였다. 하지만 1854년 『월든(Walden)』이 출판된 후 내가 도착한 2017년 사이 호수가 주던 영감은 심하게 색이 바랬다. 드넓은 주차장에 들어가려는 차들이 길게 줄을 서고 물이 안전하지 않으니 수영하지 말라는 표지판도 보였다. 나도 굳이 길을 멈추지 않았다. 이 상징적인 장소는 침식, 박테리아, 외래종 물고기, 기후 변화로 인한 수온 상승, 소변 농도 증가로 몸살을 앓고 있었다.

우리는 모두 숨어들 수 있는 호수를 꿈꾼다. 하지만 그런 호수들은 점점 사라지고 있다. 이제 우리를 위로하는 건 뒤늦은 후회 속에 사람들에게 지구의 현재와 과거를 알려주려고 유령처럼 떠다니는 보호구역뿐이다.

월든 호수를 지나 출퇴근 차량이 존재하지 않던 독립전쟁 시절에 건설된 도로를 달렸다. 한때는 마차를 안내했을 암벽이 지금은 나와 자동차가 도로를 나눠 쓰겠다고 다투는 통에 숨막혀 하는 것 같았다. 방향을 틀어 두 차례의 강연이 예정된 아사벳강 국립야생동물보호구역(Assabet River National Wildlife Refuge)에 들어가서야 내가 얼마나 긴장하고 있었는지 알 수 있었다. 온몸에 힘이 빠지면서 편안해졌다. 잠시 천천히 달리며 교통 체증의 부담을 덜었다.

첫 강연의 청중으로 앉은 아이들은 내 농담에 깔깔거렸고, 같이 제왕나비를 위한 나비 정원을 탐색할 때도 명랑했다. 텐트에 가득 찬 아이들을 보며(아쉽게도 유치원 아이들 18명이 들어갔던 기록은 깨지 못했다) 말했다. "이렇게 많은 사람이 들어가다니 대저택이나 마찬가지네." 내가 빈 텐트를 한 손가락으로 들어올리며 "손가락 하나로 저택을 들었어. 나는 세상에서 제일 힘센 사람이다!" 하고 외치자 아이들이 환호했다. 어린 여학생에게도 한번 들어보라고 했다. 아이 역시 저택을 들어올릴 정도로 힘센 사람이 되었다.

두 번째 청중은 성인이었는데 이들의 반응은 미적지근했다. 내가 엉터리 농담을 던져도 웃는 시늉조차 하지 않았다. 개그가 망했을 때 코미디언이 느끼는 고통이 어떤 건지 조금 알 것 같았다. 그래도 강연장을 나가는 사람은 없어서 다행이었다.

다음 날은 좀 다닐 만했다. 늦게 나선 덕에 출근하는 차들이 나 없이 여유 있게 도로를 차지했고 내가 출발할 때는 다 빠져나가고 없었다. 교통 체증 대신 아름답게 얽힌 외로운 길이 나를 맞았다. 매사추세츠주의 뒷길은 로드아일랜드주의 흙길로 이어졌다.

로드아일랜드는 하루 만에 통과할 수 있는 거리지만 숲으로 둘러싸인 호숫가에서 하룻밤 잘 수 있겠다는 생각에 그냥 갈 수 없었다. 가라앉은 잔가지와 쓰레기가 발을 간질이는 물속에 편안하게 몸을 담갔다. 뜨겁지도 차갑지도 않은 물이 나를 감쌌다. 호수와 하늘 사이에 내가 있었다.

옷을 벗어둔 곳으로 개헤엄을 쳐서 돌아가는데 줄무늬올빼미가 눈에 띄었다. 물에서 나와 햇볕에 달궈진 바위 위로 뛰어 올라갔다. 나를 지켜보는 올빼미를 나뭇가지 사이로 훔쳐봤다. 가슴에서 흘러내리는 갈색과 젖빛 줄무늬가 바람에 흔들리고 짧은 갈색 깃털이 어둡고 날카로운 눈 주위를 안경처럼 두르고 있다. 나와 똑같은 호기심으로 나를 관찰하던 올빼미는 몇 초 후 내가 위험하지 않다고 선언하듯 눈을 끔뻑였다.

어둠이 내려앉아 텐트로 물러났다. 얇은 벽을 두고 흔들리는 이파리들의 수군거림 너머로 '까아악' 하는 비명이 번개처럼 어둠을 갈랐다. 이어 대답이 들렸고 깍깍거리는 대화가 시작되었

다. '대체 무슨 일이지?'

강력한 통신 서비스 덕분에, 진정한 새 '덕후'이면서 내 여행 친구이기도 한 애런 비두시크에게 전화해 물어볼 수 있었다. 애런에게 호기심 많고 두려움이라고는 없는 줄무늬올빼미가 '누우우가 너어얼 위해 요리해애? 누우우가 너희이를 위해 요리해애애?(hoooo cooks for youuuu, hoooo cooks for you allllll)'•라는 잘 알려진 울음 대신 소름 돋는 비명을 지르며 밤새 대화하고 있다고 이야기했다.

애런은 즉시 내가 아는 사실 한 가지를 알려주었다. 바로 내가 새에 대해 아는 게 없다는 것. 비명은 배고픈 줄무늬올빼미 새끼가 먹이를 달라고 지르는 소리라고 한다. 두려움이 없어 보인 건 아직 사람을 만나보지 못한 새끼이기 때문일 것이다. 내가 올빼미를 보고 배우듯 새끼 올빼미도 나를 보며 사람에 대해 알아가는 중이었다. 올빼미 역시 우는 법과 사냥하는 법을 배우고 세상을 탐험하면서 어른 올빼미가 된다니 어쩐지 안심이 되었다. 우리는 둘 다 숲을 교실 삼아 서로를 가르치는 교사였다.

뉴잉글랜드 지역 주들은 작기 때문에 빠르게 이동하는 기분이 들었다. 금요일에 로드아일랜드주에 들어가서 토요일에 코네티컷주를 돌고 일요일에는 롱아일랜드에 들어갔다. 다음 목적지는 뉴욕이었다.

• 줄무늬올빼미는 'Who cooks for you?'로 들리는 독특한 울음소리로 유명하다. —옮긴이

롱아일랜드에서 줄지어 자라는 작물의 꽃들과 진기한 농작물 가판, 소박한 해변 마을을 즐기며 달리는데 큰 검정 트럭이 내 옆에 바짝 붙어 차를 세웠다. 운전사가 조수석 창문을 내리는데 덜컥 겁이 났다. 오랜 자전거 여행 경험으로 볼 때 사람들이 자동차 창문을 내릴 때는 물건을 던지거나 외설스러운 말을 퍼붓거나 물을 뿌리기 위해서였다(진짜다). '또 시작이군.' 나는 핸들을 꽉 잡고 눈에 힘을 줬다.

남자가 몸을 기울이며 창밖으로 손을 내미는데 몸이 움찔했다. "뭐 마실 거라도 사 드세요." 엔진 소리를 이기려 소리를 지르는 그의 손에서 10달러 지폐가 날아왔다. 내 하루 예산이 10달러 정도임을 생각하면 음료수를 사 마시고도 남을 금액이었다. 공중에서 떨어지는 기부금을 받기는 처음이라 멍하니 서 있다가 고맙다는 표시로 떠나는 차를 향해 손을 흔들었다. 그 순간 두 가지를 배웠다. 우선 세상에는 마음 넓은 사람들이 존재하고 그중 일부는 대형 트럭을 몬다는 것, 그리고 몇천 킬로미터를 달려도 여전히 놀랄 일이 생긴다는 것.

롱아일랜드의 서쪽 끝은 퀸스로 이어졌다가 브루클린으로 연결되며 끝난다. 길을 달릴수록 대중문화로만 알던 이미지가 점점 바뀌었다. 끊이지 않는 차량으로 복잡한 브루클린의 주요 도로를 빠져나와 자전거 도로 표시선이 다 지워져 가는 조용한 길로 달리다가 더 조용한 주택가로 들어섰다. 코너를 돌 때마다 점점 더 브루클린 내부로 깊이 들어갔다. 결국 자전거에서 내려 구불구불한 인도를 걸었다. 에리카 림과 오베 벤 새뮤얼이 사는 아파트 건물의 이중문 사이로 미끄러져 들어가 엘리베이터에 내 몸과 자전거를 욱여넣고 22층까지 올라갔다.

에리카와 그녀의 친구이자 동료인 린 응우옌을 만난 건 넉 달 반 전, 즉 8,700킬로미터를 달리기 전 멕시코에서였다. 우리는 또 다른 친구인 캐나다 여성 바브 해킹과 함께 외따로 떨어진 제왕나비 군락지 피에드라에라다를 당일치기로 방문했다. 군락지 입구의 도로가 물을 찾아 날아가는 제왕나비로 가득했다. 봄이 되어 기온이 올라가면서 건조한 비탈에 모여 있던 제왕나비들이 물을 찾아 떠나는 현상이 정점에 이를 때였다. 우리는 운 좋게도 제왕나비 무리를 만나 함께 걸으며 목마른 나비의 물결을 직접 느꼈다. 언덕을 올려다보니 줄지어 날아오던 제왕나비들이 내 얼굴과 불과 몇 센티미터 간격을 두고 방향을 틀었다. 제왕나비와 말 그대로 '아이 콘택트'를 한 셈이다.

그로부터 넉 달 반이 지나 에리카가 내게 집을 보여주고 관광 안내지 몇 개를 건넸다. 집을 나섰다. 우리가 만난 강물 같은 제왕나비는 뿔뿔이 흩어지고 이후로도 몇 세대가 태어났다가 사라진 지금 나는 건축가들이 설계한 숲에 와 있다. 멕시코의 산에서 제왕나비를 기다리던 웅장한 오야멜전나무 숲을 떠올리기는 힘들었지만 그래도 하늘을 바라보았다. 이곳에 제왕나비가 있다면 여행하러 온 게 아니라 그냥 고향으로 돌아가는 길일 것이다.

여행자는 나였다. 놀라울 정도로 잘 닦인 자전거 도로를 따라 달리며 다른 사람들이 찾는 것, 즉 다양한 전통이 한데 섞여 만들어진 가능성과 기회를 찾아보려고 했다. 그곳에는 세계 곳곳의 노래와 끝도 없는 쇼, 셀 수 없이 많은 메뉴, 지칠 줄 모르는 거리가 있었다. 사람들 속에 혼자 있으려니 야생에서 돌아다닐 때는 느낄 수 없었던 외로움이 찾아왔다. 눈이 핑핑 도는 인파 속에서 곰과 뱀이 보고 싶었다.

셋째 날 아파트 발코니에 자전거를 두고 나갔다가 돌아오는 길이었다. 지하철을 타려고 계단을 내려간 다음 자신 있게 개표구에 표를 넣었다. "으악!" 꽉 잠긴 회전봉에 몸을 세게 부딪혔다. 회전봉이 꼼짝도 하지 않았다. 주변을 가득 메운 사람들 뒤로 돌아가 다시 표를 샀다. 두 번째 시도에도 회전봉은 움직이지 않았다. 내가 뭘 잘못했을까? 세 번째에도 실패하자 웃음이 나왔다. 개표구가 내 돈을 먹고 나를 들여보내지 않는데 주변 사람들은 계속해서 이동했다.

네 번째 시도는 어찌어찌 성공했다. 회전봉이 돌아가고 지하철도 무사히 탔다. 생각지도 못하게 비싼 지하철 탑승이었다. 탑승 성공을 기뻐하며 에리카의 아파트까지 가는 길은 편할 거라고 생각했다. 몇 블록만 걸어간 다음 로비를 지나 엘리베이터를 타고 22층까지 올라가서 602호 아파트 문을 열기만 하면 된다. 그래서 몇 블록을 걸어 로비를 지나고 엘리베이터로 22층으로 올라가 문을 당겼다. 에리카의 옆집을. 다시 웃음이 나왔다. 나는 제왕나비의 이동 경로를 자전거로 달리는 최초의 사람이지만 뉴욕은 나를 쩔쩔매게 하고 넘어뜨리고 헷갈리게 했다.

다행히 세련된 도시인이 되지 않아도 뉴욕의 다양한 세계 음식을 발견하는 데는 문제가 없었다. 길을 잃어도 몇 킬로미터만 가면 중국에서 일본으로, 태국에서 에티오피아로, 이탈리아에서 카리브해로 여행할 수 있었다. 예산이 빠듯해 외식을 잘 하지 않지만 뉴욕에서만은 1달러짜리 조각 피자와 에티오피아 음식에

돈을 펑펑 쓰고, 당연히 아이스크림이 든 생선도 먹었다.

"디저트로 아이스크림 생선 먹자!" 에리카의 동료이자 우리의 친구이기도 한 린이 우리가 점심을 대접하자 이렇게 외쳤다. 나는 의심스러운 표정으로 두 사람을 바라봤다. "아이스크림 생선?"

나는 콜롬비아에서는 살아 있는 땅콩딱정벌레를, 페루에서는 황소 염통을, 미주리주에서는 마요네즈 샌드위치를 먹었을 정도로 주는 대로 잘 먹는 편이다. 게다가 아이스크림도 좋아하고 생선도 싫어하지 않으니 린을 따라 문밖으로 길게 줄이 늘어선 작은 가게로 갔다. 아이스크림 생선이 인기가 많은 모양이었다.

초콜릿 아이스크림과 송어를 시도해 보기로 하고 창문으로 안을 들여다봤다. 알고 보니 생선은 아이스크림이 들어가는 물고기 모양의 콘을 말하는 것이었다. 나는 안심하고 참깨맛 아이스크림이 가득 든 생선을 주문했고 이 열풍이 시작된 일본을 다음 여행지 목록에 추가했다.

베트남 음식과 일식 디저트까지 먹고 나서 린이 신나게 데려간 곳은 발 마사지 가게였다. 린은 멀리 떠나지 않고도 모험 거리를 찾아내는 위대한 여행자였다. 낯선 사람이 내 발을 만지는 게 내키지는 않았지만 새로운 경험이라 생각하고 신발 끈을 풀었다. 조금 아프면서 시원하기도 했다. 그래도 다시 내 신발을 신는 게 좋았다.

모든 걸 받아들이는 밀도 높은 도시 뉴욕에 이제는 작별을 고할 시간이었다. 짐을 챙겨 브루클린 다리를 건너며 다시 한 번 도시의 들쭉날쭉한 모양새를 감상했다. 며칠 전 롱아일랜드의 넓은 밭과 주유소에서 팔랑거리는 제왕나비를 발견했고 퀸스의 공원 가로등 아래 자라는 밀크위드에 애벌레와 알이 붙은 걸 보았지만 맨해튼에서도 제왕나비를 볼 수 있을 거라고는 생각하지 않았다.

그때 제왕나비가 나타났다.

제왕나비는 자유의 여신상 사진을 찍으려 손을 뻗는 관광객들 머리 위로 바람을 타고 날아갔다. 나는 아무것도 모르는 인파를 뚫고 히숩(hyssop) 꽃을 찾아가는 제왕나비를 눈으로 좇았다. 겸손하게 이 꽃에서 저 꽃으로 옮겨 다니며 보라색 꽃줄기의 꽃가루를 옮기는 모습이 정원의 스카이라인을 뛰어다니는 슈퍼히어로 같았다. 제왕나비의 주황 날개가 마치 자연이 흔드는 백기처럼 양쪽 세상을 이어주며 '평화'를 외치는 듯했다. 제왕나비는 우리가 함께 사는 이 행성에 정원이 존재하는 것 외에는 아무것도 바라지 않는다.

제왕나비는 보았으나 내가 보지 못하고 놓친 것이 무엇일지 궁금했다. 또 내가 지나온 길이 이 나비의 부모나 조부모의 경로와 겹쳤을지, 아직 한참 더 가야 할 멕시코에서 이 나비의 자손을 만날 수 있을지도 알고 싶었다.

다시
캐나다로

7월 31일 ~ 8월 11일

8,880~9,664km

뉴욕에서는 멕시코로 바로 내려가지 않았다. 가을이었다면 동부 이동 경로로 날아가는 제왕나비를 따라 대서양에 바짝 붙어 뉴저지주 케이프메이까지 갔을 것이다. 제왕나비의 이동 경로는 델라웨어만을 건너며 좁아지는데 제왕나비와 제왕나비를 좇는 애호가들도 모두 이곳으로 모인다. 아직 그때가 안 된 터라 나는 북서쪽으로 방향을 틀어 꽃밭과 농장과 숲이 모자이크를 이룬 뉴욕주 북부를 지나 온타리오주 남부로 가기로 했다. 그곳에서 제왕나비를 위해 열정적으로 싸우는 사람들을 만날 계획이었다.

    겨우 하루 지났는데도 뉴욕시가 아주 멀게 느껴졌다. 탁 트인 시골 풍경이 내 눈을 사로잡았다. 대초원에 깔린 자전거 도로를 달리다가 밀크위드를 포식하는 제왕나비 애벌레와 독나방 애벌레를 발견했다. 밀크위드독나방*Euchaetes egle*은 제왕나비와 마찬가지로 밀크위드의 독성을 저장해 방어술로 쓴다. 다만 제왕나비 성체는 화려한 경고색으로 독성을 광고하지만 독나방은 칙칙한 야행성 곤충이다. 밤에 활동하니 색이 밝아도 소용없다. 대신 딱딱 소리가 나는 기관이 있고 박쥐가 이를 구별할 수 있다. 경계 색이 아닌 경계음이다. 박쥐는 이런 소리는 피하는 게 상책이라는 사실을 오래전에 배웠다.

검은 털, 주황 눈썹, 흰 수염으로 뒤덮인 독나방 애벌레를 관찰했다. 여러 식물에 퍼져 자라는 제왕나비 애벌레와 달리 독나방 애벌레는 한곳에 모여 자라는 기간이 길다. 한데 모인 애벌레는 거칠게 짠 카펫 같다. 애벌레가 먹어 치운 이파리는 잎맥만 남은 시체가 되었다.

지나가던 자전거 여행객이 멈추더니 뭐 하고 있는지 묻는다. 같이 달리던 사람이 멈추지 않고 가버려서 나도 짧게 답하고 명함을 내밀었다. 그 사람은 고마움을 표하고 친구를 쫓아갔다. 위험한 상황은 아닌 것 같아 관찰을 이어갔다.

몇 시간 후 '미치'가 저녁을 같이 먹자고 전화로 초대했다. 미치는 16킬로미터만 가면 되는 곳에 살았다. 두 시간 있으면 해가 떨어질 것이고 그날 이미 97킬로미터를 달렸으므로 딱 적당한 거리라 초대를 받아들였다. 미치의 집에 도착하니 개들이 나를 맞아주었고, 미치도 저녁 산책에서 막 돌아왔다. 그릴이 달궈지는 동안 우리는 자전거(미치도 자전거를 탔으므로)와 교육(미치는 은퇴하기 전 교장이었다) 이야기를 나눴다. 여전히 경계할 만한 점은 보이지 않았다. 근처에 사는 딸이 저녁을 먹으러 찾아온 것도 믿을 수 있는 사람이라는 증거였다. 딸이 떠난 후 뜨거운 물에 몸 좀 담그란 말에 약간 경계심이 들었지만 좋다고 했다. 여벌 옷을 입고 욕조에 들어가 긴장을 풀 때까지만 해도 좀 뜬금없긴 하지만 모든 게 괜찮아 보였다. 이게 첫 번째 실수였다.

샤워를 하고 머리를 말린 뒤 계속 미치와 이야기를 나누며 야구를 시청했다. 나는 뉴욕시에서 얼마나 즐거웠는지, 뜻밖의 재미가 얼마나 많았는지 이야기했다. 멕시코에서 맺은 인연이 발 마사지까지 연결된 이야기도 했다. 미치는 자신이 반사요법을 배워서 발 마사지를 할 줄 안다고 했다. 그러면서 몸을 낮춰 내 발을 잡고 주무르기 시작했다. 나는 발 마사지를 받고 싶은 마음이 조금도 없었지만 여성으로 교육받은 예절과 손님이라는 내 위치 때문에 간접적으로 미묘하게 거절할 수밖에 없었는데 결국 효과가 없었다. 내가 웃으면서 "괜찮아요. 발 마사지 안 받아도 돼요"라고 말하며 몸을 움츠렸는데도 그는 알아차리지 못하는 것 같았다. 미치의 손놀림이 뉴욕에서 만난 마사지사와 똑같았기 때문에 반사요법을 배웠다는 게 거짓말은 아닌 것 같았다. 하지만 머릿속으로 도망칠 궁리를 하는 내 몸 세포 하나하나가 무척 나약하게 느껴진 것도 사실이다. 미치는 교장이었고 자전거를 타는 아버지였지만 그래도 나는 싸울 준비를 했다. 발을 내려놓자 비로소 안도할 수 있었다. 이게 두 번째 실수였다.

그가 갑자기 내 얼굴을 손으로 감싸고 키스를 시도했다.

나는 눈길을 피하며 홱 몸을 뺐다. 여기는 그의 집이었고 짐도 다 풀어둔 데다 밖은 어두웠다. 달리 방법이 없어서 겨우 "이제 잘게요"라고 외치고 손님방에 들어가 문을 닫았다. 수만 가지 최악의 상황이 머리에 떠올랐다. '어쩜 이렇게 멍청하게 굴 수가 있어? 이제 어떻게 해야 해?' 나는 핸드폰과 주머니칼을 손에 들고 미치가 문을 열 때를 대비해 짐을 모두 문 앞으로 옮겼다. 이 정도면 밤을 보내도 되겠다고 생각하기로 했다.

아침이 되었고 우리는 둘 다 공손했다. 미치는 아무 일 없었던 듯 굴었고 나는 아직 경계심을 풀지 않은 채 그가 사과하기를 기다렸지만 소용없었다. 서둘러 자전거에 짐을 실었다. 마침내 도로에서 혼자가 되었을 때 지난밤을 털어버리려 미친 듯이 페달을 밟았다. 한참을 달려도 기분 나쁜 감정은 사라지지 않았고, 그런 상황을 초래한 스스로가 바보 같았다. 공손한 손님으로서 어떻게 거절의 뜻을 전해야 했을까. 내가 분명 불편한 감정을 표시했는데도 무시하고 사과하지 않은 그의 무책임함에 화가 났다. 이용당한 것 같았다. 무엇보다도 자전거 여행의 핵심 기술인 사람의 마음을 읽고 바른 판단을 내리는 능력에 대한 자신감이 사라졌다. 그저 나쁜 일은 생기지 않았고 나 역시 그럴 수밖에 없었다는 생각으로 멀리멀리 달렸다.

우주가 나를 위로하듯 제왕나비 여섯 마리가 길가에 핀 분홍 엉겅퀴꽃 사이에서 팔랑거렸다. 곧 칙칙한 갈색부터 화려한 노란색까지 다양한 나비들이 줄줄이 나타났다. 꿀을 훔치려 날카로운 엉겅퀴 가시 사이를 탐험하는 여러 색의 날갯짓을 지켜보다가 호랑나비의 호랑이 무늬와 보석 같은 점박이 무늬에 빠져들었다. 눈을 크게 뜨고 좀 더 수수한 갈색과 크림색 날개를 따라 나비들의 세계로 들어갔다. 미치의 기억이 멀리 사라질 때까지.

날이 저물 때까지 자전거를 멈추지 않고 오르막을 올라 숲속 깊이 들어갔다. 산비탈에 거의 평지에 가까운 자리가 있었다. 굴러떨어지지 않게 여벌옷과 빈 패니어를 지대가 낮은 쪽 에어매트리스 밑에 깔았다. 소름 끼치는 발 마사지도 불편한 눈치 게임도 없이 숲에 혼자 있을 수 있어 감사했다. 나는 숲에 푹 파묻혀 완전히 긴장을 풀었다. 다음 날도 다른 집을 방문할 예정이라 잠을 푹 자며 마음의 준비를 했다. 완전히 준비됐는지는 모르겠지만.

걱정할 필요는 없었다. 제왕나비를 사랑하는 돈과 브루스는 미치의 집에서 보낸 불안한 밤을 위로하고도 남을 사람들이었다. 두 사람이 키우는 반려동물과 야생 동물 손님들 사이에 있으니 마음이 편안했다. 그 집에는 개 세 마리, 거북이 한 마리, 개구리가 되어가는 올챙이들, 제왕나비 애벌레 수십 마리가 있었다. 오랫동안 자유롭게 이 얘기 저 얘기 나누다 보니 안전한 기분이 들었다.

돈과 브루스는 예술가이자 교사로 정말 흥미로운 사람들이었다. 여름 방학 동안 둘은 오전에는 동물들을 돌보고 오후에는 작업실로 개조한 차고에서 점토로 작품을 만들었다. 개들이 앞마당 파라솔 밑에서 어슬렁거리고 길가에 자라는 밀크위드가 바람에 흔들리는 동안 나도 점토로 자전거에 올릴 제왕나비를 빚었다.

돈과 브루스의 생활에 감동한 나는 그곳에 머무는 동안 나역시 계절 사이의 우주를 이해하고 제왕나비가 찾아올 수 있을 정도로 여유 있는 삶을 살아야겠다고 생각했다. 여행을 통해 나는 수많은 가능성에 눈뜨게 되었고 다양한 생활 방식을 알게 되었다. 나를 초대하면서 집 상태를 걱정하는 사람들이 많았는데 나는 마치 의사처럼 이들을 안심시키곤 했다. "걱정하지 마세요. 제가 별별 데를 다 가봤거든요." 실제로 비좁은 트레일러, 거대한 저택, 너무 깨끗한 집, 너무 더러운 집, 탈의실, 박물관, 헛간, 교실, 소방서, 무용실 등 여러 곳에서 잠을 자면서 옳고 그른 방식이 따로 없다는 걸 알게 되었다. 나는 그저 작은 오두막에서 자전거로 마을 의회를 오가고, 마당 연못을 찾는 개구리를 반기고, 그림자를 드리우는 주변 나무를 속속들이 아는 미래를 꿈꿨다. 이제는 돈, 브루스와 함께 점토를 만지며 세상 시름을 잊었던 작업실을 내 꿈의 집에 추가했다.

하지만 하루 더 머무는 건 가능해도 나는 여전히 자전거 여행 중인 방랑자였다. 모든 만남이 헤어짐으로 마무리될 수밖에 없다. 왔을 때보다 더 건강해져서 작별 인사를 나누고 텅 빈 마음을 탁 트인 길로 달랬다. 바람에 흔들려 고개를 푹 숙인 장밋빛 등골나물 꽃들과 미개간지 너머로 점점 희미해지는 농가 사이로 높이 쌓인 초록빛 홉(hop)의 냄새를 맡으며 길을 달리다가… 이야! 급하게 양쪽 브레이크를 꽉 잡았다.

처음에는 작은 벌새라고 생각했지만 다시 보니 벌새랑 비슷한 나방이었다. 녹슨 비늘을 두른 창문 모양의 작은 날개로 꽃송이를 우아하게 들락거리는 박각시나방이 꽃잎과 꽃잎 사이에 보이지 않는 무늬를 새기고 있었다. 태양이 꽃들을 사로잡고 꽃들이 박각시나방을 사로잡고 나방이 그리는 그림이 나를 사로잡는 동안 다른 생각은 어느새 사라졌다. 우리는 길을 따라 작은 것부터 큰 것으로 시야를 넓히며 쌓이는 러시아 인형 같았다.

뉴욕주의 심장부로 들어가는 길은 제왕나비도 많고 기분도 좋았다. 어느 날 간식을 먹다가 구더기로 뒤덮인 스위스치즈를 한 입 베어 문 강렬하고 구역질나는 경험도 내 기분을 망치지 못했다. 빙하가 손톱으로 할퀸 듯한 뉴욕 핑거레이크스(Finger

Lakes)의 호수들 사이 언덕들을 오르며 사냥하는 물수리, 놀란 표정의 스컹크, 햇볕 아래 똬리를 튼 뱀이 자리잡고 있는 숲과 물의 세상을 만났다. 세상이 희미한 조각달에 의지할 때쯤 라이트를 켜고 야영할 자리를 찾았다.

체념한 듯 소들에게 길을 내준 작은 공유지에서 적당한 자리를 찾았다. 거의 마른 진흙땅이 푹푹 패어 더러운 골프공 표면 같았다. 이제 쉽고 빠르게 저녁 일과를 마칠 수 있게 되었다. 나는 잠시도 쉬지 않고 텐트를 치고 파자마로 갈아입고 에어매트리스를 불고 침낭을 꺼내고 헤드램프를 쓰고 여벌옷으로 베개를 만들고 나머지 짐은 구석에 몰아놓고 대충 샌드위치를 만들어 먹고 그날의 여정을 일기장에 간단히 적었다. 이렇게 집안일이 끝나자 잠시 하늘에 뜬 별을 보며 피곤한 근육을 쉬게 한 후 일을 시작했다.

다른 자전거 여행자들과 달리 나는 거의 매일 밤 몇 시간씩 컴퓨터 앞에 앉아 일했다. 제왕나비를 위해 목소리를 내려면 블로그, 영상, 사진, 직접 그린 수채화 감사 카드, 경로와 일정, 산더미 같은 이메일 등을 처리해야 했다. 키보드 소리가 귀뚜라미의 세레나데와 제법 멋지게 어울리고 노트북 화면의 불빛이 마치 두 번째 달처럼 빛났다. 참 특이한 사무실이다.

바람과 구름이 음울한 경고를 보내더니 핑거레이크스의 다섯 개 주요 호수 중 세 번째로 찾은 캐넌다이과호 근처에서 급기야 장대비가 쏟아졌다. '과연 가운뎃손가락이네!' 차가운 빗물이 소매를 따라 흘러 들어오고 신발에는 작은 강줄기가 여럿 생겼다. 몸에 열도 낼 겸 내 몸의 안락함은 내가 책임진다는 생각으로 계속 달렸다. 캐나다를 거쳐 멕시코로!

외진 교회의 축축한 땅에서 축축한 밤을 보낸 후 서쪽 호수들은 건너뛰기로 하고, 제니시강의 깊은 협곡과 폭포를 따라 자리한 길고 좁은 레치워스 주립공원(Letchworth State Park)으로 들어갔다. 깔끔하게 정리된 들판과 갓길에서 느낀 실망감은 공원의 주요 볼거리인 협곡을 보자마자 사라졌다. 협곡의 오래된 바위들이 내 어두운 기분을 몰아냈다. 산책로에서 훨씬 멀리 그리고 훨씬 아래로 펼쳐진 바위 계곡 바닥에는 저돌적인 강물이 성난 물길을 계단식 폭포로 쏟아붓고 있었다. 깔끔하게 정리된 것은 아무것도 들어올 수 없었다. 아래에서는 처음 보는 물고기가 급류를 따라 헤엄치고 위쪽으로는 독수리, 비둘기, 갈까마귀가 공기의 강을 타고 흘렀다.

지치고 길도 막혀 있어 그곳에 서 있을 수밖에 없었지만 마음만은 협곡을 따라 굽이치는 물길을 따라갔다. 길들지 않은 지구의 혈관을 따라 이동하는 짜릿함을 상상하니 강물의 힘이 느껴졌다. 인간은 베고 뿌리고 밀어붙이고 메우고 빼내고 죽이겠지만 결국은 자연이 이길 것이다. 자연의 단호함과 의지가 느껴졌다. 물과 바위와 동물과 식물은 아무리 지쳐도 흔들리지 않고 일어설 것이다. 피해는 입겠지만 결국엔 자연이 이길 것이다.

강물은 대부분 중력과 공기의 혼합 속에 아래로 떨어지며 파란색에서 하얀색으로 바뀌었다. 하지만 일부 반항하는 물방울은 위로 튀어올라 저항의 아름다움을 부르짖는 무지개가 되었다. 내 눈이 물을 바라보는 동안 몸은 뿌연 안개에 젖고 귀는 사나운 물소리에 시달렸다. 물은 시끄럽고 당당했다. 미안한 기색이라고는 없었다.

공원 한구석에서 몰래 조용히, 하지만 경건한 마음으로 불법 야영을 감행하면서 방랑하는 물소리에 귀기울였다. 어둠이 내려와도 강물은 멈추지 않을 것이다. 텐트를 다 치고 안에 들어가 있어도 폭포가 떨어져 내린다는 걸 알 수 있었다. 강물에서 멀리 떨어진 지금도 여전히 물이 흐른다는 사실이 위안을 준다.

어두운 숲속 그리고 텐트 속의 침낭에서 나를 안심시키는 지구의 심장 소리를 들으며 제왕나비를 생각했다. 제왕나비 역시 우리가 볼 수 없을 때에도 고집스럽게 자기 길을 간다. 우리가 계속 집을 내주기만 한다면 제왕나비 역시 언제나 봄 홍수처럼 찾아와 물안개에 뜬 무지개처럼 날아오르다 추위가 찾아오면 떠나갈 것이다. 이주자, 방랑자, 여행자, 유목민…. 제왕나비는 삶이 힘들 때나 기쁠 때나 존재하는 그 자리를 집으로 삼는다. 하지만 (인간을 비롯한) 다른 모든 생명체와 마찬가지로 환영받는 땅에서 더 편안할 것이다. 달콤한 꽃꿀, 푸른 풀잎, 맑은 물이 있는 땅, 미소와 물결과 정원이 기다리는 땅에서 더 행복할 것이다.

그날 밤 내 이웃은 나무였고 이부자리 밑에는 침엽수 낙엽이 환영 매트처럼 깔려 있었다. 110킬로미터 떨어진 캐나다가 나를 기다렸다. 내 계획은 다음 날 밤까지는 이 나라에 머물며 뉴욕주 버펄로 끄트머리에서 자고 그다음 날 아침에 국경을 넘는 것이었다.

다음 날 점심때쯤 되자 내 계획이 어리석었음을 깨달았다. 버펄로의 교외가 생각보다 훨씬 붐벼서 편하게 캠핑하려던 희망이 무참히 깨졌다. 잠잘 곳을 찾기 위해 전화기를 꺼냈다. 구글 지도로 교회와 학교 열 몇 군데를 찾아 직접 가봤으나 마땅한 곳이 없었다. 교회의 조용한 구석 자리는 신도들이 차지했고 여름에는 보통 아무도 찾지 않는 학교 운동장도 축구 선수와 응원하는 학부모로 시끌시끌했다. 시내로 들어갔다. 벽돌 건물과 도로가 늘어나면서 내 가능성도 점점 희박해졌다. 해가 떨어지며 위기감이 더해졌다. 시시각각으로 낮아지는 해를 따라 내 선택지도 점점 좁아져 절망에 빠져 있던 때였다.

한 군데 더 수색 작전을 펼치러 한 교회에 들어갔다가 드디어 희망을 발견했다. 울타리 따라 나무가 자라는 구석진 자리가 있었다. 이제 거의 텅 빈 주차장을 눈에 띄지 않게 지나가기만 하면 된다.

하지만 너무 늦었다.

사람들 몇 명이 차 옆에 서서 나를 주시하고 있었고 그들의 허락을 받기 위해 무슨 짓이든 해야 했다. 나는 그들에게 내 여행과 현재 상황을 설명했다. 그들은 나와 자전거를 찬찬히 살피며 고민하다가 결국 교회의 널찍한 잔디밭을 내줄 수 없다고 했다. 멀리 떨어진 곳도 안 되고 아침 일찍 나가도 안 되고 날도 어두운데 갈 곳도 없는 내 처지를 듣고도 안 된다고 했다. 무슨 보험 때문이라고 했다.

그 순간 스트레스가 극에 달했다. 그 사람들이 문제인 것도 아니고 내가 화를 낼 권리도 없지만 너무 절박한 마음에 사람들의 눈을 바라보며 쏘아붙였다. "예수님이라면 날 거부하지 않았을 거예요!" 길 쪽으로 자전거를 돌리면서도 비열한 말을 했다는 후회가 들기는 했다.

"잠깐만요." 털털거리는 SUV에 탄 한 여성이 말했다. 발걸음을 멈췄지만 변명을 늘어놓을 기분은 아니었다. 그들에게 죄책

감을 심어줬다고 사과할 생각은 없었다. 여자는 나에게 몇 가지 질문을 던졌고 나는 짧게 대답했다. 정성 들여 대답할 시간이 없었다.

"당신 말이 맞아요. 하지만 여기서는 잘 수 없어요. 대신 우리 집에서 자도 돼요. 난 바로 저쪽에 살아요." 그녀는 도로 건너편을 가리켰다. 이제 내가 부끄러울 차례였다. 내 부적절한 행동에 그녀는 우아하게 대응했다. 나도 말했다. "고마워요. 그럼 고맙겠어요."

헤더 시더는 네 명의 자녀인 미아, 루시, 주드, J.P가 탄 차를 끌고 길 건너편으로 갔고 나도 따라갔다. 가족이 안내해 준 마당에서 텐트 칠 곳을 살피다가 울타리와 창고 사이에 밀크위드가 자라는 게 보였다. 에너지 넘치는 아이들과 쉬지 않고 뛰어다니는 개를 피해 쑥 자라난 밀크위드를 향해 곧바로 뛰어갔다. 작은 1령 애벌레 두 마리가 잎을 갉아먹고 있었다. 다른 잎을 뒤집어 봤다. 알 두 개가 참을성 있게 앉아 곧 시작될 장황한 삶을 기다리고 있었다. 이곳은 그냥 마당이 아니라 제왕나비의 이동에 없어서는 안 될 대륙의 한 조각이었다.

우리는 옹기종기 모여 내가 멕시코에서 본 제왕나비의 증손자 정도 될 배고픈 애벌레를 관찰했다. 애벌레들은 우리뿐 아니라 멕시코와 캐나다까지 이어주는 연결고리였다. 아이들은 마당을 돌아다니며 다른 밀크위드를 찾기 시작했다. 그동안 나는 헤더에게 죽은 가족이 제왕나비가 되어 우리를 찾아온다고 믿는 사람들이 있다고 이야기해 주었다.

이 말을 들은 헤더는 표정이 변하더니 딸 매기가 유산되지 않았다면 다음 날 태어났을 거라고 조용히 말했다. 우연일 수도 있지만 그저 우연만은 아닌 것 같았다. 우리는 함께 애벌레를 바라보았다.

과학은 내게 가능성을 받아들이라고 가르쳤다. 모든 걸 다 알 수 있다는 오만함에 빠지지 말라고. 에너지는 창조되지도 파괴되지도 않는다. 나비는 그저 나비일 뿐이라고 누가 단언할 수 있을까? 내 삶을 바꾸고 딸과 여동생을 찾아보게 만드는 제왕나비의 날갯짓이 세상을 바꾸지 않는다고 누가 말할 수 있을까? 우리가 죽으면 그 기운이 제왕나비에게 전해져 우리가 주황빛 날개를 달고 이 낯설고도 아름다운 세상을 다시 탐험하지 않을 거라고 누가 말할 수 있을까?

밤이 되어 우리는 작은 애벌레를 마당에 두고 집 안으로 들어와 남은 피자를 먹었다. 버려진 기분으로 교회 주차장에서 화를 내던 내가 몇 시간 후 이런 저녁을 맞을 줄은 상상도 하지 못했다.

다음 날 아침에는 꼭 일찍 출발해야 했다. 캐나다의 온타리오에서 강연하기 전 나이아가라 폭포를 돌아보고 싶었기 때문이다. 하지만 헤더와 아이들 그리고 마당에서 자라는 신비한 제왕나비 애벌레들과 맺은 교감 때문에 망설여졌다. 내가 꼭 와야 할 곳에 온 것 같았고 아직 떠날 때가 아닌 것 같았다. 그 가족에게 내가 있어야 하고 내게도 그 가족이 있어야 할 것만 같았다. 그래서 헤더가 다음 날 같이 근처 호수에 놀러가자고 했을 때 순간 망설였을 뿐 바로 그러겠다고 대답했다. 자전거를 더 빨리 달리면 몇 킬로미터 정도는 금세 만회할 수 있고 나이아가라 폭포와 온타리오도 기다려줄 것이다. 자전거만 타려고 온 여행은 아니니까 말이다.

우리는 차를 타고 자연이 만든 수영장으로 떠났다. 연못과 호수의 중간쯤 되는 크기인데 물가에는 밀크위드와 다른 꽃들이 자라고 있었다. 물결에 일어난 모래가 한 무리의 올챙이에 점무늬처럼 덮였다. 햇볕을 쬐던 개구리가 차가운 물로 풍덩 뛰어들며 반가움을 표시하자 아이들은 곧장 뒤쫓아갔다. 나는 아이들과 개구리 둘 다 응원했다.

호숫가의 밀크위드를 살펴보고, 놀란 두꺼비까지 잡아 연구하고 놓아준 후, 깊은 물에 가보기로 했다. 호숫가를 살금살금 거닐던 왜가리가, 작은 배를 꺼내 올라타느라 씨름하는 우리를 구경하고 있다. 몇 년 전 카누로 미주리강을 완주한 나로서는 호수가 무척 작아 보였지만 배에 타니 마음이 편했다. 나는 뱃고물에 앉아 배를 마음대로 조종하는 권력을 누리며 아이들을 이끌고 작은 모험을 즐겼다. 물가에 뜬 통나무에서 햇볕을 쬐는 거대한 황소개구리를 발견한 우리는 늪에 사는 악어를 흉내내며 쫓아갔다. J.P가 살금살금 개구리를 향해 몸을 숙이자 나는 반대편으로 몸을 밀어 배의 균형을 잡았다. 천천히… 조용히….

"으악!" 모두 비명을 질렀다.

두 가지에 놀랐다. 우선 우리는 물에 빠지지 않았다. 그리고 J.P가 자기 머리통만 한 개구리를 손에 들고 있었다. 다들 자연 속 이야기의 주인공이 되었다는 놀라움과 뿌듯함에 순수한 행복감을 느꼈다(개구리는 빼고). 하루 종일 자전거를 탈 수도 있었겠지만, 그랬다면 아이들의 경이에 찬 표정이 지금도 생생하게 기억나는 일은 없었을 것이다. 몇 분 후 풀려난 개구리는 배 안을 뛰어다니다 호들갑스러운 만류를 뿌리치고 자유를 찾아 뛰쳐나갔다.

그렇게 하루가 지나고 떠날 시간이 되었다. 달콤하면서도 씁쓸한 여행자의 운명이여. 이틀 전에는 타인이던 우리가 헤어지는 게 이렇게 마음 아프다니. 다시 만날 때까지 안녕! 페달을 밟기 시작하자 아직 정리되지 않은 지난 48시간의 기억이 머릿속에서 아우성쳤다. 헤더의 집에서 몇 킬로미터 멀어지며 길이 주는 리듬에 빠져드는데 SUV의 익숙한 털털 소리가 들렸다. 운전석에 탄 헤더가 길가를 가리켰다. 차가 멈추자 아이들이 눈물을 흘리며 뛰어나왔다. 마지막으로 아이들을 몇 번이고 껴안아 준 다음 캐나다로 향했다.

캐나다의
제왕나비 집사들

8월 11 ~ 18일
9,664~9,959km

두 번째로 캐나다에 들어가는 길, 공사 중인 다리를 지나 화난 출입국 관리인에게 심문에 가까운 질문을 들었다.

"총은요?" 직원이 지루한 목소리로 물었다.

"없어요." 깜짝 놀랐다. 자전거 여행에 총을 가지고 다니는 건 상상할 수 없는 일이다. 목에 위협이 느껴진다 해도 총을 갖고 싶다는 생각은 절대 하지 않을 것이다. '차라리 피아노를 싣고 다니죠.' 생각은 이렇게 했지만 말로 하지는 않았다.

"칼은요?" 직원이 계속해서 맹렬한 기세로 질문을 이어갔다.

"없어요."

"곤봉은요?"

"절대요."

"그럼 대체…." 직원은 과장되게 진지한 표정으로 말을 멈췄다가 다시 이었다. "어떻게 자신을 보호합니까?" 그 말 자체가 위협적이었다.

"빨리 달리죠." 내가 장난스럽게 웃으며 대답했다. 여자는 전혀 미동도 없이 내 낡은 자전거와 중고로 산 낡은 셔츠를 훑어봤다. 그러더니 마침내 농담하면 안 된다고 차갑게 말했다.

농담이지만 진담이기도 했다. 무기를 소지한다고 해서 안전하지도 않을 것이고 내가 의지하는 믿음만 사라질 것이다. 자전거 여행은 깨어 있음, 상식, 이성, 행운에 의존하고 무엇보다 신뢰가 중요하다. 남을 불신하고 무기까지 든 여행자를 자기 집에 재워줄 사람이 있을까? 학교에서도 나를 받아줄 리 없다.

무기를 들지 않은 이유를 굳이 설명하지는 않았다. 그러나 직원은 계속 공격적인 질문을 해댔고 나도 마음이 불편해졌다. 차가운 태도에 심장이 두근거리기까지 했다. 아까 건너온 평화의 다리(Peace Bridge)라는 이름은 이곳과 전혀 어울리지 않는 것 같았다.

질문 세례가 끝나고 입국 허가를 받아 캐나다에 들어가자 내가 그나마 운이 좋았다는 걸 알 수 있었다. 나 같은 여행을 할 수 있는 사람이 많지는 않았다. 나보다 용감하지 않거나 모험심이 부족하거나 체력이 달리는 등의 이유 때문이 아니라 단지 다른 나라 여권을 가지고 있어서 국경을 넘지 못하는 사람이 많았다. 출입국 직원과의 면담은 한 번 웃고 말면 될 뿐, 해결할 수 없는 막다른 길은 아니었다.

나는 제왕나비를 보고 싶은 마음에 고개를 들었다. 두 나라 사이를 자유롭게 오가는 나비를 보고 싶었다. 아니, 내가 대신 강위를 날아가 이 강이 경계, 울타리, 한계가 아니라 서로의 땅을 이어주는 길임을 직접 느끼고 싶었다. 강은 산과 바다를, 도시와 마을올, 하늘과 땅을 연결한다. 하지만 아무리 하늘을 둘러봐도 뿌연 구름밖에 없었다. 코끼리가 아이스크림을 핥아먹는 모양의 구름만이 미국에서 캐나다로 흘러가고 있었다. 그거면 됐다.

"안 돼요! 안 돼!" 다른 출입국 직원이 미친 듯이 손을 흔들어대는 바람에 나의 사색은 중단되고 말았다. 직원의 입 모양, 몸동작, 짜증난 표정으로 보아 어디로 가면 안 되는지는 알겠는데 어디로 가야 할지는 알 수 없었다. 당황해서 서성대다 다른 자전거 타는 사람이 손짓으로 알려준 덕에 보행자용 경사로를 따라 캐나다의 고요함 속으로 들어갔다. 세차게 흐르는 나이아가라강과 나란히 이어진 조용한 도로를 따라 자전거를 굴렸다.

몇 킬로미터만 가면 50미터 넘게 수직으로 떨어지는 폭포가 나타날 것이다. 나는 캐나다와 뉴욕주의 경계에서 캐나다와 미시간주 경계까지 800킬로미터 넘는 거리를 달리며 빽빽한 일정을 소화해야 했다. 강연이 잡힌 날짜에 동그라미를 쳐놓은 다이어리를 보면, 8월에는 11, 13, 14, 16, 17, 19, 22, 23일에 표시가 되어 있었다. 곧 대화, 회의, 인사, 강연, 배움으로 이어지는 나만의 급류에 뛰어들어야 했다. 하지만 지금은 호스슈 폭포*로 이어지는 긴 물줄기를 따라 달리는 데 집중했다.

이곳에 오기 전에는 폭포가 발전이라는 감옥에 갇힌 죄수 같을 거라고 상상했다. 집, 상점, 네온 불빛에 가려 폭포는 거의 보이지 않고 고층 호텔들만 쭉쭉 뻗어 있을 거라고 생각했다. 하지

---

* Horseshoe Falls, 나이아가라 폭포 중 하나로 캐나다 쪽에 있다. —옮긴이

만 우르릉거리며 쏟아지는 강물과 그 위로 후광처럼 피어난 물안개를 보며 달리는 길은 놀라울 정도로 상쾌했다. 물론 건물은 있었지만 강도 잘 보존된 것 같았다. 잠시 멈춰서 하얗게 부서지며 사라지는 강물을 바라보았다. 물이 떨어지기 직전 물고기들이 모여 있는 조용한 소용돌이를 향해 흥분한 제비갈매기들이 돌진하더니 점심거리를 낚아챈다. 강물은 질서 있게 절벽으로 떨어지고 관광객들도 침착하고 질서정연하게 기다린다.

포효하는 물소리에 다른 소리는 모두 사라졌다. 사람들의 소소한 대화도 자동차 소음도 콰르릉거리는 폭포 소리에 묻혔다. 맨 위에서 솟아오르는 물이 오자크 강물 같은 터키색 띠를 이룬다. 내가 아무리 물감을 잘 섞어도 만들지 못했던 그 색. 비스듬히 낙하하는 푸른색과 초록색 물은 점점 하얗게 변하고 가마우지와 갈매기만이 빈 화폭을 지나간다. 나는 물을 보고 들으며 저 아래에서 빙빙 도는 물길과 바윗덩어리들이 오랜 세월 엎치락뒤치락 싸우는 광경을 상상했다. 겸손하지만 강력하고 자비심 넘치지만 단호한, 우리 행성 최고의 모습이었다.

물안개 위로 제왕나비 한 마리가 맴돌았다. 우리는 함께 계속해서 캐나다로 들어갔다.

힘차게 내리꽂히는 폭포수처럼, 온타리오 남부의 열정적이고 헌신적인 제왕나비 애호가들도 자신들의 땅에 더 나은 미래를 새기고 있다. 이들의 활동은 이제 멈출 수 없는 흐름이 되었다. 여러 활동가를 방문하고 만나는 동안 나 아닌 그들이 방향을 잡는 배에 탄 기분이었다. 처음에는 온타리오 남부를 지날 생각이 없었는데 그들의 열정이 멀리서도 느껴질 만큼 강력해서 경로를 수정하게 되었다. 몇백 킬로미터를 돌아갈 가치가 충분한 곳이었다.

온타리오주 벌링턴 근처의 왕립식물원(Royal Botanical Gardens)과 브레슬라우 근처의 그린웨이 가든센터(Greenway Garden Centre)에서 강연한 후 스트랫퍼드로 들어가 바브 해킹의 집에 도착했다. 교직에서 은퇴한 바브는 교실에서 철마다 애벌레를 키우며 제왕나비와 인연을 맺었다. 바브는 매년 학생들의 호기심 어린 눈빛 아래 나비가 허물을 벗을 때마다 학생들도 쑥쑥 성장하는 게 보였다고 한다. 인간과 나비의 상호 작용은 이질감을 익숙함으로, 무관심을 경이로움으로 변화시켰다.

바브의 집에 간 건 처음이지만 바브를 처음 본 것은 아니다. 우리는 이 여행을 시작하기 전 멕시코에 있을 때 만났고 에리카, 린과 함께 피에드라에라다 군집으로 당일치기 여행도 다녀왔다. 내가 멕시코에서 출발할 때는 바브뿐 아니라 역시나 충실한 제왕나비 집사인 달린이 손을 흔들어주었다. 두 사람은 비행기로 돌아와 여름을 맞이했고 나는 다섯 달 동안 자전거로 9,876킬로미터를 달려 이곳에 왔다. 늘 새로움의 연속인 여행길에서 익숙한 두 사람을 만나니 뉴욕에서 에리카와 린을 만났을 때처럼 포근한 안식처를 찾은 기분이었다.

이제 퇴임한 바브는 새로운 방법으로 나비의 한살이를 함께하고 있다. 주방에서 제왕나비 애벌레를 거의 다 자랄 때까지 키운 후, 돌보는 방법을 적은 설명서와 함께 이웃에게 전달하는 것이다. 설명서에는 애벌레에게 앞으로 일어날 변화와 각 단계의 이름까지 상세히 적혀 있다. 번데기는 유충에서 성체가 되기 전

가만히 있는 단계를 말하고, 고치는 비단실로 된 보호막을 일컫는 것으로 대개 나방의 번데기에만 고치가 있다 등등. 아름다움은 이런 디테일에서 나온다.

우리는 마을을 돌아다니며 제왕나비 아기들을 돌보는 이웃들을 만났다. 다들 줄무늬 모양의 유충이 에메랄드그린색 번데기로 변하는 것을 보며 경이로움을 느꼈다고 한다. 이들은 번데기의 황금색과 검은색 점을 관찰하며 다음 변신 단계를 직접 볼 수 있기를 손꼽아 기다렸다.

자연은 약해진 모습을 잘 드러내지 않기에 사람들이 그런 변신을 목격하기는 쉽지 않다. 뛰거나 싸울 수 없는 번데기는 10~14일간의 과도기를 보호색에 의지해 살아남는다. 애벌레들은 대부분 번데기가 되기 전 밀크위드를 떠나는데 10미터나 이동하기도 한다. 야생의 풀숲에 매달린 번데기는 도무지 찾기 어렵다. 제왕나비를 찾느라 수백 시간을 보낸 나지만 야생에서 번데기를 본 적은 한 번도 없다(밀크위드를 키우는 뒷마당의 접이식 의자 밑면에서 찾은 것 빼고). 나 역시 제왕나비의 위대한 한살이 과정을 지켜보기 위해서는 임시로 사람 손에 맡겨진 애벌레를 유리와 그물 너머로 지켜보는 수밖에 없었다.

바브가 만든 작은 울타리 너머로 미세한 비밀을 가득 품은 채 참을성 있게 매달린 번데기를 지켜보았다. 조금 더 오래 관찰했다면 비늘 색깔이 올라오면서 초록색 번데기가 주황색, 검은색, 흰색의 성체로 바뀌는 모습을 볼 수 있었을 것이다. 얇고 투명한 번데기 껍질이 갈라지면서 축축하고 구겨진 제왕나비가 우화하고, 새로 태어난 어른 나비가 떨어지지 않기 위해 속이 빈 번데기를 붙잡고 매달리는 모습도 볼 수 있었으리라.

갓 우화한 제왕나비는 아직 날 준비가 되어 있지 않다. 배는 포동포동한데 날개는 작고 약한 커튼 같다. 이 부푼 배에서 구겨진 날개로 혈림프(곤충의 피)를 보낸다. 액체 뼈대라고 할 수 있는 이 초록 유동체가 단단해져야 날개를 펼칠 수 있다. 서너 시간 지나면 날 준비가 끝난다.

나비의 날개가 되고 다리, 눈 등 다른 성체 기관이 될 원시 세포는 1령 애벌레일 때부터 존재한다. 제왕나비가 아직 날아가기 전 처음으로 우아한 날개를 펴는 모습을 보고 있으면 모든 과정을 이미 알고 있더라도 믿을 수 없다는 생각이 든다.

바브와 바브가 키운 애벌레 덕분에 제왕나비를 아끼는 모든 사람이 자연의 가장 은밀한 순간을 목격하고 제왕나비 집사가 될 기회를 얻을 수 있다. 바브는 제왕나비의 1년을 책임지는 연결망을 만들어 지역 공동체를 이어주고 있었다.

"땅콩버터 좋아해요?" 바브가 물었다. 피자에 나비 모양 와플까지 먹었는데 아직도 음식 이야기를 하다니.

"그럼요." 뭐, 땅콩버터를 싫어하진 않으니까.

곧 온타리오 남부에 머무는 동안 사람들이 나를 관찰하고 기록한다는 걸 알게 되었다. 내가 연구 대상이 된 것이다. 하지만 귓속말을 전달하는 놀이처럼 내가 원래 한 말이 다시 전달될 때는 살짝 달라졌다. "저는 땅콩버터를 좋아해요" 같은 말이 제왕나비 애호가들 사이를 돌면 "저는 땅콩버터를 정말 좋아해요. 없으면 못 살죠"로 바뀌었다.

나는 입맛이 까다롭지 않아서(가능하면 채식을 하려고 노력하지만) 거의 음식을 가리지 않는다. 또 여행할 때는 같이 식사하자는 제안을 잘 받아들이는 게 먼 거리를 달리는 것만큼 중요하다고 믿는다. 사람들과 음식을 함께 먹으면 그 장소와 더 깊은 인연을 맺을 수 있고 사람들의 관대한 영혼을 느낄 수 있으며 나 또한 감사한 마음으로 보답할 기회를 얻는다. 설사 바브가 내가 좋아하는 음식 대신 순무와 가공 치즈를 줬다고 해도 나는 남김없이 먹고 더 달라고 하면서 정말 맛있다고 거짓 없이 말했을 것이다. 그런 음식은 그냥 음식이 아니라 친절의 상징이니까. 그 결과 온타리오를 지나는 동안 나는 엄청난 땅콩버터와 아이스크림을 받았다(물론 다른 음식도 많았지만).

이때쯤 나는 강연할 때마다 내가 아이스크림을 얼마나 좋아하는지, 그리고 그동안 여행하면서 아이스크림 때문에 어떤 일이 있었는지 이야기하곤 했다. 멕시코에서는 오토바이에 달린 아이스박스에서 딸기 아이스크림을 꺼내 나를 놀라게 한 남자가 있었고, 캐나다에서는 목장에서 직접 짠 우유로 초콜릿 아이스크림을 만들어준 마거릿이 있었다. 가장 최근에는 뉴욕에서 아이스크림이 든 생선을 사준 린도 있었다. 뉴욕에서 먹은 아이스크림 이야기는 동부 해안에서 강연을 마친 후 여자아이 한 명이 다가와 미국에서는 아무도 아이스크림을 주지 않은 거냐며 울먹이는 바람에 추가했다. 아이에게는 나는 미국에서도 아이스크림을 많이 먹었지만 시간이 없어서 이야기하지 않은 것뿐이라고 따뜻하게 말해주었다.

아이스크림 이야기는 하면 할수록 더 많은 이야깃거리가 생겼다. 온타리오주 스트랫퍼드에서 강연을 마치고 청중과 수다를 떨고 있는데 복숭아맛 소프트아이스크림이 기적처럼 내 앞에 딱 나타났다. 사람들이 나 몰래 아이스크림을 사러 뛰어갔다 온 모양이었다. 사람들이 제왕나비를 위해 모인 것만큼이나 나를 위하는 그들의 마음이 그저 놀라웠다. 바브의 집을 떠나 다음 목적지인 온타리오주 런던의 브루스 파커(Bruce Parker)의 집으로 이동할 때는 제왕나비의 이동만큼이나 다음엔 어떤 아이스크림을 먹게 될지 기다려졌다.

자전거를 타고 제왕나비를 좋아하는 브루스는 샤워, 음식, 인터넷 그리고 숨쉴 공간까지 내게 필요한 게 뭔지 정확히 알았다. 그는 다른 사람 집에서 묵는 것도 좋지만 때로는 자전거로 장거리를 달리고 혼자 캠핑하는 것보다 오히려 피곤할 수도 있다는 걸 이해했다. 브루스와 편안하게 대화를 나누다 제왕나비를 기르고 이름표를 붙이는 행위에 대한 내 생각을 이야기하게 되었다.

나는 오랫동안 애벌레를 키우는 게 옳은 행동인지 의심이 들었다. 자연에서 애벌레를 잡아오는 게 제왕나비를 '구한다'고 할 수 있는지 의아했다. 오랜 시간에 걸쳐 증명된 자연의 시스템을 인공 햇빛, 온도 조작, 비정상적인 조명 패턴으로 바꾸는 게 불안하기도 했다. 나는 진화의 힘을 믿었다. 제왕나비는 야생에서 살 때 생존율이 가장 높고 날씨, 포식자, 질병으로 걸러진 가장 적절한 DNA를 물려줄 수 있다. 게다가 여러 애벌레를 한 공간에 키우면 OE 같은 기생충이나 질병이 더 잘 퍼진다.

하지만 여행을 통해 생각이 바뀌었다. 바브를 통해 만난 제왕나비 집사들은 대부분 성실했다. 장비를 주기적으로 소독하고 애벌레를 한곳에 지나치게 몰아넣지 않으며 절대 먼 곳으로 보내지 않았다. 게다가 애벌레를 키울 때 나타나는 장점이 점점 눈에 보였다. 생태계에서 떨어져 나온 이들 애벌레는 자신을 희생해 교사와 안내자 역할을 한다. 생태학적 부담에 정면으로 대항하기보다 사람들이 제왕나비의 세계를 잠시라도 들여다보는 것이 더 중요하다는 생각이 들기 시작했다. 애벌레가 우리를 자연으로 이어주는 다리가 될 수 있었다.

브루스는 내 말을 이해했다. 애벌레를 키우는 다른 많은 사람과 마찬가지로 브루스 역시 자신이 키운 애벌레를 다른 사람들에게 보여주었다.

이렇게 제왕나비를 우리에게 데려올 수도 있지만 우리 또한 제왕나비에게 다가가야 한다.

제왕나비를 기르는 것에 대한 생각은 달라졌지만 몇 가지 사소한 점이 여전히 마음에 걸렸다. 야생 동물은 야생 환경에서 진화해 왔다. 집안의 난방과 전등 빛, 그리고 손으로 꺾어서 넣어주는 밀크위드가 제왕나비의 발달을 왜곡할 수 있다. 그래도 가장 약한 애벌레를 모아 교사 역할을 할 수 있게 키운다면 발달 변수를 최소화할 수 있으리라 생각했다. 결국 이 애벌레들은, 우리가 서식지를 복원하면 더 많은 제왕나비와 야생 동물을 기를 수 있다는 점도 알려줄 것이다.

내가 애정을 담아 '제왕나비에 미친 사람들(Crazy Monarch People)'이라고 부르게 된 온타리오주 남부의 열정적인 제왕나비 애호가들은 애벌레를 키우기만 하지 않는다. 이 시민 과학자들은 가을이 되면 집에서 기르거나 야생에서 잡은 제왕나비에 이름표를 붙이는 대규모 활동을 시작한다. 이름표 붙인 제왕나비를 어디서 찾느냐는 제왕나비가 어디로 가느냐와 사람들이 이동하는 제왕나비를 얼마나 잘 관찰하느냐에 달려 있다. 멕시코에서는 보호구역의 가이드들이 관찰자 역할을 한다. 이름표를 찾아 매년 겨울 보호구역을 방문하는 모나크 와치 대표단에게 가져가면 하나당 수수료 5달러(100페소)를 받을 수 있다. 이름표가 아주 귀한 대접을 받는 이유다. 운 좋게 이름표를 발견한 사람은 스티커를 조심스럽게 접어 교환 시기까지 지갑이나 가방에 보관한다. 사실 나는 이름표 역시 못마땅했다. 아무리 가볍더라도 작은 체구로 먼 거리를 이동하는 나비에게는 너무 무거울 것 같았다. 하지만 근거 없는 걱정이었다. 스티커가 무거웠으면 제왕나비들이 멕시코까지 날아가지 못했을 테니까. 나는 또한 이름표를 부착한 제왕나비를 찾는 과정도 우려스러웠다. 대부분은 양심적으로 이름표를 모으겠지만 밤에 나뭇가지를 흔들어 나비들을 떨어뜨린 후 바닥을 마구 짓밟으며 이름표를 찾는 사람들이 있다는 이야기를 멕시코에서 들었기 때문이다. 이런 일이 실제로 일어나는지 여부보다는 이름표에 이런 희생을 치를 만한 가치가 있는지 더 의문이 들었다. 하지만 이제는 가치가 있다고 생각한다. 더 많이 이해할 때 더 보호할 수 있다. 많은 제왕나비가 사람들의 이해를 높이기 위해 희생되었지만 지식이라는 유산을 남겼다. 아마도 우리가 할 수 있는 최선은 희생된 나비를 기리고 이들을 과학의 선구자로 생각하는 것 아닐까? 우리가 제왕나비에 처음으로 이름표를 붙인 남자를 기억하듯 말이다.

1937년 토론토에 살던 생물학자 프레드 어쿼트(Fred Ur-quhart)는 제왕나비들이 어디로 사라지는지 알고 싶어 제왕나비에 이름표를 붙이기 시작했다. 비에 씻겨 내리지 않는 가벼운 스티커를 찾는 데만도 몇 년이 걸렸다. 결국 가격표 비슷한 스티커를 붙이기로 했다. 1952년부터 잡지 광고를 통해 이름표를 붙일 자원봉사자를 찾기 시작했다. 처음에는 겨우 12명이 응답했지만 1971년에 모인 자원봉사자는 무려 600명이었다. 1972년에는 어쿼트의 아내이자 동료 연구가인 노라(Norah)가 멕시코 신문에 봉사자를 찾는 광고를 냈다. 지금 생각하면 평범한 사람들에게 결코 평범하지 않은 과학 연구에 참여하라고 초대장을 보낸 그 순간이 제왕나비 연구의 가장 중요한 전환점이었던 것 같다. 자원봉사자들의 참여로 이름표 붙이기는 과학 발전에 도움이 되었을 뿐 아니라 지금까지도 이어지는 제왕나비 문화를 만들어냈다.

나는 어쿼트와 함께 제왕나비에 이름표를 붙인 사람들 가운데 존 파워스와 돈 데이비스를 만났다. 돈은 1967년부터 제왕나비에 이름표를 붙였는데, 1988년 9월 10일 온타리오주 브라이턴 근처에서 이름표를 붙인 수컷 제왕나비가 거의 7개월 후인 1989년 4월 8일 4,630킬로미터 떨어진 텍사스주 오스틴에서 발견되었다. 이 제왕나비는 이름표를 붙이고 가장 멀리 이동한 나비로 기네스북에 올랐다.

2019년 세상을 떠난 존 파워스는 아마도 제왕나비 세계에서 가장 영향력 있는 인물일 것이다. 내가 찾아간 날 그는 제왕나비 무늬가 그려진 하와이안 셔츠를 입고 있었다. 그리고 매우 엄숙하게《내셔널지오그래픽》1976년 8월호를 내밀었다. 표지에는 수많은 제왕나비와 함께 있는 카탈리나 아과도의 사진이 있었다. 카탈리나는 멕시코 시골에서 2년째 제왕나비를 조사하던 케네스 브러거와 결혼했다. 케네스는 어쿼트의 자원봉사자 모집 광고를 보고 제왕나비를 찾아다니고 있었다. 케네스와 카탈리나는 걸어서 또는 오토바이, 말, 지프차, 캠핑카를 타고 길에 떨어져 죽은 제왕나비, 공중의 제왕나비 떼, 지역 주민들의 지식 같은 단서를 하나씩 찾아내면서 제왕나비가 겨울을 나는 곳에 접근했다. 1975년 1월 9일 케네스가 어쿼트에게 전화를 걸어 좋은 소식을 전했다. "찾았어요!" 케네스가 흥분해서 외쳤다. "숲속 빈터 옆 상록수림에 제왕나비 수백만 마리가 있어요!" 두 사람이 찾은 곳이 우리가 현재 알고 있는 세로펠론 군집이다.

1년 후 어쿼트 부부는 이 놀라운 현상을 직접 보기 위해 멕시코의 산에 올랐다.《내셔널지오그래픽》기사를 보면 어쿼트는 산행으로 숨이 턱턱 막히는 상황을 무겁지 않게 묘사한다. "노라와 나는 이제 젊지 않다. (…) 심장에 너무 무리가 가면 어쩌지? 이렇게 멀리까지 와서 그토록 기대하던 모습을 보지 못한다면 그런 아이러니가 또 있을까?"

다행히 두 사람의 심장은 버텨주었고 힘든 산행은 수많은 날개로 보상받았다. 평생을 바친 꿈을 드디어 이룬 것이다. 온타리오주의 뒷마당이 멕시코의 산 정상으로 이어진 것은 40년 동안의 노력과 이름표가 붙은 수십 마리의 제왕나비들, 그리고 나비에 이름표를 붙이고 발견한 자원봉사자들 덕분이었다. 제왕나비가 어디에서 여름을 보내는지 잘 알고 있던 이들은 이제 어디에서 겨울을 보내는지도 알게 되었다. 큰 그림을 이해하자 모든 북아메리카인에게 제왕나비를 보호할 책임이 생겼다.

그 40년을 생각해 보았다. 나에게도 한 가지에 40년을 바칠 힘이 있을까?

어쿼트가 1976년 멕시코를 방문한 이야기는 한 편의 시처럼 경이롭게 펼쳐진다. 어쿼트 부부가 제왕나비 군집 속에 서 있는데 8센티미터 굵기의 소나무 가지가 나비들의 무게를 못 이겨 부러졌다. 어쿼트는 쏟아진 제왕나비를 자세히 살피다 놀랍게도 하얀 이름표를 단 나비를 발견했다. 짐 길버트라는 과학 교사가 학생들과 함께 미네소타주 채스카의 미역취 들판에서 붙인 이름표였다. 대지가 확인해 준 자연의 선물이었다.

제왕나비의 겨울나기 장소를 찾았다는 소문이 퍼지기 시작했으나 어쿼트 부부는 누구에게도, 심지어 링컨 브라워 같은 저명한 제왕나비 연구자에게도 이 장소를 공개하지 않았다. 《내셔널지오그래픽》지도에는 제왕나비의 위치가 실제보다 수백 킬로미터 북쪽으로 표시되었지만 브라워와 또 다른 학자 빌 캘버트(Bill Calvert)는 다른 단서들을 들고 제왕나비를 찾아 나섰다. 두 사람은 제왕나비가 모인 위치가 멕시코 미초아칸주의 해발 3,000미터 이상 고산 지대라는 사실을 알고 있었기 때문에 이 정보를 들고 앙강게오의 시장을 찾아갔다. 시장은 제왕나비에 이토록 흥미를 보이는 사람들이 있다는 사실에 놀라워하며 현재 시에라친쿠아로 알려진 제왕나비 군집으로 가는 길을 알려주었다.

나도 멕시코에 있을 때 그 숲을 찾아가 봤지만 두 사람이 얼마나 기뻐했을지는 상상이 되지 않는다. 수십 년 동안의 연구와 헌신과 열정이 드디어 제왕나비 수십억 마리라는 결실로 나타났다. 아마도 내가 지금까지 본 제왕나비보다 많았을 것이다. 아니 인간이 서서히 나비들의 춤을 지우기 시작한 이후 온 세상이 목격한 제왕나비 수보다 훨씬 많았을 것이다. 1976년 겨울 서구 세계가 제왕나비 군집을 찾아낸 이후 제왕나비의 은신처는 무너지기 시작했다. 알아야 보호할 수 있지만 알기 때문에 파괴하기도 한다.

우리가 제왕나비를 그냥 놔뒀다면 어떤 결과가 나왔을까? 계속 고민해 봤지만 결국 우리가 발견해 주지 않았다면 제왕나비는 바람만이 아는 고통 속에서 아주 조용히 하늘을 등졌을 것 같다. 지식은 무지로 인한 상처를 도려낼 유일한 칼이다. 나는 어쿼트와 그를 따른 모든 선구자들의 발자취에 존경과 감사를 표한다.

브루스 파커는 어쿼트의 사명을 이어받아 1988년부터 제왕나비에 이름표를 붙였다. 그는 생물학 교육을 받지는 않았지만 경험으로 과학자가 되었다. 노력과 관찰을 통한 배움이 그를 변화시켰다. 파커는 이름표를 붙인 제왕나비의 날개 길이와 무게를 공책에 기록하며 사실에 기반한 답을 얻어갔다. 나는 모든 관심이 제왕나비에게만 쏠린 그의 적극적인 연구 방식에 감동했다.

가을에 태어나는 제왕나비가 봄여름에 태어나는 제왕나비와 형태학적으로 다른지에 대해서는 정보가 엇갈린다. 초기 연구에서는 낮 길이가 줄어들면 애벌레 발달이 느려져 더 무겁고 날개가 큰 성체가 부화한다고 생각했다. 활공을 많이 하는 장거리 여행을 할 때 날개가 크면 유리할 테니 그렇게 생각할 수 있었다.

제왕나비는 날갯짓과 활공이라는 두 종류의 비행을 한다. 이 중 활공이 더 효율이 높기 때문에 이주하는 제왕나비는 이 방법을 훨씬 많이 쓴다. 제왕나비는 상승 기류를 타고 올라가(많은 새들이 그렇듯) 원하는 방향으로 활공한다. 활공비(滑空比)는 보통 3:1에서 4:1로 3~4미터 앞으로 갈 때마다 고도가 1미터 떨어진다. 하지만 바람이 알맞게 불면 가끔씩 날갯짓을 하면서 고도를 유지할 수 있다. 날개가 크면 표면적이 넓어지므로 높이 올라가기 쉽고 효율도 올라간다. 가을에 부화하는 제왕나비의 날개가 무겁고 큰 이유가 곧 닥칠 임무를 수행하기 위해서인지는 확실하지 않지만 날개가 클수록 비행 효율이 높아지고 성공적으로 이동할 수 있는 것만은 확실하다.

최근 연구에 따르면 여름과 가을에 성장하는 제왕나비는 가을에 발달이 느려지기는 하지만 성체의 크기는 이런 조건과는 상관관계가 없다. 성체가 크면 이동하기 더 수월할 수 있지만 그런 이유로 더 큰 것은 아닐 수 있다는 뜻이다. 그보다는 애벌레일 때 먹는 밀크위드의 상태에 따라 모든 세대가 다양한 크기를 보인다. 모든 크기의 제왕나비가 이주를 시작하지만 날개가 큰 제왕나비만이 여행을 마칠 때까지 살아남을 수 있다. 더 북쪽에서 태어난 나비일수록 더 멀리 날아야 하므로 크고 효율적인 날개가 있어야 살아남을 것이다. 이것이 멕시코에 도착하는 제왕나비 중 위도가 높은 곳에서 태어난 나비가 낮은 지역에서 태어난 나비보다 더 큰 이유일 것이다. 날개가 긴 제왕나비만이 장거리 이주에서 살아남아 멕시코에 도착하고 이런 나비들의 날개가 측정된다.

형태학적 차이는 알 수 없는 부분이 많지만, 겨울나기 세대와 봄여름에 태어나 번식하는 세대 사이의 생리학적 차이는 좀 더 명확하다. 겨울을 나는 제왕나비는 성적(性的) 휴면 상태로 부화한다. 이는 밀크위드 잎이 시들해지고 기온이 낮아지며 일조량이 줄어들기 때문으로 보인다. 번식하는 세대는 보통 부화한 지 4~5일 후부터 생식 기관이 성숙하기 시작하지만 겨울을 나는 성체는 여기에 필요한 호르몬이 부족하다. 텍사스의 밀크위드가 다시 자라기 시작하는 따뜻한 봄이 되어야 번식 기관이 성숙하는데, 이렇게 호르몬 분비가 지연되는 덕분에 제왕나비는 번식하지 않고 겨울을 날 수 있다. 나비들은 텍사스의 밀크위드가 동면을 마치고 다시 자랄 때까지 멕시코에서 기다리면 된다.

월동하는 제왕나비가 겨울이 지나도록 오래 살 수 있는 것도 성적 성숙이 늦춰지는 덕이다. 번식하는 성체는 2~6주를 사는데 월동하는 세대는 6~9달까지 살 수 있다. 멕시코까지 날아가서 겨울을 나고 다시 밀크위드가 자라는 봄에 북쪽으로 날아가기 충분한 시간이다. 이 나비들은 마치 멈춤 버튼을 누른 것처럼 사춘기 이전 아동의 모습으로 겨울을 난다.

멕시코에서는 겨울나기 세대를 성경에 나오는 가장 나이 많은 인물을 따라 '므두셀라 세대'라고 부른다. 하지만 놀라운 업적에 꼭 종교적 인물을 인용해야 하는 건 아니다. 게다가 므두셀라는 세월을 이기고 969세까지 살았을지 몰라도 한 번도 가본 적 없는 멕시코까지 날아가지는 않았다. 조상들이 머물던 나무에 붙어 겨울이 가기를 기다렸다 봄에 다시 돌아가지도 않았다. 오직 겨울을 나는 제왕나비 세대만이 그렇게 할 수 있다. 미국과 캐나다에서는 겨울나기 세대를 '슈퍼 세대'라고 부른다.

처음에 우리는 제왕나비가 어디로 가는지 배웠고 다음에는 어떻게 가는지 알았다. 다음에는 무엇을 배우게 될까? 제왕나비의 대이동은 앞으로도 사라지지 않고 우리가 던지는 더 많은 질문에 답해줄까?

제왕나비는 북아메리카에서 상당한 연구가 이루어진 동물이지만 앞으로도 풀어야 할 질문이 많다. 이름표를 붙이는 노력이 계속될수록 제왕나비와 우리 사이의 연결고리도 굳건해질 것이다. 이름표는 우리가 찾는 질문에 대한 숨겨진 해답이고 약속이며 사랑의 선언이다. 바로 그 사랑 때문에 제왕나비 집사들이 애벌레를 기르고 정원을 가꾸고 집회를 연다. 그리고 나는 그 사랑 때문에 자전거 페달을 밟는다.

이리호를
지나며

8월 19 ~ 24일
9,959~1만 232km

한 마리였던 제왕나비가 만화경[•] 속 그림처럼 늘어나는 걸 보니
이리호(Lake Erie)에 가까이 가고 있었다. 호수는 넓고 축축한 울
타리가 되어 제왕나비의 이동을 가로막는다. 그래서 나비들은 호
수 폭이 가장 좁은 지점으로 몰려간다. 밀크위드를 따라 모여드
는 제왕나비를 나도 뒤쫓아 갔다. 우르르 몰려드는 나비들을 보
니 힘이 났다.

　최근 개체수가 급감한 탓에 옛날처럼 무수한 제왕나비 떼를
보지는 못하지만 여전히 축하할 일들은 남아 있다. 무엇보다 아
직 쫓아갈 나비들이 있었다. 그리고 길가의 밀크위드 잎에는 미
래를 품은 알이 붙어 있고, 애벌레는 용감하게 잎이라는 우주를
탐험하고, 아름다운 어린 나비는 화려한 꽃들 사이에서 꿀을 찾
으며 작은 태양을 비늘에 반사한다. 나는 모든 감각을 열고 나비

　　•　　실제로 영어에서는 나비 떼를 '만화경(kaleidoscope)'이라고도 부른다.

들이 만드는 풍경을 빨아들였다.

갑자기 늘어난 밀크위드는 기쁘기도 하고 그만큼 슬프기도 했다. 부드러운 잎과 거기 기생하는 생명을 모두 보호하고 싶은 마음은 감당이 안 될 정도로 강렬하면서도 불가능한 꿈이었다. 도랑에서 자라는 풀은 너무도 약해 보였고, 애벌레 역시 밀크위드를 작아지게 할 정도로 식욕이 왕성하지는 않았다. 결국 생명의 건축에 무관심한 땅 주인이 풀을 발견하고 제왕나비의 서식지를 베어버릴 것이다. 마음이 아팠다. 연약한 식물을 그대로 두고 떠나려니 내가 너무 나약하게 느껴졌다. 무엇을 파괴하는지도 모른 채 잔디깎이 위에 앉아 손을 흔드는 사람들을 보면 씁쓸한 분노가 영혼에 퍼진다.

달린 버지스(Darlene Burgess)가 자전거를 타고 나를 맞으러 왔다. 제왕나비 보호운동의 구심점인 달린을 만나니 우울하던 마음이 조금이나마 풀렸다. 우리는 보라색 꽃잎과 주황색 날개의 무게로 휘어진 길가의 밀크위드를 따라 그곳에서 몇 킬로미터 떨어진 달린의 집까지(캐나다 최남단 지점에서 조금 북쪽으로 올라간 곳) 함께 자전거를 탔다. 달린이 내 괴로움에 공감하며 위로가 될 만한 이야기를 꺼냈다. 달린은 푸른 잔디라는 환상에 의문을 던지는 '알고 베세요(Know what you mow)'라는 캠페인을 벌이고 있었다.

우리는 잘 손질한 잔디가 아름답다고 여기고, 자연과 함께 살기 위해서는 자연을 통제해야 한다고 생각하지만 그렇지 않다. 아름다움은 식물과 동물 사이의 주고받음에서 나온다. 보라색 꽃을 폭죽처럼 피워내며 털이 숭숭 난 독나방과 벌과 제왕나비를 먹이는 빌크위드에 아름다움이 있다. 어떻게 그 많은 생명이 무가치하다고 판단할 수 있는가?

'알고 베세요' 캠페인은 달린이 펼치는 여러 제왕나비 보호 노력 중 한 가지일 뿐이다. 그는 제왕나비를 키우고, 포인트필리 국립공원(Point Pelee National Park)의 방문자센터를 애벌레로 채워 관광객에게 공개하고, 신규 자원봉사자를 교육하고, 가을 이주 나비에 이름표를 붙이고, 포인트필리의 일몰 명소에 모인 나비 수를 셌다. 가을 이동을 관찰하는 눈이라고 봐도 좋을 것이다.

포인트필리 국립공원은 캐나다 최남단 땅에 있다. 숲과 습지와 긴 모래톱으로 이루어진 이 땅은 이리호의 기분에 따라 매일 모습이 달라진다. 호수는 내가 머무는 짧은 기간에도 변덕이 심했다. 어느 날은 고요하고 잔잔하다가 어떤 날은 높은 파도가 휘몰아쳤다. 호수의 변화에 따라 내 마음도 널뛰었다. 긍정적인 마음이 들며 고요하게 가라앉았다가 부정적인 생각에 부아가 치밀기도 했다.

이곳에 머무는 동안 달린과 함께 포인트필리 호숫가를 여러 번 찾아갔다. 그때마다 하늘을 뒤덮은 나무들을 향해 고개를 쳐들고 숲을 누볐다. 제왕나비 무리를 볼 수 있을 것 같아서였다. 제왕나비는 가을이 되면 이곳에 모여 기다리다가 적당한 때가 되면 이리호의 가장 좁은 구간을 건너간다. 달린은 이렇게 남쪽으로 이동하기 위해 모여드는 제왕나비를 매년 추적했다. 나비들은 호수를 건넌 후 대륙을 횡단한다.

하늘을 올려다보긴 했지만 너무 이르다는 건 알고 있었다. 언뜻 나비 비슷한 실루엣이 보여 자세히 보면 심술궂은 바람에 흔들리는 나뭇잎일 뿐이었다. 나비들의 대규모 이동을 기록하려면 몇 주는 더 있어야 할 것이다. 달린이 내게도 매일 소식을 알려주기로 했다. 나도 나비들을 보고 싶었지만 조금 더 일찍 출발하는 것도 좋았다. 멕시코는 아주 머니까.

나만의 가을 이주를 시작하기 전 온타리오에서 찾아가기로 한 집이 한 곳 더 있었다. 부드러운 바람을 타고 북쪽으로 향했다.

마침 온타리오주의 마지막 강연지와 가까운 곳에 살고 있어 찾아가게 된 루이 피오리노는 제왕나비 애호가이면서 여행가이자 사진작가다. 루이의 집이 있는 거리에 들어서자 어떤 집인지 바로 알 수 있었다. 과거에는 잔디밭이었겠지만 지금은 무성한 식물이 해자처럼 집을 둘러싸고 있었기 때문이다. 진입로에는 무수히 많은 초록 화분이 줄지어 서 있고 작은 연못가에는 개구리들이 망설이듯 앉아 있었다. 다가오는 겨울을 걱정하는지 우두커니 앉아 있던 개구리들은 내가 가까이 가자 얼음처럼 차가운 물속으로 풍덩 뛰어들었다. 개구리들도 루이처럼 잔디보다는 정원을 좋아했다.

직접 만든 비스코티와 피자 그리고 당연히 아이스크림까지 먹고 푹 쉬었다. 다음 날 아침 드디어 남쪽으로 눈길을 돌릴 때가 되었다. 곧 제왕나비의 이주가 시작될 터라 나도 마음이 급했다. 남쪽 이동의 첫 목표는 온타리오주 윈저에서 국경을 넘어 미시간주 디트로이트로 가는 것이다. 말처럼 쉽지는 않았다.

자전거는 다리를 건널 수 없다.

자전거는 터널을 지나갈 수 없다.

자전거는 버스에 탈 수 없다.

자전거는 페리에 탈 수 없다.

내 선택지는 세인트클레어호 북쪽으로 200킬로미터를 돌아가거나 남쪽으로 225킬로미터 돌아가서 페리를 타는 것인데 페리를 탈 수 있을지도 확실치 않았다. 언제나처럼 가다 보면 방법이 있겠거니 싶어서 미리 결정을 내리지 않았는데 이번만큼은 이 방식이 통하지 않았다.

비둘기들이 자전거를 타는 그림 아래 "자전거 타는 사람과 마찬가지로 비둘기는 가장자리의 삶에 만족해야 한다"는 글이 적힌 걸 본 적이 있다. 정말 공감했다. 자전거 타는 내 삶이 그랬다. 강을 건널 방법이 없어 발이 묶인 이 상황은 내가 알고 있는 사실을 다시 확인해 주었다. 이 사회는 자전거 타는 사람들을 중요하게 생각하지 않고 넉넉한 공간을 내줄 마음도 없다는 것. 나는 단지 선택지가 없어서가 아니라 순응하지 않는 사람들에게 타협을 강요하는 시스템 때문에 분노가 일었다. 나에게 자전거는 단순한 교통수단이 아니었다. 내 방식의 기도였고 세상에 에너지를 전달하는 방식이었으며 이 행성에 건네는 제안이었다. 나는 매일 공기와 기후와 개구리와 나비를 위해 자전거를 타는데 세상은 매일 다양한 말로 내 신념이 한낱 부스러기일 뿐이라고 말한다.

다리를 건너기 위한 선택지가 하나씩 지워질 때마다 사회의 무관심이 더 무겁게 느껴졌다. 그래서 화가 치밀었다. 디트로이트 시장에게 전화를 걸어 다리를 건널 수 있게 해달라고 요청하고 다리를 건널 수 없는 이유도 설명해 달라고 따졌다. 다리 교통을 담당하는 사람들에게도 전화했다. 시장은 나에게 신경쓰지 않왔고 다리에서 일하는 사람들은 경찰을 부르겠다고 협박했다. 이들에게 내 분노와 슬픔은 사소했고 내 앞에 놓인 장애물도 큰 문제가 아니었다. 나는 중요하지 않은 사람이었다.

결국 울고 말았다. 우는 내 모습에 화가 나서 더 울었다.

같이 있던 루이가 차로 다리를 건너게 해주겠다고 제안했다. 하지만 다른 사람들이 책임질 일을 루이의 관용으로 해결하긴 싫었다. 임시방편으로 문제를 해결하면 자전거 타는 사람들은 앞으로도 계속 같은 문제를 겪을 것이다. 사람들에게 걱정이나 끼치는 아기가 되기도 싫었다. 내가 원하는 건 관계자들이 나에게 가장자리 이상의 공간을 내주는 것이었다.

너무 화가 났지만 결국 루이의 트럭에 자전거를 실었다. 미국 국경을 넘는 동안에도 나는 분노와 억울함과 좌절감을 주체하지 못했다. 며칠이 지나 분노가 가시면 이렇게 격했던 감정이 부끄러울 것이다. 루이는 내 가장 약하고 인간다운 모습을 보았다. 내가 단식 투쟁을 하겠다고 했을 때 말려줘서 고맙게 생각한다.

물론 제왕나비는 나보다 훨씬 좋지 않은 상황에 내몰리고 있다. 그러고도 나비들은 다음 해에 또 돌아온다. 거리를 기록하지도 않고 분노에 휩싸이거나 억울해하지도 않는다. 그렇게 날아가며 온타리오주 남부, 더 나아가 북아메리카 전역에서 루이, 달린, 브루스, 바브 같은 사람들을 찾아낸다. 조용히 자신의 삶을 아름다움으로 채우며 제왕나비에게 가장자리 이상의 자리를 찾아주기 위해 싸우는 사람들을.

온타리오 남부에서 나는 제왕나비와 나의 유대가 한 뼘 더 자란 것을 느꼈다.

혼자,
여럿이

8월 24 ~ 29일
1만 232~1만 601km

국경을 지나 8킬로미터쯤 갔는데, 제대로 집어넣지 않은 고무 밧줄 하나가 뒷바퀴로 들어간 모양이었다. 바큇살에 낀 줄은 기어로 들어가 꼬이고 당겨지고 엉켰다. 그러는 동안 나는 아무것도 모른 채 교차로로 유유히 미끄러졌다.

갑자기 바퀴가 멈추더니 타이어가 끌리기 시작했다. 바퀴가 돌아가지 못하고 끽끽 소리를 냈다. 교차로를 지나며 부품들이 구부러지고 부러지고서야 내 머리가 상황을 파악하기 시작했다. 깜짝 놀란 나는 가속을 멈추고 손상을 최소화하려고 자전거에서 뛰어내렸다. 하지만 너무 늦었다.

고무 밧줄이 체인을 감는 바람에 체인이 분리되었다. 휘어져 버린 기어 뭉치도 돌지 않았다. 바큇살은 부러지기 직전이었다. 다리를 건넌 후 아직도 남아 있던 분노는 어느새 사라졌다. 마치 우주가 이렇게 말하는 것 같았다. '사라, 너 아주 드라마를 찍는구나. 극적인 상황을 좋아하니? 그럼 내가 도와주지.' 패니어를 내리고 옆에 쌓았다. 쌓인 짐 더미가 발가벗은 자전거와 마찬가지로 처량해 보였다. 이제 연장을 모두 꺼내 수리를 시도했다.

길가에 늘어놓은 내 연장은 오합지졸 축구팀 같았다. 스패너, 육각 렌치, 펑크용 수리 키트와 공기 주입기, 펜치, 케이블 타이, 여러 가지 나사못, 볼트와 너트, 여분의 체인, 체인 분리기, 체인 청소 솔, 윤활유, 걸레까지. 체인 분리기를 이용해 너덜너덜해진 체인을 떼어내고 여분의 체인을 달았다. 안 될 것 같았지만 그래도 희망을 품고 바퀴를 돌려봤다. 역시 꼼짝도 하지 않았다. 기어가 휘어서 바퀴가 패배를 선언한 것 같았다. 길에서 해결할 수 없는 복잡한 문제였다.

배고프면 문제가 더 커 보이는 법이니 남겨뒀던 피자를 먹었다. 손에 묻은 검은 기름때 때문인지 꿀맛이었다. 배가 좀 차자 깊은 한숨을 한 번 쉬고 어떻게 할지 생각했다. 그나마 주중 영업시간이어서 운이 좋았다. 핸드폰도 쓸 수 있었으니 시내 자전거 가게에 전화해서 문을 열었는지 확인했다. 그다음 고장난 기어에 걸리지 않고 페달을 돌릴 수 있도록 체인을 제거했다. 부상당한 자전거에 짐을 다시 싣고 우스꽝스러운 자세로 출발했다. 자전거에 앉아서 페달을 밟을 수도 없고 자전거를 밀며 걸어갈 시간도 없었으므로 일어서서 한 발은 페달에 올리고 다른 발은 바닥을 구르며 갔다. 스케이트보드가 아니라 자전거보드였다. "별 문제 아냐." 이렇게 자전거를 안심시켰다. 계획을 세웠으니 같이 해결책을 찾으면 될 것이다.

자전거보드로 디트로이트 시내까지 8킬로미터를 가서 자전거를 수리한 다음, 인터뷰를 요청하려고 전화한 기자에게 다리를 건너느라 고생한 일화를 쏟아냈다. 그리고 두 가지 문제가 모두 머리에서 날아갈 때까지 페달을 밟았다. 드디어 하루가 끝났다. 새로 태어난 자전거를 홀로 선 교회에 기대 세우고 그 그림자 위에 누웠다. 혼자 있으니 긴장이 풀렸다. 제왕나비들도 힘든 하루를 보낸 날이면 쉴 곳을 찾아 안도의 한숨을 내쉴까?

다음 날 아침 상쾌한 마음으로 일어나 내가 참 좋아하는 풍경인 옥수수밭으로 향했다. 옥수수 세상에 파묻힌 지도 한참 되었다. 여행 초반에 갓 땅을 뚫고 나오던 어린 새싹들이 이제 당당한 초록 줄기가 되어 있었다. 친숙한 황량함이 느껴졌다. 하지만 바둑판처럼 깔린 농장 길이 있어서 좋다는 건 인정해야 했다. 지나가는 차량도 적고 방랑하는 기분도 마음에 들었다. 게다가 밤이 되면 훌쩍 자란 옥수수가 커튼처럼 나를 가려줬다.

나도 옥수수 사이에서 야영하는 게 내키지는 않았다. 괴물 같은 농기구에 깔리거나 다른 식물을 죽이는 데 쓰는 독극물에 오염될 수 있어 되도록 피하고 싶었다. 하지만 그럴 수 없을 때가 생겼다.

미국에 들어온 지 이틀째, 저녁 무렵 한 학교 근처에 자전거를 세웠다. 옥수수가 줄 서서 자라는 우주에 별자리처럼 박힌 작은 마을들 말고는 아무것도 보이지 않는 단조로운 날이었다. 앞으로도 계속 옥수수밭이 이어지리라는 것도 뻔했다.

50킬로미터를 달리는 동안 텐트 칠 만한 장소는 그 학교가 처음이었다. 하지만 조용한 구석 자리는 운동 시설과 공사장이 먼저 차지하고 있었다. 눈을 돌리니 옥수수밭 가운데에서 자라는 커다란 미루나무가 보였다. 미루나무의 큰 가지 아래 적당히 가려지는 자리가 있을 것 같았다. 작은 도랑을 건너 옥수수 한 줄을 헤치고 들어갔다. 헬멧을 베개 삼아 바닥에 누워보니 괜찮았다. 텐트를 치기 전 잠시, 미루나무가 마지막 남은 햇볕을 받으며 나와 옥수수에게 들려주는 대초원의 자장가에 귀기울였다.

끝없이 펼쳐진 옥수수 카펫이 갈라지며 인디애나주 포트웨인으로 접어들었다. 나는 손등이 하얗게 되도록 힘을 주고 울부짖는 차들 사이로 세인트프랜시스 대학교를 찾아갔다. 우선 화장실 세면대에서 사흘치 먼지를 씻어냈다. 충분히 씻었다 싶었을 때 하나밖에 없는 자전거 의상을 하나밖에 없는 강연 의상으로 갈아입었다. 머리도 빗고 이도 닦으니 대충 준비가 끝났다. 최소한의 깨끗함과 적절한 선을 지키자는 게 내 생각이었다.

소개말이 끝난 후 대학 강당의 높은 무대 위로 올라 내 여행과 제왕나비 이야기를 풀어놓았다. 웅장하고 종교적인 흰 벽에 뱀, 두꺼비, 애벌레 등 나만의 성자들을 불러냈다. 한 시간 동안 하늘의 천국과 발밑의 천국이 같은 연단을 공유했다. 나는 내 이야기를 통해 더 많은 천국이 발견되고 동물들까지도 영원한 생명을 얻길 바랐다. 춤추는 톨그래스의 찬란함, 스르르 기어가는 뱀의 우아함, 버둥대는 애벌레의 넓은 아량을 다른 사람들도 발견하길 바랐다. 그래서 청중에게 개구리와 제왕나비와 기생파리까지도 신이라고 상상해 볼 것을 권했다.

청중 가운데 수녀 두 명이 뒤쪽에 앉아 있었고 제왕나비 보호운동을 펼치는 제왕나비 자매들이 앞쪽에 앉아 있었다. 전문가와 초보자 모두 내 설교에 귀기울였다. 든든했고 확신을 느꼈다.

길을 잃었다거나 혼자라는 생각도 들지 않았다.

강연을 마친 다음에는 조용히 시골길을 달리려고 했다. 하지만 루이즈 웨버(Louise Weber) 교수가 나를 집으로 초대했다. 다른 사람 집에 머무는 틈틈이 조용한 곳에서 몰래 캠핑하는 것은 세상의 무게를 외면하는 나만의 방법이었다. 나는 혼자 있을 때 가장 마음이 편했다. 전혀 외롭지 않았다. 하지만 그런 습관을 깨기 위해 초대를 받아들였다.

루이즈 교수는 그날 강연에서 만난 다른 사람들과 마찬가지로 아이디어 넘치는 활동가였다. 학생들의 삶과 환경 문제를 직접 연결하는 새로운 생태학 교과서를 집필하기도 한 루이즈는 상식적이면서도 혁명적인 아이디어로 가득한 사람이었다. 행동이 결과를 얻으려면 책임감이 필요하다. 결국 제왕나비 개체수가 감소하는 현상은 우리 모두에게 닥친 질병의 한 증상일 뿐이다. 제왕나비와 개구리와 산호초는 지표종●이라 최전방에 서게 되었을 뿐 미래에는 우리가 그 자리에 서 있을 것이다. 그런 일을 방지하려면 동료 생물들의 경고를 신중하게 듣고 우리의 생명을 지킬 방법이 무엇인지 알아내야 한다.

제왕나비는 하늘뿐 아니라 이 지구 전체를, 더 나아가 우리 모두를 지탱하고 있다. 인간을 포함한 모든 생명체가 지구를 떠받치는 거인 아틀라스의 일부이기 때문이다. 하지만 인간의 욕망이 전체 균형을 무너뜨리려 한다. 겁주려고 하는 말이 아니라 사

● 指標種, 서식처의 특정 환경 조건을 반영해 분포 특이성을 보여주는 종. ―옮긴이

실이다. 현재 펼쳐지는 진실이 그렇다. 나 역시 본능적으로 몸을 웅크리고 눈을 감고 싶다. 모르는 게 약이니까. 하지만 문제를 풀 단 하나의 방법은 행동하는 것임을 깨닫고 다시 어깨를 쭉 편다. 우리는 사람들의 집단의식을 확장하고, 교육을 통해 싸우고, 열심히 노력하는 사람들과 손잡아야 한다.

루이즈의 집에서 카일리 버믈(Kylee Baumle)의 집까지는 60킬로미터 거리였다. 날아가는 까마귀에게나 팔랑대는 나비에게나 자전거 타는 나에게나 똑같은 거리. 인디애나주와 오하이오주 사이의 보이지 않는 주 경계를 직선거리로 내달렸다. 주 경계선은 지도에나 있을 뿐 세관도 공무원도 없었다.

원래는 동쪽으로 60킬로미터를 달려 카일리의 집에 갈 계획은 없었다. 카일리는 일찌감치 내게 연락해 포트웨인에서 강연 일정을 잡는 데 큰 도움을 주었지만, 카일리의 집까지 가기는 조금 멀다고 생각했다. 그러나 일정을 잡다 보니 조금 여유가 생겨 돌아가더라도 제왕나비를 위한 싸움에서 핵심 역할을 하는 또 한 명을 만나 배우는 것도 좋겠다고 생각했다. 카일리는 말을 행동으로 옮기는 사람이다. 제왕나비를 기르고 구하고 가르치고 보호하고 옹호하는 활동을 펼치며 제왕나비에 관한 책을 썼고 제목마저도 『제왕나비(The Monarch)』라고 지었다. 이런 사람을 만나는데 1만 6,000킬로미터 여행에 50킬로미터 더 간다고 대수겠는가?

카일리는 어느 모로 보나 충실한 제왕나비 집사였다. 자생식물 정원은 꽃가루 매개자로 가득하고 풀을 벤 도롯가에서 구출한 애벌레들이 주방 용기 안에서 풀을 먹으며 남쪽으로 떠날 날을 기다렸다. 토스트에는 밀크위드꿀을 발라 먹었다. 냉동실에는 기생충에 감염된 애벌레 사체가 들어 있었다. 제왕나비 애벌레에 알을 낳는 기생파리 때문에 죽은 애벌레였다. 기생파리가 낳은 알은 제왕나비 애벌레 안에서 부화해 애벌레가 된 후 번데기가 될 때쯤 밖으로 나온다. '으윽!' 하얀 구더기를 본 것처럼 끔찍했다.

카일리의 정원이 제왕나비를 키운다면 카일리의 열정은 사람들의 인식을 일깨웠다. 카일리가 근처 들판을 소유한 사람에게 제왕나비에 대해 이야기하자 주인은 놀랍고 고맙게도 풀 깎는 일을 멈췄다. 이웃 꼬마들은 매주 찾아와 애벌레 찾기 모험 이야기를 들려주었다. 그중 가장 형님인 나일이 내 강연을 듣고 최고의 감상평을 들려주었다. "제왕나비에 대해 배울 줄은 알았는데 이렇게 웃길 줄은 몰랐어요."

카일리의 집에 도착하고 얼마 후 근처를 차로 지나가던 내 친구 두 명이 찾아왔다. 물론 손님으로 머물면서 친구들을 초대하는 건 예의에 어긋나지만, 집주인이 카일리라면 그렇지 않다. 카일리는 늘어난 손님들에게 음식을 가져다주며 아주 즐거워 보였다.

맷 타이터는 2016년 6개월간 같이 강을 여행하고 뉴올리언스에서 헤어진 후 이날 처음 만났다. 맷은 나와는 초면인 여자친구 언시 알렉시아데스와 미국 일주를 하는 중이었다. 맷을 만나니 애정 어린 고향에 돌아온 기분이었다. 맷 역시 모험을 즐기는 사람이라 내가 겪은 이야기에 해설을 덧붙이지 않아도 괜찮았다. 말을 끊어가며 설명을 추가하지 않아도 내 말을 다 이해했다. 우리는 함께하던 여행이 아직 끝나지 않은 것처럼 바로 대화를 시작했다. 약간 어색하던 우리 모임은 저녁을 다 먹었을 때쯤 편안한 자리로 바뀌었다.

같이 떠났던 강 여행 이야기가 나오자 한 사람이 하는 여행 이야기와 두 사람이 하는 이야기가 이렇게 다를 수 있다는 사실이 놀라웠다. 나는 지난 다섯 달 동안 나 혼자서만 이야기했다. 같은 팀이 되어 서로의 기억을 공유하고 이야기에 풍성함을 더하는 것은 혼자 여행할 때는 불가능하다. 함께 겪은 모험을 다시 이야기하다 보니 끈끈한 동료애를 쌓던 그때가 그리웠다.

이번 여행을 하기 전에는 혼자서 몇 달씩 여행한 적이 없었다. 나는 열 달간 혼자 여행하는 게 가능할지, 더군다나 강연과 언론 인터뷰까지 같이 할 수 있을지 자신이 없었다. 무엇보다 내가 이 여행을 좋아하게 될지가 가장 걱정이었다. 여행이란 여행하는 사람이 이루어가기 마련인데, 그 사람이 혼자라면 모든 걸 혼자 해내야 한다. 모든 결정을 혼자 내려야 하고 길을 잘못 들거나 무서운 길을 달리거나 낯선 생명체를 만나도 나 혼자 해결해야 한다. 모든 게 내 책임이고 도와줄 사람이 없다는 게 부담스러웠다. 하지만 자유로움도 느꼈다.

여럿이서 모험을 떠나려면 엄청난 노력이 필요하다. 여행이 순조롭든 그렇지 못하든 다 같이 열린 마음으로 대화하고 현실적인 계획을 세우고 철저히 조사해야 한다. 단체가 하나가 되어 같은 도전 의식을 가지고 예상하지 못한 어려움을 해결해야 한다. 나는 대학에서 마음이 잘 맞는 영혼을 여럿 만났다. 우리는 함께 집단 광기를 키우고 내담하게 현실을 넘어서라고 서로를 격려했다. 나에게는 지금도 기이한 꿈을 좇으며 불가능 속에서 가능성의 선례를 만드는 여러 친구들이 있다.

제왕나비 여행을 떠나기 전까지는 거의 항상 그런 친구들과 모험을 즐겼다. 내 역할은 언제나 아이디어를 내고 극단을 추구하고 한계를 밀어붙이는 것이었다. 그런 역할을 할 수 있었던 것은 참을성 많은 친구들이 내 극단적인 아이디어를 적절하게 조정해 준 덕분이었다. 그중 한 명이라도 시간이 있었다면 나는 이 버터바이크 여행을 단체 여행으로 바꿨을 것이다.

하지만 해가 갈수록 여행 동지가 줄어드는 것 같다. 관습을 거부하던 우리가 이제는 대부분 삶의 질서를 받아들이는 중이었다. 많은 친구들이 결혼과 아이와 평범한 직장을 우선순위로 삼는 새로운 모험을 떠났다. 솔로 여행은 선택이 아니라 어쩔 수 없는 결과였다. 나는 혼자 소식을 못 듣고 종족에서 밀려나 뒤처진 기분이 들었다.

갑자기 질문이 떠올랐다. 내가 사회적 규범을 멀리하는 건 나와 맞지 않아서일까, 아니면 다른 이들을 따라가지 못해서일까? 대답은 둘 다인 것 같았다. 우리 문화가 정의하는 정상적인 삶이 내게는 참을 수 없는 동시에 달나라 여행만큼이나 불가능해 보였다. 나는 닮고 싶은 인물이 별로 없었기 때문에 조금은 어리둥절한 기분으로 미지의 세계를 눈감고 찾아다녔다. 할 수 있는 일이라고는 의심을 떨치고 앞을 보며 나아가는 것뿐이었다. 마치 벼랑 끝에 선 기분으로. 돌아서면 훨씬 무서움이 덜하겠지만 내가 원하는 건 미지의 세계로 뛰어들어 새로운 땅을 찾아가는 것이다. 사실 혼자 뛰어드는 것 같지만 그렇지 않았다. 나에게는 수많은 제왕나비가 있었고, 제왕나비와 나를 보살피는 사람들이 있었고, 멀리서 나를 응원하는 친구들이 있었다.

거의 6개월 동안 단독 여행을 즐겼다. 하지만 오하이오주의 카일리의 집에 머물 때는 함께하는 여행이 그리웠다. 혼자 다니다 보니 모든 결정을 혼자 내려야 하고 누굴 위로하거나 축하할 일도 없고 좋은 손님 역할을 하는 것도 모두 내 몫이었다.

나를 초대하는 쉽지 않은 친절을 베푼 사람들에게 고마움을 표현하고 설거지를 돕고 재미있는 이야기를 들려주는 것으로 은혜를 갚으려고 했다. 그동안 다닌 여행에서도 항상 그렇게 했지만 이번에는 나 혼자 이 모든 걸 감당하려니 훨씬 어려웠다. 내가 지쳐도 빈틈을 메워줄 다른 사람이 없었다. 내가 사람들을 상대할 기운이 없을 때 나서서 분위기를 띄우고 이야기에 생기를 더할 사람이 없었다는 얘기다. 흔한 질문을 받을 때 동료에게 떠넘기는 것도 불가능했고 내 행동이 부적절할 때 말해줄 사람도 없었다.

저녁을 먹은 후 맷과 언시에게 작별 인사를 했다. 며칠 후에는 카일리에게도 작별 인사를 했다. 카일리와 내가 함께 이름표를 붙인 제왕나비가 날개를 팔랑거리며 인사해 주기를 바라는 마음으로 하늘을 올려다보았다. 손 흔들어주는 사람들과 제왕나비의 날갯짓이 있어 내 여행은 혼자가 아니었다.

바람과
함께

8월 30일 ~ 9월 1일

1만 601~1만 950km

"세상에, 깜짝이야!" 남자가 굵은 목소리로 외쳤다. 남자가 잔디 깎이에서 몸을 쭉 빼고 갑자기 달려든 내 자전거를 살펴보았다. 나는 이 여행의 목적과 패니어에는 무엇이 들었는지 찬찬히 설명 하고 덧붙였다. "이런 길이 제왕나비 서식지로 딱 좋거든요." 드 디어 대화가 시작되었다. 나도 훨씬 부드럽게 말할 수 있었다. 남 자의 얼굴에 익숙한 미소가 떠올랐다. '이 아가씨 진짜 이상한 사 람이네'라는 미소였다.

틀린 건 아니다. 나는 나비를 따라 수천 킬로미터를 자전거 로 달리고 길에서 숟가락과 천을 주워 모은다(그렇게 모은 숟가락 이 수백 개고 그렇게 주운 천으로 쓰레기 주머니를 만든다). 집도 차도, 심지어 베개도 없다. 올챙이에 끝도 없이 깊은 애정을 품고 있다. 확실히 이상한 사람이 맞다.

남자에게 잘 가라고 손을 흔들었다. 내 일은 거기까지다. 그 사람은 아마도 저녁 식탁에서 가족에게 이상한 사람을 만났다고 이야기할 것이고 잠시 제왕나비가 대화 주제로 오를 수도 있을 것이다. 이런 이야기를 더 많이 듣고 전달할수록 변화도 더 빨리 일어날 것이다. '7의 법칙'●도 있으니 앞으로 제왕나비에 대해 여섯 번만 더 들으면 그 사람도 마음이 바뀔 수 있다.

나는 그런 희망을 품고 배수로와 그곳에 피어난 드라마를 따라 달렸다. 풀을 벤 곳을 보면 슬펐고 풀이 남아 있는 곳 역시 기쁘면서도 씁쓸했다. 아직 살아 있는 애벌레들조차도 너무 위태로워 보여서다. 애벌레의 조상들은 폭풍과 천적과 개발과 질병을 뚫고 여기까지 왔고 세대마다 진화를 거듭해 왔다. 그런데 눈앞에 두고도 보지 못하는 이 아름다움을 베어버리는 데는 몇 초밖에 걸리지 않는다.

내가 할 수 있는 일은 계속 이상한 사람이 되는 것이다. 이 모든 혼란에 결론이 있을 거라고, 내가 본 제왕나비가 모두 사라질 운명은 아니라고 믿어야 했다. 배수로 한쪽에서 노란 꽃을 피우고 씨를 맺는 보송보송한 클로버 다발 사이에 희망이 있다고 믿고, 당당한 5령 애벌레가 불가능에 도전할 거라고 믿고, 그렇게 살아남아 1,500미터 상공으로 날아오르고 멕시코에서 나와 함께 겨울을 맞이할 거라고 믿어야 했다.

풀을 베지 않으면 희망이 꽃필 수 있다. 그 희망이 멕시코까지 날아갈 수 있다.

볼 수 있다는 건 축복이자 저주였다. 볼 수 있어서 슬프기도 했지만 덕분에 애벌레를 만나기도 했다. 인디애나를 지날 때쯤

● 소비자가 광고를 일곱 번 보면 구매할 마음이 든다는 법칙. —옮긴이

되자 나는 시속 19킬로미터로 달리면서도 나뭇잎을 먹는 애벌레를 알아볼 수 있게 되었다. 밀크위드의 무성한 덤불과 분홍 잎맥으로 장식된 하트 모양 잎사귀를 훑어보면 어느 부분이 갉아 먹혔고 구멍이 났는지 금세 알 수 있었다. 구멍 뚫린 부분 끝에 흰 유액이 배어 나와 있으면 거기 애벌레가 있다는 표시였다. 심지어 자전거를 타면서 프라스(frass)를 알아볼 수도 있었다.

프라스라니. 애벌레 똥에 따로 이름이 있다는 걸 처음 듣고 깔깔 웃었다. 프라스, 스캣♦, 스프레인트■, 구아노▲, 카우파이▶, 호스애플◀, 거름, 덩▼, 드라핑♦, 캐스팅❖. 과학자들은 열 살짜리 아이보다 똥 이름을 더 많이 안다. 뭐라고 부르든 애벌레가 3령까지 자라면 쉬지 않고 먹은 결과로 생긴 녹색 똥이 애벌레 자체보다 눈에 더 잘 띈다.

카일리의 집에서 남쪽으로 며칠 더 달린 어느 날 밀크위드를 살피려고 자전거를 멈췄다. '프라스'가 군데군데 뿌려진 잎들 사이, 반쯤 먹힌 잎 위에 커다란 애벌레가 당당하게 자리잡고 있었다. 이 과감한 5령 애벌레는, 창작욕에 불타 타자기를 두드려대는 작가처럼 잎사귀 가장자리를 맹렬하게 파먹고 있었다. 그러더니

♦　scat, 동물의 똥, 특히 야생 육식 동물의 똥. ─옮긴이
■　spraint, 수달의 똥. ─옮긴이
▲　guano, 바닷새와 박쥐의 배설물. ─옮긴이
▶　cow pie, 쇠똥. ─옮긴이
◀　horse apple, 마른 말똥. ─옮긴이
▼　dung, 주로 큰 짐승의 똥. ─옮긴이
♦　dropping, 새나 작은 짐승의 똥. ─옮긴이
❖　casting, 지렁이 똥. ─옮긴이

놀랍게도 식사를 멈추고 자기가 어지른 걸 치우기 시작했다. 통통한 애벌레는 몸을 돌려 근처에 떨어진 똥을 물었다. 그 똥을 잠시 턱에 물고 있더니 고장난 크레인처럼 상체를 흔들어댔다. 똥은 잎 바깥으로 튕겨 나가 똥 무더기 위로 떨어졌다. 그러더니 다시 잎을 먹기 시작했다.

자연이 한 번 더 숨겨진 모습을 드러낸 순간이었다. 이렇게 흥미로운 사실을 발견하자 뉴스와 사실과 미래에 대한 두려움이 사라졌다. 그 순간만큼은 내 걱정도 바람 따라 멀리멀리 날아갔다.

바람은 언제나 내 여행과 함께했다. 내가 어디로 가든 바람도 자신만의 방향이 있었다. 우리는 때로는 뜻이 통하고 때로는 충돌했다. 사실 내가 어디를 가리키든 분위기를 이끄는 건 바람이었다. 바람은 결정권자였고 자비와 형벌을 내리는 왕이었다. 강연을 마친 다음 날 인디애나주 센터빌을 떠나며 바람의 기분이 어떤지 보려고 일기예보를 확인했다. 예보에 따르면 다가오는 폭풍은 하루는 순풍이고 이후 사흘은 방향이 바뀌어 역풍이 될 예정이었다. 계획이 세워졌다. 첫날 폭풍과 함께 바람을 타고 최대한 먼 거리를 이동해 다음 목적지인 인디애나주 에번즈빌까지 가는 것이었다.

비구름이 우르릉거리기 전에 일찍 일어나 폭풍이 점점 거세지려는 동안 페달을 밟았다. 굽이굽이 펼쳐진 언덕을 따라 달리다 보니 점심때쯤 비가 내리기 시작했다. 움직이는 물웅덩이가 되었지만 멈추지 않는 이상 춥지 않았다. 순풍이 마치 집중하라고 채근하는 코치처럼 내 등을 두드렸다. 계속 가, 어서! 바람과 다리가 함께 움직이며 거리를 늘였다. 해가 질 때쯤 폭우 소리가 요란했지만 나는 더 갈 수 있었다. 저무는 태양은 어둠의 마법을 불러오고 어둠 속에 사는 생명을 깨웠다. 제왕나비들도 모두 쉬고 있겠지만 나는 더욱 힘을 냈다. 제왕나비가 공중으로 높이 솟아올라 기류를 탈 수 있다면 나도 밤에 달릴 수 있었다.

폭우가 지나간 인디애나주의 밤은 따뜻하고 축축했다. 나는 밤을 기념해 라이트를 켜고 어둠의 초대에 응해 밤의 세계로 들어갔다. 도로 위로 올라오는 습기 사이를 전조등의 하얀 빛이 헤엄치는 동안 나는 어느새 신비로운 안개를 헤치며 돌진하고 있었다(밤에는 속도가 더 빠르게 느껴진다).

개울을 건널 때 달라지는 온도부터 바퀴가 길을 감싸며 내는 씽씽 소리, 규칙적으로 오르내리는 내 호흡까지 모든 것을 느낄 수 있었다. 머리는 내가 보지 못하는 걸 해석하려고 했다. 하지만 전조등 불빛이 닿지 않는 곳의 어둠은 눈 깜짝할 지금 이 순간과 바로 앞에 놓인 잠깐의 시간만이 중요하다고 말하고 있었다. 몇 킬로미터를 가는 동안 나에게는 과거도 미래도 없었다. 그저 밤과 자전거만 있을 뿐이었다.

내 몰입 상태는 도롱뇽 한 마리가 조금도 경계하는 기색 없이 도로로 뛰어 들어오면서 깨졌다. 나는 다급하게 브레이크를 잡고 배수로에 자전거를 내려놓은 다음 되돌아가 도롱뇽을 살폈다. 밤에는 침묵과 어둠이 경비 역할을 한다. 희미한 불빛과 우르릉거리는 소리로 멀리서 자동차가 다가오는 걸 미리 알 수 있었다. 덕분에 도롱뇽의 대리석 같은 피부와 정신없는 걸음걸이를 마음 놓고 관찰할 수 있었다. 아무도 없는 밤, 쭈그리고 앉아 내 눈을 비추는 도롱뇽의 눈을 들여다보았다.

동물 친구를 조심스럽게 들어 길 밖으로 내보냈다.

내 눈은 보호색으로 위장하거나 눈에 띄지 않게 숨은 양서류를 찾도록 훈련되어 있었다. 그래서 나뭇잎이나 터진 타이어 또는 스프링 같은 의외의 장소에 몸을 구부리고 숨어 있는 개구리나 방심한 두꺼비를 찾을 수 있었다. 그 능력으로 과학자가 되었지만 그래서 마음이 아프기도 했다. 이미 죽은 동물을 발견하면 멈춰서 생명 없는 몸뚱이를 길에서 치워주고 좀 더 품위 있는 휴식처로 옮기는 것으로 미안한 마음을 전했다. 죽어가는 동물을 발견하면 비참함을 마무리해 주었다. 내장이 터져 나온 두꺼비는 피를 흘리고 나는 눈물을 흘렸다.

어쩌면 두꺼비를 보고 그런 분노를 느끼는 건 미친 짓일 수 있다. 아니, 어쩌면 나 같은 사람이야말로 마지막 남은 정상인일지도 모른다. 어쨌거나 죽음을 목격할 때마다 아무도 모르는 죽음이 되지 않도록 조용히 애도의 시간을 갖는다. 우리 인간은 언젠가 다른 생명과 맺은 이런 파괴적인 관계를 돌아보며 충격을 받을 것이다.

아직 살아 있는 도롱뇽을 길에서 옮기며 앞으로 다시는 이 길에 찾아오지 말라고 전했다. 별빛 가득한 하늘 아래 인디애나주를 지나는 동안 양서류를 만날 때마다 내 행운에 감사했다. 나는 만져보면 부드럽지만 보기에는 나무껍질 같은 회색청개구리를 옮겨주었고 두꺼비 한 마리를 길에서 몰아냈다. 두꺼비는 보초병처럼 길가에 멈춰 서서 통통하고 당당한 몸매와 금빛 눈매를 자랑했다. 얼룩무늬 도롱뇽을 또 만났다. 몸을 낮추고 기어가는 도롱뇽의 대리석 같은 피부는 은하수처럼 보였다. 나는 이 숙녀의 발걸음을 배수로의 축축한 잎사귀로 안내했다.

날이 밝을 때까지 계속 자전거를 타고 싶었지만 다리가 점점 무거워지며 젖은 발이 아우성치고 눈도 감기려고 했다. 160킬로미터 넘게 달린 후 개구리와 어둠에게 잘 자라고 인사했다. 순풍을 이용해 원하는 만큼 달렸으니 이제 쉴 시간이었다. 다음 날 기상 예보대로 역풍이 불면 힘이 많이 들 테니 체력을 보충해 둬야 했다.

야영을 생각하자마자 적절한 자리가 나타났다. 교회 뒤편으로 수도꼭지와 전기 콘센트가 갖춰진 별채가 딸려 있었다. 그곳에 딱 텐트 크기의 숨겨진 공간이 있었다. 기적이라고 할 만큼 완벽한 장소였다. 순풍도 그렇지만 물과 대피소를 찾은 것 역시 작은 승리였다. 따뜻하고 건조한 텐트에서 지붕을 때리는 빗소리를 들으며 이 승리에 감사했다.

한발
앞서서

9월 1 ~ 9일
1만 950~1만 1,491km

밸 올솝은 인디애나주 에번즈빌에 도착하기 여섯 달 전, 멕시코의 엘로사리오 제왕나비 보호구역에서 처음 만났다. 밸은 내 연락처를 받은 후 에번즈빌의 지역 사회에 내 이야기를 전했고, 그이야기를 들은 제너 개릿이 내게 강연을 부탁했다. 나는 부탁을받고 방향을 틀어 엘로사리오를 떠나 1만 1,177킬로미터를 달린지금 에번즈빌로 향하고 있다. 햇빛을 반사하는 도로 위에서 인연의 마법을 생각했다. 밸은 제왕나비처럼 멕시코와 인디애나를연결했다.

제너는 여러 개의 강연 일정과 내가 머물 숙소도 정해두었다. 에번즈빌 대학교 게스트하우스에 손님이 나밖에 없어서 음악을 크게 틀어놓고 야심한 시각까지 작업에 몰두했다. 냉장고라는신문물에서 자전거 여행에서는 절대 먹을 수 없는 멜론(너무 무겁고 한 번에 다 먹을 수 없어서)과 아이스크림(녹아서)을 마음껏 꺼내먹었다. 냄비 뚜껑이 아닌 도마를 쓰는 것만으로도 아주 호화롭게 느껴졌다.

　나는 몇몇 초등학교와 에번즈빌 대학교뿐 아니라 '내비게이터(Navigators)'라는 청소년 단체를 대상으로 강연하기도 했다. 다양한 연령대의 남녀 아이들로 구성된 내비게이터 단원은 모두 자전거를 끌고 강연장에 왔다가, 강연이 끝나자 각자 자전거를 꺼내고 헬멧을 썼다. 우리는 함께 자전거를 타고 근처 화분 매개 곤충 정원으로 출발했다. 그야말로 강력한 '주니어 버터바이크 부대'가 출동했다.

　우리는 대혼란 덩어리이기도 했다. 처음에는 작은 자전거들이 자전거 도로를 마구잡이로 벗어나 위험하기 짝이 없었다. 내가 할 수 있는 일은 넘어진 아이들을 일으켜(크게 다친 아이는 없었다) 꼬인 핸들을 바로잡아 주는 것뿐이었다. 조금 잡아주자 다들 스스로 균형을 잡았고, 나는 꼬마 모험가들 내면이 더욱 단단해졌음을 알 수 있었다.

　석양을 배경으로 서로 벨을 울리고 웃어대는 여자아이들 몇 명에게서 내 모습을 발견했다. 자유, 도전, 모험을 갈망하던 어린 시절 내 모습이 그 아이들에게서 보였다. 나는 길을 잃을 때까지 자전거를 타는 아이였다. 그러면 어른들과 자동차로 가본 장소들이 새로운 모습을 드러냈다. 나 혼자서 내 힘으로 내가 가고 싶은 곳에 갈 수 있다는 걸 알게 되자 더 큰 세상이 열렸다. 나는 동네에서 다른 아이들은 모르는 곳들을 찾아냈고 작은 자유를 맛보았다는 자부심에 우쭐해하기도 했다.

　나는 어린 여자아이들을 특히 응원했다. 이 아이들은 내가 자전거를 타면서 찾아냈고 지금도 매번 찾아다니는 것, 즉 무리의 일원이 되어 자부심을 느끼거나 외로운 늑대가 되어 지평선을 향해 달리는 기분을 찾고 있을 것이다.

에번즈빌을 떠날 때는 산도 거뜬히 옮길 것처럼 에너지 넘치는 수전 파울러와 함께했다. 강연장에서 만난 후 나는 그녀의 마음이 무척 순수하고(놀라울 정도로 큰 '스마일 공'을 직접 떴다며 보여줄 정도로) 대화하기를 좋아한다는 걸 단박에 알아차렸다. 떠나는 날 아침 컴퓨터 앞에서 조용히 일하다가 고개를 드니 수전이 창밖에 서서 내게 말을 걸고 있었다. 수전은 계절 별자리와 에번즈빌 근방의 상점을 정리해서 새벽 5시에 문자를 보냈다고 말했다. 눈이 휘둥그레졌지만 무관심보다는 열정이 낫다는 걸 되새겼다. 세상을 좀 더 나은 곳으로 만들어주는 수전의 목소리에 나는 고개를 끄덕여 받았다고 대답했다.

에번즈빌을 빠져나올 때 수전도 자전거를 끌고 켄터키주로 건너가는 다리까지 함께 가주었다. 멀리 공사 중인 다리가 보이자 덜컥 무서웠다. 다리가 위험하다는 말은 들었지만 그렇다고 오하이오강을 헤엄쳐 건널 수도 없는 노릇이었다. 수전은 반쯤 먹은 껌 통을 건네며 잘 가라고 손을 흔들었다.

400미터 앞에 놓인 다리로 가면서 마음의 준비를 했다. 공사 때문에 다리로 가는 차선이 깔때기 모양으로 좁아져 있었다. 시멘트 바리케이드가 한 차선을 막고 나머지 차선까지 좁혀놓았다. 차도 겨우 한 대 지나갈 정도라 자전거가 차들 옆으로 통과하기는 힘들어 보였다. 다리를 건너려면 다른 차들이 나를 치고 가지 못하게 나 자신이 바리케이드가 되는 수밖에 없었다.

차들이 조금 뜸해질 때까지 기다렸다가 페달을 밟았다. 통로가 좁아 차들도 속도가 느려졌지만 그래도 속도를 맞추기 위해서는 있는 힘껏 달려야 했다. 어깨너머로 슬쩍 보니 커다란 컨테이너 트럭이 내 뒤에서 거리를 좁혀오고 있었다. 트럭이 나를 치지는 않겠지만 그래도 무서워서 자꾸 뒤를 돌아보았다. 간격이 점점 좁아지고 나도 페달을 더 빨리 밟았다. 각자 알아서 목숨을 지켜야 하는 상황을 만든 뻔뻔한 교통 당국에 온갖 욕을 해대면서. "그렇게 가는 거 불법이에요!" 하고 소리 지르면서도 어떻게 가야 하는지는 알려주지 않는 공사장 인부에게도 욕을 날렸다. 그럼 수영이라도 할까요? 300킬로미터를 돌아가야 해요? 에번즈빌로 다시 갈까요? 나한테 소리 지른 공사장 남자들을 보호하는 법은 있지만 나는 오직 운에 내 몸을 맡겨야 했다(게다가 자전거로 다리를 건너는 게 금지돼 있지도 않았다).

그저 힘껏 달렸다. 트럭이 점점 거대해졌지만 달리 갈 곳이 없었다. 입을 앙다물고 계속 달렸다. 드디어 갓길이 나타나자 거의 기절할 정도로 고마워하면서 방향을 틀었다. 갓길에서는 근육이 편안해졌고 심장 박동수도 느려졌다. 하지만 몇 킬로미터를 더 가도 여전히 폐가 타는 듯했고 다음 날에는 다리가 너무 아팠다.

그래도 무사히 켄터키주에 도착했다.

켄터키주에 들어서서 가장 먼저 자전거를 멈춘 곳은 버터플라이위드의 주황색 꽃이 보석처럼 빛나는 들판이었다. 이 밀크위드는 특히 털이 많다. 아마도 이 때문에 제왕나비는 버터플라이위드의 잎보다는 꽃잎에 알을 낳는 것 같다. 버터플라이위드는 밀크위드 운동의 포스터에 자주 등장하는 꽃이다. 쏟아지는 별이 한데 묶인 듯한 이 꽃은 반들거리는 초록 잎과 수줍은 이웃 들풀 사이 이곳저곳에서 불꽃처럼 타오른다. 일부 밀크위드는 씨앗과 뿌리줄기로 번식하지만 버터플라이위드는 꼭 꼬투리에 든 씨앗과 바람이 있어야 새 땅을 찾을 수 있다.

버터플라이위드의 꼬투리와 여기서 터져 나오는 씨는 오랫동안 아이들과 바람에게 기쁨을 선사했다. 매년 가을 방사형으로 피어나는 밀크위드의 꽃에서 이런 꼬투리가 열린다. 그리고 가을의 마지막 초록이 시들면 물방울 모양의 꼬투리가 바짝 말라 툭 터지면서 솜털 달린 씨앗이 드러난다. 밀크위드 종은 저마다 꼬투리 모양이 다른데 버터플라이위드의 꼬투리는 길고 둥글납작하며, 마른 겉껍질은 부드러운 갈색으로 변한다. 빼곡히 모인 씨앗은 바람이 낙하산 같은 솜털을 간질여주기를 기다린다. 그러다가 꼬마 스카이다이버처럼 솜털에 끌려 바람을 타고 올라간다. 씨앗의 크기와 솜털의 길이가 각각 다른 덕에 씨앗이 이동하는 범위는 매우 넓다. 이렇게 분포 범위가 넓으면 적어도 일부는 탁 트인 땅에 자리잡아 잘 자랄 수 있다. 모든 씨앗이 자기 자리를 찾겠지만 질 좋은 땅에 착지한 운 좋은 씨앗들만 잘 자라는 행운을 누린다.

밀크위드 씨앗을 흩뿌리는 건 바람의 역할이지만 사람들이 도움의 손길을 내밀기 시작했다. 꼬투리가 갈라지기 시작하면 사람들이 씨앗을 거둬들여 솜털을 떼어내고 전략적으로 배포한다. 일부는 뒤뜰에 뿌리고 일부는 화분에 심어 공원이나 학교로 가져가고 일부는 씨앗 '폭탄'이라고 부르는 공으로 만든다. 씨앗을 흙과 퇴비에 섞어 씨앗 폭탄을 만든다고 바람이 질투할까? 그렇지는 않을 것이다. 바람도 때로는 도움이 필요하다.

어떻게 배달되든 제왕나비의 여름 서식지에 자라는 자생 밀크위드나 다른 온대 식물이 봄에 싹을 틔우려면 겨울을 보내야 한다. 충적˚이라는 과정을 통해 추위와 습기를 겪게 하면 더 빠르고 성공적으로 발아할 수 있다. 일부 제왕나비 애호가들은 젖은 키친타월 사이에 씨앗을 넣고 냉장고에 보관해 겨울인 것처럼 씨앗을 속이기도 한다. 또 가을에 화단이나 통에 씨앗을 심어 진짜 겨울을 나도록 놔두는 사람도 있다. 그러다 봄이 되어 싹이 트면 옮겨 심는다.

밀크위드가 잘 자라는 데 필요한 조건은 같은 종에서도 차이가 난다. 밀크위드가 적응한 환경이 다양하기 때문이다. 캔자스에서 자란 커먼밀크위드 씨앗은 온타리오보다 캔자스에 심었을 때 더 잘 자랄 것이다. 그 반대도 마찬가지다. 지역 식물은 그 지역에 적응하도록 진화한다. 그래서 가까운 곳에서 가져온 씨앗을 심을수록 더 잘 자란다.

일부 밀크위드 종은 뿌리줄기로 번식한다. 뿌리줄기는 말 그대로 땅속에서 자라는 줄기로, 멀리까지 뻗어 나가 새 땅을 점령한다. 커먼밀크위드가 대표적인 뿌리줄기 식물이다. 내 눈에는 모험심 가득한 탐험가로 보이는데, 이 풀을 불청객으로 여기는 사람도 있다.

길가에 자라는 버터플라이위드는 뿌리줄기로 퍼지는 식물

˚   層積, 종자의 휴면을 끝내기 위해 이끼나 모래 등과 씨앗을 엇갈려 쌓아 저온에 두는 것. —옮긴이

이 아니고, 아직 꼬투리가 열리지도 않았다. 아직은 밝은 빛을 유지하는 꽃들이 자기에게 신세진 온갖 꽃가루 매개자들을 부르고 있었다. 둔탁한 주황 체크무늬 망토를 걸친 표범나비 두 마리가 버터플라이위드의 꿀을 꿀꺽꿀꺽 빨아먹었다. 나비 주둥이는 마치 물감에 닿은 붓처럼 꽃의 빛을 삼키는 것 같았다. 이름을 알 수 없는 애벌레 한 마리가 보호색으로 위장하고 가지에 앉아 있었다. 왕관에 박힌 주황색 도는 꿀빛 점박이 무늬가 아니었으면 절대 못 찾았을 것이다. 연주황색 비늘을 시간에 모두 뺏기고 날개가 반밖에 남지 않은 호랑나비는 조용히 앉아 있었다. 젊고 활기찬 나비에게서는 볼 수 없는 영광이 보였다. 나비가 살아온 세월에서는 아름다움이, 아직 남은 색깔에서는 희망이 느껴졌다.

수컷 제왕나비 한 마리가 재빨리 날아왔다. 나비의 주황 날개와 주황색 꽃잎이 서로 잘 어울렸다. 주황색이라고 다 같은 색이 아니다. 대자연은 무수히 많은 색을 만든다. 마치 페인트 가게의 견본 카드처럼 '귤빛 당근색'이 섞인 '적갈색 마리골드'나 '황토색 일몰'과 춤추는 '생강 불꽃' 색도 있다. 지구의 알고리즘이 제왕나비의 주황색과 버터플라이위드의 주황색을 만들었다.

그러다 퍼뜩 우리의 일정을 생각하고 정신을 차렸다. 나와 제왕나비 둘 다 다가오는 강연 날짜와 겨울에 쫓기고 있었다. 시원해진 밤 기온, 짧아진 낮, 갈색으로 변하는 시골 풍경이 경고를 보내고 있었다. 그때 핸드폰이 울렸다. 북쪽의 제왕나비가 이동을 시작했다는 이메일이 도착했다. 서둘러야 했다. 내가 미주리주에 도착하기 전에 제왕나비가 먼저 지나가 버릴 수도 있었다. 수천 킬로미터를 달리고도 나비를 놓쳤다는 말을 듣기는 싫었다.

제왕나비들은 나처럼 다급해 보이지는 않았다. 제왕나비는 그저 단순한 갈망이나 동경에 끌려 움직이는데 나는 알람이나 사이렌 소리를 들으며 가는 기분이었다. 거리가 더해질수록 더 느려지는 것 같았고 멕시코도 점점 멀어지는 기분이었다.

커먼밀크위드 주위를 맴도는 암컷 제왕나비가 보여 잠시 멈췄다. 밀크위드와 나비 모두 더위에 지친 것 같았다. 하지만 제왕나비는 나뭇잎에 앉아 밑으로 배를 구부리고 알을 낳기 시작했다. 놀라웠다. 나비에 이름표를 붙이고, 밀크위드가 시들고, 가을이 다가오면 제왕나비의 이동이 이미 시작되었다고 생각했는데 알을 낳는 걸 보니 그게 아닌 것 같았다. 아직 시간이 있었다.

갑자기 알이 더 많이 보였다. 성체가 되려면 한 달은 걸릴 텐데. 그럼 내가 제왕나비보다 한 달은 더 일찍 간다는 뜻이다(물론 유독 늦게 태어나서 멕시코에 가지 못하는 알일 수도 있지만). 암컷 제왕나비가 이렇게 남쪽에 알을 낳은 이유를 이해하기 위해, 8월 초 북쪽 서식지 끝에서 갓 우화한 나비가 되었다고 상상해 보자. 지금 이동을 시작하기는 너무 이르니 짝짓기를 하고 알을 낳으려고 할 것이다. 그 알은 30~50일간의 한살이를 끝내고 어린 나비가 되어 멕시코로 날아갈 것이다(축하할 일이다). 그런데 만약 태어난 곳과 같은 위도에서 알을 낳는다면 어린 나비는 9월 중순에 성체가 되어 이동을 시작할 것이고 그때 북쪽은 맹추위로 얼어붙을 것이다. 그러니 북쪽 서식지에서 알을 낳아 서리에 자식을 잃기보다는 남쪽으로 조금 미리 내려와 알을 낳는 것이다. 앞에서 말했듯 이것이 세 번째 또는 한여름 이동이다(예비 이동이라고도 한다).

일찌감치 추위를 피해 멕시코 가까이 내려와 낳은 이런 알은 추위를 피한다는 면에서는 남들보다 유리하지만 모든 제왕나비가 이렇게 하지는 않는다. 남쪽으로 내려가는 건 도박이나 마찬가지다. 북쪽 추위는 피할지 몰라도 남쪽 밀크위드가 시들어버릴 수도 있기 때문이다. 계절마다 상황이 달라지므로 제왕나비들은 일부는 북쪽에 머물고 일부는 미리 이주해 상황에 대비한다. 어떤 선택이 그해 가장 최선이었는지는 시간만이 말해줄 것이다.

경주가 시작되었다. 하지만 아직 전력 질주 단계는 아니다.

길에서 벗어난
길

9월 10 ~ 27일
1만 1,491~1만 2,461km

다리로 미시피강을 건너 미주리주 케이프지라도로 갔다. 비교
적 새로 지은 다리여서 갓길도 넓었다. 중간에 잠시 멈춰 세차게
흐르는 강물을 내려다보는 것도 가능했다. 미시피강은 강 중
의 강이다. 미주리강, 옐로스톤강, 캔자스강, 일리노이강 등 수많
은 물줄기가 이곳으로 흐른다. 초원의 진흙, 산속 바위, 인간의 어
리석음, 물고기, 거품, 쓰레기, 중력과 뒤섞여 바다라는 꿈을 향해
흐르는 모든 지류의 이야기가 들려왔다. 다리는 입을 크게 벌려
하품하는 미시피강의 양쪽 강변을 풀쩍 뛰어넘었다.

차들은 쌩쌩 달리는데 나는 이곳에 모였다가 함께 흘러가는
폭풍과 겨울과 봄의 조합을 생각했다. 각 계절에 태어난 제왕나
비들의 이야기 역시 이곳에 모여 함께 떠난다. 하루도 같은 강물
이 흐르지 않듯 제왕나비의 이주도 매년 다르다.

강을 건너고 범람원에서 올라와 케이프지라도로 향했다. 그
곳에서 이틀간 머물며 강연을 이어갈 것이다.

이 지역 사람들은 케이프지라도가 작은 도시라고 말하지만 나는 떠나기 전 버거킹을 찾았다. 강연을 끝내고 받은 소프트아이스크림 쿠폰을 쓰기 위해서였다. 또 언제나 그랬듯 길가의 풀밭을 훑으며 밀크위드를 찾았다. 산업용 잔디깎이가 풀을 말끔히 베어내며 제왕나비 서식지까지도 파괴하고 있었다. 나는 자전거를 버리고 들로 뛰어가 곧 재앙이 닥칠 밀크위드에 애벌레가 붙어 있는지 꼼꼼하게 살폈다. 재빨리 움직여야 했다. 잔디깎이가 다가오며 상실의 묘지를 넓히고 있었다.

작은 밀크위드에서 아무것도 모르는 애벌레를 찾아냈다. 거대한 잔디깎이가 오는 건 모르면서 내가 가까이 가자 식사를 멈추고 무슨 일인가 하며 촉수를 흔들었다. 나는 밀크위드와 애벌레 세입자를 확 뽑아 패니어에 넣고 옮길 장소를 찾으러 나섰다.

애벌레가 내 패니어에서 흔들리며 무슨 생각을 했는지는 모르지만, 내가 무슨 생각을 했는지는 안다. 잔디깎이가 제왕나비의 서식지를 훼손하고 가능성을 파괴하는 걸 보고만 있어야 한다는 게 너무 마음 아팠다. 스노클링하듯 촉수만 가방 밖으로 빼꼼 내민 생명체를 어떻게 해야 할지도 생각했다. 길 잃은 망명객이 겁먹지 않도록 브레이크를 조심스레 밟고 과속방지턱도 피해가며 적절한 자리를 찾아 길가를 살폈다. 밀크위드가 대부분 도로에 너무 가깝거나 곧 깎여 나갈 것 같거나 누렇게 시들어서 좀처럼 고르기 힘들었다. 10킬로미터 정도 갔을 때 드디어 적당한 자리를 찾았다. 전신주를 빙 둘러 자라는 밀크위드에 다른 애벌레 세입자들이 있었다. 유독한 환경은 아닌 것 같았다. 가방에 있던 애벌레를 조심스럽게 꺼내 아직 다른 애벌레가 차지하지 않은 밀크위드 잎사귀로 옮겼다. 애벌레에게 행운을 빌며 나도 출발했다.

솔직히 지금까지 본 대부분의 제왕나비는 하나로 뭉뚱그려져서 기억난다. 하지만 이 애벌레만큼은 언제까지나 기억날 것이다. 지금도 궁금하다. 멕시코로 무사히 날아가서 불가능을 이긴 나비 목록에 이름을 올렸을까? 아니면 결국 잔디깎이가 나타나 꿈을 이루지 못했을까?

애벌레 대신 지도 위를 구불구불 지나가는 시골길로 방향을 틀었다. 가장 빠른 길은 아니지만 힘든 오르막과 손등이 하얗게 되도록 힘을 줘야 하는 내리막길은 재미를 더했다. 개울로 돌진해 물에 젖은 신발을 끌고 나오고 빨래판 같은 길에 뇌가 덜거덕거리기도 했다. 길이 얼마나 남았는지 또는 얼마나 지나왔는지는 생각하지 않고 지형에 완전히 몰입하는 기분이 좋았다. 그날 밤 눈이 반짝이는 거미와 올챙이들을 따라 작은 실개천으로 들어갔다. 오자크 개울 같은 시원함과 흑요석처럼 어두운 하늘이 나를 푹 감쌌다. 성스러운 기분마저 들었다.

깊은 숲에서 밤을 보내며 머리를 떠돌던 질문이 스스로 답을 찾는 것 같았다. '왜 나는 북쪽으로 갈까? 내가 가려는 방향은 북쪽이 아니라 남쪽인데.' 활 모양으로 굽은 강줄기처럼 내 경로도 어리석어 보일 정도로 휘어 있었다. 하지만 나도 계획이 있었다. 이 길로 가면 당장은 이동 거리가 늘어나고 방향이 맞지 않아도 미국에서 가장 긴 철길 산책로이자 자전거 도로인 케이티 트레일(Katy Trail)로 들어갈 수 있다. 거리가 추가되는 게 가벼운 문제는 아니지만 케이티 트레일로 가고 싶었다. 우회로라도 재미있으면 지름길처럼 느껴지는 법이다.

케이티 트레일에서 연결된 샛길을 따라 캔자스시티 방향으로 400킬로미터를 달렸다. 완만한 경사와 방풍림 덕분에 석회석을 부숴 깐 도로 표면도 감수할 수 있었다. 햇빛과 그늘로 알록달록한 산책로에는 햇볕을 쬐는 뱀이 놀라울 정도로 많았다. 날씨가 변덕을 부려 더워지자 조심성 많은 뱀도 밖으로 나온 것 같았다. 어떤 뱀은 내가 찬찬히 살펴보기도 전에 스르륵 미끄러져 도망갔고 어떤 뱀은 오래 머물며 배울 기회를 줬다.

붙잡아서 사진도 찍은 뱀들이 가장 오래 기억에 남아 있다. 지금도 내 손가락을 휘감은 러프그린뱀의 비늘이 느껴진다. 생생한 눈빛으로 나를 주시하는 뱀의 커다란 눈을 바라보았다. 길고 단단한 몸에서 힘과 우아함이 균형을 이룬다. 내가 손에 힘을 빼자 초록색 사탕 같은 아름다운 짐승은 나뭇잎 속으로 스르르 녹아들었다.

뱀을 놔주기 전에는 꼭 같이 사진을 찍었다. 뱀으로서는 나를 만나는 게 공포스러웠겠지만 이런 사진을 보여주면 사람들도 파충류에 대한 두려움을 조금 극복할 수 있을 것이다. 한 번도 보지 못한 것에 대해서는 공포심을 가지고 두려워하게 된다(녹색 뱀은 위험하지 않다). 우리는 뱀, 곰, 벌, 늑대 같은 야생 동물을 무서워하라고 배운다. 야생의 공간 또한 불안하다고 느낀다. 그렇게 두려움에 지배되어 길들지 않은 야생과 보이지 않는 전쟁을 벌인다.

산책로의 나무 그늘이 잠시나마 진정한 실존적 위협에서 나를 보호해 주었다. 그해는 미국 중서부 전역에 걸쳐 9월 하순 기온이 수십 년 만에 최고치를 기록하고 있었다. 미국 전체로 보면 2017년(2012년과 2016년에 이어)이 지금껏 세 번째로 기온이 높은 해로 기록되었다. 제왕나비는 최대한 적응하고 있었지만 기후 변화는 내 마음을 짓눌렀다.

제왕나비와 밀크위드라면 점점 더 극단적으로 바뀌는 기후에 맞춰 동북쪽으로 자리를 이동하는 게 가능할지 몰라도 꽃꿀의 질부터 바람의 움직임 등 이동에 필요한 다양하고 민감한 변수들 때문에 제왕나비의 이동은 무너질지 모른다. 또한 멕시코의 월동지는 북쪽으로 옮길 수 없다. 제왕나비의 생존에 꼭 필요한 서식지가 2090년이 되면 사라질 것으로 예상된다.

그런 현실을 알면서도 가만히 있을 수는 없다. 우리는 바다와 함께 일어나 미래를 요구해야 한다.[*] 아이들과 젊은 세대가 저항을 시작했고, 기술이 발전하고 정원이 자라고 있다. 멕시코에서는 콰우테모크 사엔스 로메로(Cuauhtémoc Sáenz-Romero) 같은 과학자들이 제왕나비와 제왕나비의 월동지에 도움의 손길을 내밀고 있다. 오야멜전나무는 고도가 300미터만 높아져도 유전적으로 달라진다. 그래서 사엔스 로메로는 낮은 고도에서 자라는 오야멜전나무(열에 더 강한 종) 씨앗을 모아 심고, 묘목을 300미터 더 높은 언덕(곧 열기에 더 강한 나무들이 필요하게 될 지역)에 심어 점점 더워지는 기후에 적응하도록 하고 있다. 그는 이런 방법으로 미래 세대의 제왕나비가 살 집을 준비한다.

나는 숨을 깊이 들이마시며 기후 변화의 공포는 묻어두고 당장 내가 구해야 할 생명이 있다는 걸 기뻐하기로 했다. 햇볕을 쬐

---

[*] 시민 단체와 자선 기관이 손잡고 해양 환경 문제에 대처할 것을 촉구하는 '바다를 위해 일어나라(Rise Up For The Ocean)' 캠페인을 인용하고 있다. —옮긴이

는 뱀 외에도 넓찍한 도로를 탱크처럼 질주하는 상자거북들이 있었다. 내 옆에는 해바라기들이 모여 태양을 향해 기도하고 꽃가루를 나르는 곤충들이 꽃들을 빛냈다. 축제 현장 같은 이 길 한가운데에서 제왕나비 한 마리가 내게 날아왔다. 잠시 우리는 함께 춤추며 지평선을 향해 스텝을 옮겼다. 제왕나비가 바람을 따라 방향을 바꾸자 노트에 시간과 장소를 적었다.

제왕나비가 또 날아왔다. 처음에는 아까 만난 나비가 나를 응원하러 돌아온 줄 알았다. 그러다 두 번째, 세 번째 주황색 날개가 또 나타났다. 일정한 속도로 달리며 1분도 안 되는 시간 동안 다섯 번째, 스무 번째, 50번째, 70번째 제왕나비가 내가 가는 길을 가로지르고 있었다. 어떤 나비는 쌍으로 날아가며 내 머리 위에 간식이라도 달린 것처럼 나를 스쳐갔고, 어떤 나비는 잠시도 시간을 낭비할 수 없다는 듯 내 곁을 수직으로 날아갔다. 나비 수를 세면서도 멋진 모습에 취해 멍하니 하늘을 올려다보았다.

제왕나비가 이렇게 많이 보인다는 건 진정한 가을 이동이 슬슬 시작된다는 신호였다. 봄이나 여름과 달리 가을에 이동하는 나비들은 겨울나기를 훈련하듯 밤이 되면 한데 모여 쉬다가 아침이 되면 흩어진다. 이밖에도 가을 이동이 가까워지면 나비들이 꽃꿀을 집중적으로 빨아먹어 몸집을 늘리고 여러 나비가 함께 남쪽으로 날아가는 모습도 자주 보인다. 나는 더 많은 신호가 나타나기를 바라며 하늘과 꽃을 유심히 보기 시작했다.

케이티 트레일은 제왕나비 말고도 나에게 영감을 주는 마을, 도시, 사람들을 연결했다. 미주리주 제퍼슨시티로 가는 길에 미주리강 기슭에 사는 조 윌슨을 찾았다.

복싱 코치였다가 은퇴해 개를 보호하고 미주리강을 지키는 데 헌신한 조는 자신에게는 세 가지 원칙이 있다고 말한 적이 있다. "여자, 개, 아이를 해치지 말 것." 이 규칙을 어기는 사람은 가만두지 않을 거라고도 했다. 조는 단단한 주먹과 부드러운 마음을 지닌 남자가 어떤 모습인지를 잘 보여주었다. 나는 진솔하고 신념을 굽히지 않는 조에게 나처럼 강한 열정이 있음을 알아보았다. 몇 번 대화해 보니 금세 통했다. 우리는 둘 다 '구멍 뚫린 양동이를 제값 주고 살' 사람들이다. 다른 사람들이 어떻게 생각하든 우리는 도움이 필요한 생명에게 손을 내밀 것이다. 조는 미주리강이 낳은 위대한 활동가였다.

조를 처음 만난 것도 미주리강 덕분이다. 카누를 타고 멕시코만을 향하던 나와 친구들은 조가 헌신적으로 보살피던 강변 모래톱에서 조와 함께 며칠을 지냈다. 조는 그 땅을 소유하지 않았다. 오히려 그 작은 공유지가 조를 소유한 것 같았다. 둘은 서로를 받아들인 것 같았고 나는 어떻게 된 일인지 굳이 묻지 않았다. 불가에 앉아 물소리, 기차 소리, 다리를 지나는 자동차 소리, 모닥불소리 그리고 조의 목소리를 듣던 그 시간은 전체 강 여행에서 가장 신성한 기억으로 남아 있다.

다른 기억도 있다. 제왕나비와 함께하는 자전거 여행을 계획한 후 조를 찾아가 내 생각을 이야기했다. 내 말에 귀기울이는 조 옆으로 제왕나비가 지나갔다. 여행을 결심한 후 처음 보는 제왕나비였다. 내 여행에 축복을 내려주기 위해 찾아온 것 같았다.

치어리더이자 전사였던 내 친구 조가 그리웠다. 조는 내가 여행을 떠나기 전 세상을 떠났다. 그가 없으니 모래톱이 텅 빈 것 같았다. 그의 열정, 거친 표현, 깊은 애정 그리고 무엇보다 그의 진실함이 그리웠다. 우리가 모두 조처럼 작은 땅 한 귀퉁이를 가꾼다면 세상은 더 나은 곳이 될 것이다. 나는 쓰레기를 주운 다음 모래 위로 조용히 눈물을 떨구었다. 눈물은 조의 기억과 함께 강물을 따라 흘러갔다.

상류로 올라가 미주리주 컬럼비아 주택가에서 작은 땅에 헌신하는 또 한 사람을 찾아갔다. 나디아 네버레테틴덜의 집 정원에는 미국의 대초원이 자란다. 그곳이 교외 주택가라는 건 인도, 무성한 풀숲 사이로 난 진입로, 옆집의 초록 잔디 정도를 봐야 알 수 있다. 나는 그렇게 다양한 색과 질감과 생명이 한데 모인 곳을 찾아가게 되어 잔뜩 신이 났다.

우편함에서 몇 발 떨어진 곳에 짝짓기하는 대벌레 열 쌍이 공중곡예하듯 가지에서 대롱대롱 흔들렸다. 그 아래에 제왕나비 애벌레가 꿀벌, 말벌, 팔랑나비 사이에서 열심히 배를 채우고 있었다. 그곳에서 본 모든 동물은 나디아가 살 곳을 마련해 준 덕에 존재할 수 있었다. 평범한 초록 잔디를 키우라는 압력을 무시한 나디아의 용기와 관대함, 자연에 대한 헌신 그리고 성실한 보살 핌이 이들을 키웠다.

나디아는 우리 모두에게 새로운 길을 보여주었다. 마당은 지금보다 훨씬 많은 일을 할 수 있다. 커먼밀크위드 몇 그루가, 남의 집에 신세 좀 지려고 문을 두드리는 용감한 스카우트 단원처럼 옆집 잔디에 자리를 잡았다. 나디아 말로는 이웃들도 밀크위드가 제왕나비의 유일한 생존 기회라는 걸 알게 된 후부터는 마당에 찾아온 밀크위드를 꺾지 않는다고 한다. 끈질긴 밀크위드의 뿌리 줄기처럼, 지식은 느리지만 확실하게 퍼진다.

당당한 밀크위드는 홀로 서서 자기 몫의 역할을 다하고 있었다. 하지만 진짜 혼자는 아니다. 많은 이들이 적극적으로 행동하고 있다. 내 임무는 변화의 촉매가 되는 것이었다.

나디아의 집에 머무는 동안 폭우를 뚫고 미주리 대학교의 A. L. 거스틴 골프장에 다녀왔다. 페어웨이*에는 평범하게 잔디가 자라고 있었다. 하지만 페어웨이 바깥 구역인 러프에는 다른 골프장처럼 길게 깎은 잔디가 아닌 풀과 나무가 뒤섞여 자라고 있었다. 궂은 날씨에도 러프의 다양한 색감이 돋보였다.

쏟아지는 비에도 아랑곳하지 않고 골프장을 안내해 준 골프장 관리인 아이작 브로이어는 자연을 이용해 자신의 꿈을 실현했다. 우선 무섭게 퍼지는 인동덩굴을 제거했다. 그러자 자생 야생화가 기다렸다는 듯 자라나기 시작했다. 서서히 넓은 러프가 초원으로 바뀌었고 덕분에 아이작은 매년 에이커(약 4,047제곱미터)당 300달러의 관리 비용을 줄일 수 있었다. 지구를 위해 일하면 지구도 호의를 베풀어준다.

새로운 방식으로 가꾼 골프장은 자생 식물과 꽃가루 매개자를 부르더니 뜻밖의 사람들을 자생 동식물 애호가로 변화시켰다. 골프장 고객들은 골프장이 뭔가 달라졌다는 걸 알아차리고 처음에는 잡초가 많다고 생각해 불평했지만 아이작은 참을성 있게 기다렸다. 혼란스러워하는 고객에게 자생 식물이 어떤 것이고 어떤

• 티 샷 위치와 그린 사이의 잘 다듬어진 구역. —옮긴이

이점이 있는지 설명했다. 아이작은 나라면 거의 만날 일이 없는 사람들에게 제왕나비의 목소리를 전달했다.

나디아는 이웃에게 이야기하고 아이작은 골프장 고객에게 이야기하고… 우리의 대화가 쌓여갔다. 한 사람이 모두에게 이야기할 수는 없다. 하지만 누구나 한 사람에게는 이야기할 수 있다.

캔자스시티를 떠나 16킬로미터를 달렸을 때 자전거가 패배를 선언했다.

뒷바퀴 타이어가 터지면서 갑자기 바퀴 테가 자갈을 드르륵 드르륵 긁었다. 멈춰서 살펴보니 타이어가 15센티미터 정도 찢어져 있었다. 가벼운 펑크이길 바랐는데 아니었다. 아마도 찢어진 지 한참 됐는데 점점 벌어지다가 공기가 가득 차 있던 튜브가 안에서 압력을 못 이겨 터져버린 것 같았다. 타이어를 빼고 고무 조각을 안쪽에 붙여 틈을 메웠다. 그리고 튜브를 새로 달고 공기를 채워 자전거에 다시 달았다. 문제가 해결되었다.

한 2분 동안만.

타이어가 너무 많이 찢어진 게 문제였다. 튜브가 다시 빠져나오고 기운 고무 조각도 겨우 붙어 있었다. 이번에는 다시 튀어나올 때까지 기다리지 않았다. 근처에 자전거 수리점이 없으니 어떻게든 타이어를 손봐야 했다. 뒷바퀴 브레이크를 떼고 케이블 타이 모아둔 걸 한 줌 꺼내(거의 길에서 주운 것들) 타이어가 찢어진 곳에 꿰매듯 묶었다. 케이블 타이 수술을 마친 자전거는 뒷바퀴 브레이크가 떨어지고 바퀴를 돌릴 때마다 덜컹거림이 그대로 전달됐지만 교외 지역을 천천히 달려 부모님 댁까지 가는 데는 문제가 없었다.

푹 쉴 수 있는 곳에 도착했다. 가족들도 내가 온다는 걸 알고 있었다. 엄마는 특별히 스파게티 호박 캐서롤을 준비했고 아빠는 조촐한 가족 모임을 마련했다. 나도 하루쯤은 자전거나 제왕나비, 이동 거리와 일정을 생각하지 않고 쉬기로 했다(적어도 너무 많이는 생각하지 않기로). 하루 종일 소파에서 뒹굴며 먹기만 했다. 자전거로 엄청난 운동을 하고 일정을 하나씩 해치우는 것도 만족스럽지만 가끔 아무것도 하지 않는 것도 행복했다.

다음 날 역시 자전거는 타지 않고 인터뷰, 정보 업데이트, 일정 관리 등 여행에 필요한 부수적인 일들을 처리했다. 캔자스주와 아칸소주는 이미 강연 일정이 잡혔다. 이제 텍사스주 오스틴만 결정하면 된다. 이곳에서는 열 군데의 학교가 나를 초청하고 싶어했다. 나는 지도를 펼쳐놓고 경로와 가능한 날짜를 살피며 어디에 머물면 좋을지 찾았다. 오스틴은 1,280킬로미터 떨어져 있다. 제왕나비의 속도에 맞춰 남쪽으로 내려가기만 하면 나머지 세부 일정은 맞춰질 거라고 믿었다.

뒤처진 나비들과
떠돌다

201 ·········· **214일**

9월 27일 ~ 10월 11일

1만 2,461~1만 3,127km

8월 말이 되자 한여름 이동은 본격적인 가을 이동으로 바뀌었다. 한살이를 거친 애벌레들은 짧아진 낮 길이, 시원해진 기온, 시들어가는 밀크위드를 신호로 생식 능력이 중단된 나비로 태어났다. 제왕나비들이 모여 한 방향으로 날았다. 겨울나기 세대가 남쪽으로 이동하고 있었다.

　매년 가을 제왕나비의 북쪽 서식지부터 남쪽을 향한 대이동이 시작된다. 거대한 무리의 앞쪽 나비들은 뒤에 오는 나비보다 한 달 정도 빠르다. 이 나비들은 남쪽으로 이동하면서 최근 어른벌레가 되어 날아갈 준비를 하는 어린 나비들을 만난다. 이렇게 새로운 무리가 들어오면서 남쪽으로 이동하는 물결은 점점 커진다. 나비의 이동은 매일 날아가는 속도, 기온 변화, 태양의 고도에 따라 빨라지기도 하고 느려지기도 한다.

　날마다 태양은 누가 불타는 공을 던지기라도 하듯 하늘을 가로지른다. 태양은 뜰 때와 질 때 가장 낮은 곳에 위치하며 이때의 고도는 0도다. 하루 중 가장 높이 올라갈 때, 즉 궤도의 정점에 있을 때를 정오라고 한다. 이 각도는 매일 바뀐다. 예를 들어 캔자스시티에서는 정오의 태양 고도가 하지(가장 높을 때)에는 74도이고 동지(가장 낮을 때)에는 27.5도다. 가을 이동은 이렇게 바뀌는 고도와 관련된 변수를 따라가는 것으로 보인다.

가장 앞에서 이동하는 나비들은 정오 고도가 57도일 때 남쪽으로 이동하기 시작한다. 고위도 지역은 저위도 지역보다 이날이 빨리 온다. 미국 북부의 미니애폴리스에서는 8월 21일경에 정오 고도가 57도가 되고 남쪽으로 갈수록 늦어져 캔자스시티에서는 9월 6일, 오스틴에서는 9월 29일이다. 놀랍게도 제왕나비가 10월 말 멕시코의 제왕나비 군락지에 처음 도착할 때에도 정오 고도는 57도다. 그뿐만 아니라 무리의 마지막 그룹은 정오의 고도가 46도일 때 이동한다. 이 날짜가 미니애폴리스에서는 9월 19일이고 캔자스시티에서는 10월 4일, 오스틴에서는 10월 29일쯤이다. 정오 고도가 57도에서 46도 사이일 때 야생에서 포획돼 이름표가 붙은 나비들이 멕시코에서 다시 발견되는 나비의 90퍼센트에 이른다. 이 기간에 이동하는 제왕나비의 생존율이 그만큼 높다는 의미다.

정오 고도가 이 구간을 벗어났을 때 도착하는 제왕나비의 비율이 높아지는 해도 있지만 이 나비들은 언제나 늦게 오지 일찍 오지는 않는다. 1994년부터 2018년까지 월동하는 제왕나비 개체수가 가장 낮았던 5년 중 4년은 늦게 도착하는 나비 비율이 높았다. 생존율에 영향을 주는 요인은 많지만 대체로 태양의 고도를 따르는 것이 멕시코에 성공적으로 도착하는 데 도움을 주는 것 같다. 제왕나비가 정확히 어떤 신호에 따라 이동하는지는 아직 밝혀지지 않았지만 제왕나비를 춤추게 하는 음악에 태양의 고도가 포함된 것만은 확실하다. 태양의 리듬에 속도를 맞추기만 하면 햇빛과 온도 등 다른 수많은 요인까지 적절하게 맞춰지는 것 같다.

내가 10월 11일 캔자스시티를 떠날 때는 태양의 정오 고도가 43.6도였다. 그러니까 나와 함께하는 나비들은 무리에서 뒤처져 있었다. 하지만 고개를 푹 숙인 꽃에서 목을 축이는 나비들을 보니 희망이 있었다. 꽃꿀을 쭉쭉 빨아들이는 것이 가을 이동의 핵심이다. 제왕나비는 한 번도 가본 적 없는 숲까지 수천 킬로미터를 날아가야 할 뿐 아니라 최대한 통통한 상태로 도착해야 한다. 멕시코의 겨울을 견디려면 지방을 양껏 쌓아두어야 하기 때문이다.

멕시코의 겨울 서식지 역시 흰색, 보라색, 노란색 꽃으로 뒤덮여 있지만 이주 나비를 모두 먹이기에는 턱없이 부족하다. 제왕나비는 대부분 몸에 축적한 지방에 의지해 살아남고 비축한 지방이 다 없어졌을 때에만 바닥에 깔린 꽃을 찾는다. 이렇게 꽃꿀을 마시는 제왕나비는 나무에 매달려 움직이지 않는 나비에 비해 축적된 지방이 반밖에 안 되는 것으로 나타났다. 남쪽으로 이동하는 동안 충분한 지방을 저장하지 못한 것인데, 서둘러 내려왔거나 꿀이 풍부한 꽃을 찾지 못했거나 작게 태어나 활공비 효율이 떨어지는 등 여러 이유가 있을 것이다. 이유가 무엇이든 이런 나비는 겨울 간식을 꼭 먹어야 한다.

계절에 따라 이동하는 여러 동물과 달리 제왕나비는 출발할 때보다 도착할 때 더 무거워야 한다. 나도 도착하면 더 무거워져 있을 것 같다. 사람들의 멋진(그리고 맛있는) 환대를 받지 못했다면, 중간에 식료품점이 그렇게 많지 않았다면, 느리고 꾸준히 달리지 않고 더 빠르게 달렸다면 분명 체중이 줄었을 것이다. 꾸준히 (놀라울 정도로) 몸무게가 늘어나는 것은 가을에 이동하는 제왕나비와 나의 공통점 중 하나였다.

캔자스시티를 떠나 멕시코까지 가면서 내가 할 일은 충분히 먹는 것만이 아니었다. 8일 동안 450킬로미터를 달리고 그사이 여섯 개 도시에서 강연해야 했다.

시간에 쫓기다 보니 미주리주 조플린에 사는 밸 프랑코스키의 집에 도착했을 때는 캄캄한 밤이었다. 그래서 아침이 되어서야 뒤뜰에 펼쳐진, 그리고 앞뜰 경계까지 점령한 자생 식물 정원을 구경할 수 있었다. 마침 제왕나비 한 마리가 우연히 날아와 밸의 헌신을 입증해 주었다. 밸의 열정과 운영 능력 덕에 나는 이틀 동안 1,000명이 넘는 학생들 앞에서 강연할 수 있었다. 또 밸이 가꾸고 홍보하며 여름 내내 제왕나비 애벌레를 키운 마을 정원도 방문했다. 애벌레가 한 마리라도 살아남았다면, 아이가 한 명이라도 관심을 가졌다면 그걸로 충분했다.

아이들에게 제왕나비와 모험과 과학이 주는 기쁨을 이야기하고 모두가 해결책을 찾는 데 도움이 될 수 있다고 말하는 희망에 찬 내 모습을 밸은 지켜보았다. 동시에 절망에 사로잡혀 한계에 부딪히는 최악의 순간도 보았다.

그 일은 한 노인과 기분 좋게 이야기를 시작하면서 일어났다. 이야기가 길어지면서 의견이 조금씩 충돌하는 걸 보고 밸이

와서 말리려고 했지만 정치와 현실을 보는 관점 차이로 대화는 점점 논쟁으로 번졌다. 그 노인은 성공과 실패는 열심히 일하려는 의지에 따라 결정되는 것이며 자신 같은 백인 남성이 정한 규칙과는 아무 관계가 없다고 생각했다. 나는 그런 규칙이 그의 길은 잘 닦아주었을지 몰라도 다른 사람들을 막다른 길로 몰고 있다고 생각했다.

나는 우리 같은 백인이 누리는 이점을 지적하고 싶었다. 슬픔에 사로잡히지 않고 침착하게 듣고 반응하려고 했다. 사람들은 몇 달 동안 자전거를 타고 계획을 짜고 싸우는 내가 강하다고들 하지만 사실 나는 내가 너무 나약하게 느껴질 때가 많았다. 도무지 연민을 느끼지 않는 사람들을 보며 괴로웠다. 매일 매 킬로미터를 달릴 때마다, 초원을 파괴하고 이동하는 나비를 죽이면서도 아무것도 모르는 사람들을 용서하기 힘들었다.

우리의 언쟁은 점점 혼란에 빠졌다. 그는 단지 백인 남성이라고 해서 남들보다 수월하게 살 수 있다는 말을 받아들이지 못했고 그럴 마음도 없었다. 사회·경제·교육 면에서 모든 상황이 그에게 유리한데도 말이다. 나는 그의 성공을 깎아내리거나 헐뜯으려는 게 아니며, 자신의 행운을 인지할 때 더 힘든 조건에서 살아가는 사람들의 불리함도 알 수 있다고 이야기했다. 하지만 그는 성공은 노력의 결과라는 진부하고 설득력 없는 말로 논쟁을 끝냈다.

제왕나비는 이 말이 거짓임을 알았다. 제왕나비는 폭풍, 천적, 자동차, 잔디깎이, 질병을 이기며 수천 킬로미터를 날아가는 엄청난 노력을 하지만 개체수가 급감하고 있다.

나도 그의 말이 거짓임을 알았다. 그 사람을 만났을 때 나는 그동안 너무 많이 노력한 탓에 몸이 정상이 아니었다. 내 몸은 그저 사람들을 일깨우고 세상이 파괴되고 있음을 알리기 위해 강연장을 돌아다니는 도구일 뿐이었다. 나는 정말이지 열심히 일했고 세상 누구보다 노력했지만 제왕나비의 미래는 여전히 위태로워 보였다. 그 남자는 고장난 세상을 물려주면서 조금도 책임감을 느끼지 않았다.

　인내심이 바닥을 쳤다.

　말하기가 너무 피곤해서 자리를 피하는 나를 벨이 성심껏 달래주었다. 나는 지쳤다. 매일 보는 이 나라 사람들의 무관심과 냉정함, 약자를 짓밟는 강자의 비열함에 진절머리가 났다. 그럴수록 나 자신에게 강해지라고 외쳤다. 나 역시 상관없는 문제라며 무시할 수 있겠지만 그런 사람이 되고 싶지 않았다. 우리는 모두 더 나은 사람이 될 수 있고 그래야 한다. 나 또한 문제를 일으킨 장본인이라는 걸 인정할 때 해결책도 세울 수 있다. 완벽함과는 거리가 멀지 몰라도 나는 노력하고 있었다.

　강연을 계속하고 자전거도 계속 탔다. 도착했을 때와 마찬가지로 어둠 속에서 조플린을 떠났다.

　캄캄한 밤길을 따라 미주리주 네오쇼로 페달을 밟았다. 부연 안개가 개구리와 내 양서류 영혼을 불러냈다. 작은 표범개구리가 자신을 들어 안전한 곳으로 던져달라는 듯 내 앞으로 뛰어들었다. 자전거를 멈췄지만 몇 초 늦어버렸다. 차 한 대가 지나가는 바람에 내가 다가갈 틈이 없었다. 죄 없는 개구리 한 마리가 또 사라졌다. 자동차 타이어가 개구리의 목숨을 영원히 지워버렸다. 살아 있던 생명의 살점이 순식간에 빗물과 함께 바닥에 흩뿌려졌다. 망설임도 슬픔도 개구리도 없는 도로가 낯선 침묵에 휩싸였다.

동물들은 대부분 맞서 싸우지 못하고 그저 마음 아픈 침묵만 남긴다. 나는 그 침묵이 들렸다. 귀가 터질 것 같은 침묵을 안고 달렸다. 빈 공기와 입 다문 밤의 장례 행렬. 하지만 아직 모든 것이 사라지진 않았다. 안개 낀 도로에서 몇 번이나 차들을 피해 자전거를 멈추고 살아 있는 생명을 붙잡았다. 그들의 눈을 바라보며 대화를 나눈 뒤 안전한 곳으로 보내주었다. 그러느라 속도가 느려졌지만 달리 어떻게 할 수 있겠는가?

밤조차 잠들었을 때 네오쇼에 도착했다. 마당에서 야영해도 좋다고 허락해 준 사람의 집을 찾아가 울타리 옆 나무 그늘에 텐트를 쳤다. 원래는 마을의 끄트머리쯤에서 잘 계획이었는데 그날 저녁 강연에 참석한 사람들이 걱정으로 거의 폭동을 일으킨 일이 있었다. 한 여자가 내게 밤에 자전거를 타는 건 절대 안 된다고 한 것이다.

보통 그런 경고를 들으면 과거에 있었던 일들을 이야기하고 앞으로의 계획은 숨기는 걸로 대응했다. 계획이 밝혀진 다음이라면 그냥 고개를 여러 번 끄덕이고 '알겠어요'를 여러 번 말한 후 계획대로 하는 편이었다. 그저 내가 몇 년 동안 해오던 일이 왜 그날 밤에는 안 된다고 하는지 항상 이상할 따름이었다. 경고를 무시하려는 게 아니라 경험에서 우러나온 걱정과, 뉴스를 너무 많이 본 나머지 추측하고 과장해서 말하는 걱정은 분명 달랐다.

나는 밤에 자전거를 타면 안 된다고 말하는 여성을 향해 말했다. "아니요, 타도 돼요." 굳이 말하기도 우스꽝스러운 언쟁이고 말싸움을 계속할 힘도 없었다. 위험은 어디에나 있다. 그리고 밤에는 교통량이 줄고 자전거 조명도 환해서 그렇게 과도하게 걱정할 일은 아니었다. 그래도 딱 잘라 아니라고 말하니 마음이 좋지 않았다. 그때 누군가 네오쇼에 사는 친구에게 전화를 걸더니 그날 밤은 그곳에서 자라고 했다. 그렇게 타협했다.

이런 말, 아니 이런 생각을 한다는 것조차 미안하지만 나는 매번 도움을 받을 때마다 책임감도 함께 느꼈다. 계획을 세우고 이야기하고 설명하고 걱정하고 대응하고 연락을 이어가는 데는 어쩔 수 없이 내 시간과 에너지가 들었다. 가끔은 그런 과정이 너무 피곤했고, 때로는 홀로 야영하면서 지구에만 신세지고 싶었다. 내 말을 오해하지는 말기 바란다. 만남은 이 여행의 궁극적인 목적이고 다른 사람 집에서 머문 날 중 어떤 하루도 캠핑과 바꾸고 싶지 않다. 그런 만남 덕에 여행할 수 있었고 그들이 징검다리가 되어준 덕에 내가 가고 싶은 곳으로 갈 수 있었다. 고마운 마음은 영원히 잊지 않을 것이다. 하지만 텐트에서 홀로 보낸 밤 또한 다른 집에 머무는 기회와 바꾸고 싶지 않다. 그런 고독한 밤이 있었기에 이 여행이 가능했고 그에 대한 고마운 마음 역시 영원할 것이다.

나는 메모지에 급히 끄적인 주소를 찾아 거대한 잔디밭에 자리를 잡았다. 그리고 시원해지는 밤공기 속으로, 텐트 안으로, 침낭 안으로, 내 생각 속으로 깊이 들어갔다. 커튼콜을 받는 배우처럼 숨을 깊이 들이마셨다. 잘 깎은 잔디 냄새가 축축한 공기를 따라 폐로 들어올 때 지난 며칠의 기억을 폐 속에 밀어넣었다. 그런 다음 따지기 좋아하는 내 성격, 내 분노와 절망 등 잊고 싶은 모든 것을 뱉어냈다. 어떻게 잊을 수 있을지 모르겠지만 노력해봐야 했다. 내 마음 하나 조절하지 못한다면 제왕나비나 지구를 도울 수 없다. 한 번 더 숨을 깊이 들이마시고 내쉬며 내가 구하지 못한 모든 개구리의 죽음을 보내주자고 생각했다.

하루 끝의 고요함에 몸을 묻었다. 애쓰고 실패하고 배우고 전진한 하루가 또 지났다.

다음 날 짐을 싸면서 내가 살린 개구리들의 승리도 함께 챙겼다. 동물들의 지혜와 힘, 넓은 마음과 조용한 저항을 가방에 넣고 밸이 마을 정원 하나하나에 쏟은 헌신과 희망도 실었다. 혹시 곧 주차장이 될 초원에서 꽃꿀을 빠는 나비를 본다 해도 내가 혼자가 아니라는 사실을 떠올리자고 마음먹었다.

얼마 안 가 다음 강연 장소에 도착했다. 학교 직원 화장실에서 세수하고 깨끗한 옷으로 갈아입은 다음 거울을 보며 숨을 들이마셨다. 나를 보는 나를 바라보며 절망을 밀어내고 내 노력에 집중하자고 생각했다. 체육관까지 걸어가서 제왕나비를 대신해 목소리를 냈다. 수백 명의 아이들에게 더 나은 내일을 만들자고 제안했다. "저도 매일 제왕나비를 보지는 못해요. 하지만 제왕나비를 도울 수 있는 사람들은 매일 만납니다. 우리는 모두 제왕나비를 도울 수 있어요."

우리는 모두 노력할 수 있다. 우리가 할 수 있는 건 노력뿐이다.

네오쇼를 떠날 때는 대략적인 계획밖에 없었다. 남쪽으로 가다가 아칸소주 페이엣빌에서 강연하고 나머지는 가면서 생각하기로 했다. 미주리주 남쪽의 높은 언덕 사이로 구불구불 펼쳐진 길이 비를 맞아 반짝였다. 농장과 숲이 섞인 길을 따라가며 호기심이 일 때마다 멈춰 섰다.

400미터쯤 뻗은 포장도로 위에 하얗고 통통한 애벌레 한 떼가 길을 건너고 있었다. 쪼그리고 앉아 눈높이를 최대한 맞추고 녀석들을 살폈다. 애벌레들은 꼭 배를 쓰다듬어 달라고 조르는 강아지처럼 검붉은 색의 작고 아름다운 다리 여섯 개를 하늘로 뻗고 있었다. 다리가 아니라 등을 꿈틀거리며 꾸준히… 어딘가로 가고 있었다. 한 마리에 조심스럽게 손을 대자 하얀 덩어리 같은 것이 꿈틀거림을 멈추고 동글게 몸을 말아 방어 자세를 취했다. 이 애벌레와 80마리 정도 되는 친구들을 모두 모아 풀밭으로 던졌다. 6월풍뎅이(June beetle)의 애벌레들이었다. 6월풍뎅이는 부화한 후 1년 동안 땅속에서 뿌리를 먹으며 잔디밭 주인을 성가시게 하다가 6월이 되면 빛나는 초록 곤충이 되어 우리 삶에 날아들어온다.

풍뎅이 역시 우리와 한 팀이다. 잔디밭을 자기 집으로 바꾸면서 지구를 되돌리는 자기 몫을 해내기 때문이다. 새와 개구리와 스컹크의 먹이가 되는 풍뎅이에게는 그들만의 울퉁불퉁한 아름다움이 있다.

이동 거리 1만 3,000킬로미터를 앞두고 아칸소주에 도착했다. 아칸소주를 알리는 표지판 앞에서 항상 하던 대로 요란하게 사진을 찍었다. 차들이 쌩쌩 달리는 소리를 들으며 삼각대를 놓고 그 앞에서 춤추고 발로 차고 소리도 질렀다. 그렇게 내가 달린 길과 내가 만난 제왕나비와 내 안에서 일어난 좋고 나쁜 변화를 기념했다. 어떻게 여행을 시작하기 전보다 더 화가 나고 더 희망을 느끼는 걸까? 시간이 지나면서 감정이 희석되기는커녕 더 강렬해지기만 했다.

이동 거리 1만 3,001킬로미터: 더 행복하고 더 슬픔.

이동 거리 1만 3,002킬로미터: 더 힘이 나고 더 피곤함.

고속도로는, 아칸소주 북서쪽의 복잡한 도시들 사이를 가로지르며 난개발의 긴장을 풀어주는 리저널 레이저백 그린웨이 (Regional Razorback Greenway) 자전거 도로 정상에 나를 떨어뜨렸다. 울타리 너머로 미역취 꽃이 흐드러지게 핀 구간이 그중 가장 좋았다. 뭉게뭉게 피어난 노란 꽃들이 파도처럼 일어났다가 바람을 따라 몸을 숙이며 제왕나비 무리에게 먹이를 제공한다. 미역취를 만나면 좋은 친구가 나를 보고 손을 흔드는 것 같아 항상 기분이 좋다. 꽃가루를 나르는 곤충들도 행복할 것이다. 미역취에는 손님이 끊이지 않는다.

페이엣빌에서는 오래 머무르지 않았다. 세 차례 강연하며 하루 머문 후 다시 레이저백 자전거 길로 돌아왔다. 그 길 끝까지 갔다가 동쪽으로 방향을 틀어 세상에서 내가 제일 좋아하는 장소 중 하나로 향했다. 그곳은 평범함으로 위장한 비밀스러운 숲이었다. 아칸소주의 오자크산맥(Ozark Mountains)은 내가 본 어떤 곳보다 거칠고 변화무쌍하고 흥미롭다. 아직 목초지와 주택밖에 없는 헐벗은 언덕(한때는 푸른 산이었겠지만)을 달리면서도 오자크산맥이 가까이 있음을 느낄 수 있었다. 외로운 공동묘지에서 밤을 보내는 동안 제왕나비 한 마리가 머리 위에서 팔랑거렸다. 나는 묘지에서 제왕나비를 보는 게 좋았다. 헤더 시더와 내가 버펄로에서 이야기한 것처럼 사랑하는 사람의 영혼이 제왕나비가 되어 찾아온다는 말을 믿든 안 믿든 무덤을 찾은 제왕나비는 아름답다. 묘비 하나하나가 잘 깎은 잔디가 아닌 야생화와 곤충으로 둘러싸이면 더 좋을 텐데. 그럼 산 사람과 죽은 사람 모두 그 아름다움에 눈물 흘릴 텐데.

묘비들이 거의 땅에 묻힌 공동묘지 한구석에 제왕나비와 함께 자리를 잡았다. 나는 텐트를 펴고 나비는 나뭇가지 사이에 앉았다. 아침이 되면 우리는 각자의 길을 떠날 것이다. 제왕나비는 여행을 계속하고 나는 집을 찾아 안전한 땅으로 들어갈 것이다.

나는 집이 많았다. 그중 대부분은 나를 맞아주고 보호해 주는 야생의 피난처들이다. 흔들리는 나무에 앉아 날개를 접는 제왕나비도 나와 정서가 통하는 것 같았다. 고속도로와 마을에서도 제집인 양 편안하지만 밤이 되면 깊은 야생을 찾는 걸 보니.

비포장 길을 빠르게 달려 오자크 숲에 안겼다. 어디에서 방향을 돌려야 할지는 기억이 알려주었다. 야생의 아칸소 땅 공기를 깊이 들이마시며 내가 가장 좋아하는 강 한 기슭에 자리한 톰 림커스와 신디 림커스 부부의 집으로 갔다.

제왕나비를 따라가는 일정이 빡빡하지만 않았더라도 톰과 신디의 집에서 한 달은 머물면서 독수리가 하늘 사다리를 따라 화강암 절벽에 오르는 걸 관찰했을 것이다. 여름이 끝나 바싹 마른 나뭇잎으로 뒤덮인 개울 바닥을 헤매고 다녔을 것이다. 암반을 파고들며 흘러가는 강물에도 들어갔을 것이다. 그리고 산속에서 삶을 조각하는 두 친구와 이야기를 나누며 그들의 넓은 마음과 유머 감각 속에서 숲의 고요가 주는 것만큼이나 큰 위안을 얻었을 것이다. 하지만 제왕나비는 다른 계획이 있었다. 거기 따르면 나는 이틀밖에 쉴 수 없었다.

그 이틀 동안 기력을 회복했다. 톰과 신디의 친절함과 헌신, 그리고 영감을 주는 그들의 삶에 힘이 났다. 나 역시 작은 땅에 안식처를 만들고 위로받고 싶었다. 나도 나만의 방식으로 내 삶을 살고 싶었다. 강물, 변해가는 나뭇잎, 얕은 연못에서 무심히 헤엄치는 물고기들을 보니 걱정에 소용돌이치던 마음이 조용히 가라앉았다. 이 기억이 앞으로 찾아올 나쁜 소식과 싸움에서 나를 보호해 줄 것이다. 내가 싸우는 이유를 다시 한번 되새겼다.

에너지를 재충전하고 근처 아칸소주 헌츠빌에서 강연도 하고 톰과 신디를 꼭 안아준 후 남쪽으로 1,100킬로미터 떨어진 텍사스주 오스틴으로 향했다. 선물처럼 순풍이 불고 구름이 친구가 되었다. 조용한 산이 첩첩이 펼쳐졌다. 내 기억을 천 개의 초록에 담아 색칠했다.

차들이 쌩쌩 지나가고 차에 치여 죽은 동물들의 시선이 느껴지자 톰과 신디의 집에서 회복한 기운이 다시 꺾이는 것 같았다. 그러다 내가 생각의 틀에 갇혔다는 생각이 들었다. 허탈감을 느끼는 게 습관이 돼버렸다. 그럴 수밖에 없었다. 지독한 뉴스와 거들먹거리는 운전자들, 부당한 환경 파괴 현장을 가까이에서 끝없이 목격했으니. 그러나 그런 반응은 도움도 안 되고 건강하지도 않았다. 그래서 의도적으로 관점을 바꾸기로 했다.

트럭에 탄 남자 두 명이 손을 흔들기에 나도 같이 흔들었다. 조금 더 가서 두 사람이 트럭을 세웠을 때 나도 에너지와 선의를 끌어모아 자전거를 멈췄다. 그들은 자신들이 시골뜨기지만 그래도 조금은 진보적이라고 했다. 그리고 내가 하는 말마다 감탄을 아끼지 않았다. "멕시코에서…." 두 사람은 매료된 듯 내 말을 반복했다. 한쪽 눈이 안 보이는 남자가 자신이 얻은 삶의 교훈을 풀어놓았다. 그는 여자친구 두 명이 차례로 죽은 후 술, 마약, 정크푸드를 끊었다고 한다. "그때는 바쁘게 살거나 바쁘게 죽어가는 수밖에 없었죠."

나는 분명 바빴다. 하지만 살아가느라 바쁜 걸까?

두 사람이 떠난 후 나는 바쁘게 살아가는 데 쓸 내 운을 따져보았다. 나에게는 녹초가 되도록 쓸 수 있는 몸과 걱정하지 않을 만큼의 돈이 있었다. 낯선 사람은 나쁜 사람일 때보다 좋은 사람일 때가 많다는 확신도 있었다. 절망할 때도 있지만 그와 싸우는 만족감도 알았다. 나에게는 모두 힘을 모아 제왕나비를 구할 수 있다는 희망이 있었다. 게다가 지평선을 향해 활처럼 구부러진 시골길과 그 길에 흐드러지게 피어나 여행자를 맞이하는 꽃들도 찾아냈다.

한참 더 가다 보니 이번에는 더 최신 트럭을 탄 남자가 속도를 늦추며 창밖으로 고개를 내밀었다. "길 잘못 들었수다!" 걸쭉한 아칸소주 억양이었다.

나는 미소로 답하고 손을 흔든 후 계속 가던 길을 갔다. 바르게 가는지 확신할 수 있는 사람은 없다. 다만 느낌을 믿을 뿐이다. 그 순간 나는 내가 길을 잘못 들지 않았고 제대로 가고 있다고, 위대한 목적지를 향해 가고 있다고 느꼈다. 나는 이 여행을 통해 나비와 자전거 타는 것 말고도 내 분노와 슬픔을 이해하고 풀어내고 싶었다. 제왕나비는 자신들을 억압하는 사람들에게 아름다움을 가져다줄 뿐, 슬픔 속에 가라앉지 않는다. 제왕나비가 주는 많은 가르침과 더불어 그들의 태도를 배우고 싶었다.

　멕시코가 보이지 않아도 거기 있다는 걸 알듯, 미래가 보이지 않아도 옳은 길을 간다는 확신이 있었다. 내가 할 수 있는 건 바쁘게 살아가며 길을 잃고, 찾고, 또 앞으로 나아가는 것뿐이었다.

남쪽으로
되감기

10월 12 ~ 27일
1만 3,127~1만 4,233km

캔자스시티부터는 남쪽으로 곧게 달렸다. 나도 제왕나비처럼 멕시코에 갈 준비가 되어 있었다. 하지만 제왕나비와 달리 지도가 없다면 길을 잃었을 것이다.

제왕나비 이동의 '시기'가 태양에 맞춰 이루어지듯 이동 '방향' 역시 태양과 관련이 있다. 제왕나비는 하늘에 뜬 태양의 위치를 주요 신호로 삼아 가을에는 남쪽으로 봄에는 북쪽으로 이동하는 것으로 보인다. 이 위치는 종일 변하기 때문에 제왕나비는 더듬이에 있는 생체 시계로 이 차이를 보정한다.

구름이 끼어 태양의 위치를 알기 힘들면 편광●된 자외선을 보조 신호로 이용해 방향을 찾는다. 태양광은 대기를 통과하며 편광이 일어나고 입자에 부딪혀 산란된다. 태양 빛은 여러 크기

● 偏光, 전자기파의 전기장이나 자기장이 특정 방향으로 진동하는 현상.
—옮긴이

의 전자기파로 이루어져 있어 다양한 크기의 파장이 일정 방향으로 흩어진다. 사람이 눈으로 볼 수 있는 파장인 가시광선에서 파란빛이 가장 짧아 가장 쉽게 산란된다. 그것이 하늘이 파란 이유인데 하늘이라고 다 같은 파란색은 아니다. 지평선 가까이 들어오는 빛일수록 위쪽 하늘에서 들어오는 빛보다 더 두꺼운 대기층을 통과해야 한다. 따라서 산란도 더 많이 되기 때문에 하늘 색도 그에 따라 달라진다.

제왕나비는 가시광선뿐 아니라 자외선도 볼 수 있다. 사람이 푸른 하늘의 명암 차이를 알아보듯 나비는 자외선의 산란 패턴을 감지할 수 있다. 이 패턴이 구름 때문에 왜곡될 수 있지만 푸른 하늘이 조금이라도 보이면 제왕나비는 자외선의 편광 패턴을 파악해 계속 정확한 방향을 찾을 수 있다.

하늘에 구름이 가득 끼어 태양이나 자외선 편광 패턴에 따라 방향을 찾지 못할 때도 방법은 있다. 제왕나비에게는 보조 자기 나침반이 있는 것으로 보인다. 빛에 민감한 크립토크롬(crypto-chrome) 단백질이 더듬이에 있어서 빛이 아주 적을 때도 지구 자기 북극에서 지구 자기 남극으로 방출되는 전자기장을 감지하라는 신호를 보낸다. 이 자기장과 지표면이 이루는 각도는 적도에서 양극으로 가면서 일정하게 변하는데 제왕나비는 이 각도를 감지해 방향을 찾을 수 있다. 자기 나침반과 태양 나침반은 미묘하게 차이가 나기 때문에 해가 보일 때는 태양 나침반이 자기 나침반에 우선한다.

제왕나비는 바람에 떠밀려 가지 않도록 바람의 속력과 방향도 감지해야 한다. 가을에는 북서쪽에서 우세풍이 불어와 이동을 도와줄 때가 많지만 여전히 비행 방향을 조정할 수 있는 도구가 필요하다(바람 부는 날 카누를 타고 호수를 건널 때와 비슷하다). 냄새, 빛, 바람, 진동, 중력, 기압을 느낄 수 있는 제왕나비의 더듬이는 바람을 포함한 여러 어려움을 이겨내는 데 핵심 역할을 하는 듯하다.

알면 알수록 얼마나 모르는 게 많은지 깨닫는다.

알면 알수록 제왕나비를 더 우러러보게 된다.

무엇보다도 중요한 것은 제왕나비가 가을에는 남쪽으로 봄에는 북쪽으로 이동한다는 것이다. 제왕나비의 체내 나침반은 겨울에 재조정되는 것 같다. 이런 방향 조정은 제왕나비가 3주 동안 추위를 겪고 나면 이루어진다. 바로 월동 장소에서 찾을 수 있는 조건이다. 밀크위드도 이와 비슷하게 저온 층적 과정을 거쳐야 발아할 수 있다. 단지 우연이라고 보기 힘든 이런 유사성 또한 기후 변화로 바뀔 수 있는 변수에 추가되어야 한다.

비록 나비처럼 세상을 보지는 못해도 자전거로 고속도로를 달리며 제왕나비의 복잡하지만 완벽한 지혜를 느낄 수 있었다. 겹겹으로 쌓인 빛의 층과 그 광채를 엮어내는 정교하고도 미묘한 차이를 볼 수는 없지만 느낄 수는 있었다. 아마도 어떤 사람들은 이럴 때 신의 존재를 느낀다고 할 것이다. 오클라호마에 들어가면서 태양이 그냥 평범한 별이 아니라는 사실에 감사했다.

오클라호마를 지나며 달린 길은 '포장된 상처'라고 부르는 게 더 적절할 것이다. 초록에 잠기고 태양에 달궈진 숲을 따라 뻗은 이 4차선 도로에 나를 위한 길은 없었다. 갓길까지 길게 요철 처리가 된 탓에 어쩔 수 없이 줄타기꾼처럼 흰 차선 위로 달려야 했다. 운전자들은 내가 왜 갓길로 달리지 않는지 의아했을 것이다. 빨래판 같은 요철 때문에 갓길로 갈 수 없다는 건 생각하지 못했을 테니까. 그것도 모르면서 다들 나에게 한수 가르치고 싶었나 보다. 차선 세 개를 비워두고 굳이 내 옆에 바짝 붙어 달리는 차들 때문에 자주 자전거를 멈추고 차들이 일으키는 바람을 견뎌야 했다. 이 차들은 나에게 아무 가르침도 주지 않았다. 나는 이미 거만한 운전자들이 얼마나 끔찍한지 잘 알고 있었다.

나를 환영해 주는 것은 나무 사이에서 살아가는 동물들이었다. 도로를 따라 코로 길게 땅을 파는 아르마딜로(armadillo)가 눈에 띄는 순간 얼어붙었다. 차에 치여 썩어가는 아르마딜로 사체를 너무 많이 본 탓에 건강하게 살아 있는 녀석을 보니 반갑기 그지없었다. 하지만 눈치는 좀 무딘지 내가 있는 건 전혀 모르고 그저 열심히 땅을 파고 뒤적이며 내 발치로 다가오고 있었다. 나는 더 잘 보려고 집중했다. 얼굴은 쥐 같고 등껍질은 거북이 같고 피부는 돼지 같고 발톱은 매 같은 녀석의 귀여움을!

아르마딜로가 내 신발을 쿡쿡 찌르며 내가 움직이는지 살피더니 원래 계획이 있었다는 듯 종종걸음으로 물러났다. 도로로 달려가려는 아르마딜로를 경호원처럼 쫓아갔다. 내가 힘이 세지는 않아도 아주 없지는 않았나 보다. 손을 휘휘 저어 아르마딜로를 안전한 나무 사이로 보낼 수 있었다.

또 비슷한 색으로 몸을 가려주는 나무 커튼에서 기어나와 도로를 헤매는 대벌레를 주워 안전한 솔잎 위로 던지기도 했다. 몸이 잘리고 뭉개진 죽은 대벌레들에게서 눈을 떼려고 노력하면서 대신 아직 살아 있는 곤충의 아름다움에서 평화를 찾았다.

수컷 대벌레는 어린나무처럼 푸르고 활발했다. 더 진한 갈색에 더 크고 느린 암컷 대벌레보다 가지 같은 다리를 더 많이 흔들고 더 빨리 움직였다. 암컷 대벌레는 내게 싸움을 거는 대신 앞다리를 쭉 뻗어 복부를 커 보이게 했다. 대벌레들은 내 눈앞에서 다리를 쭉 뻗고 죽은 척하며 나뭇가지나 솔잎으로 변신했다.

눈 달린 나뭇가지, 나무껍질을 둘러쓴 곤충. 자연의 상상력은 끝이 없다.

나는 오클라호마주의 남동쪽 구석만 슬쩍 지나가며 이틀을 머문 후 워시타산맥의 거친 봉우리들을 뒤로하고 텍사스주로 넘어갔다. 6일 동안 쉬지 않고 555킬로미터를 달려 오스틴에 도착해야 했다.

하루는 목화솜이 터지는 들판과 시간의 뒤편으로 버려진 관목지 사이로 145킬로미터를 달렸다. 울타리 뒤로 말들이 활기차게 뛰어다니고, 풀이 무성한 도랑에 똬리를 튼 쥐잡이뱀이 나를 보더니 날개라도 달린 듯 놀라서 튀어 나갔다. 무심한 차량에 치여 죽어가는 쥐잡이뱀도 있었다. 그 뱀을 들어올려 눈을 들여다본 후 1.2미터나 되는 부드러운 몸을 돌돌 말아 도로 밖 그늘로 옮겨주었다. 해가 저물어 하늘이 연필로 네온 구름을 그릴 때까지 계속 자전거를 탔다. 밤에는 교회 뒤, 텐트를 조금밖에 가려주지 못하는 시끄러운 에어컨 실외기 옆에서 잤다.

강연과 미팅에 방해받지 않고 흘러간 그 며칠은 검은 도로와 희미한 지평선의 기억으로만 남았다.

자전거를 타고 또 탔다. 남쪽으로 충분히 내려가니 조명이 켜지듯 같은 방향으로 이동하는 가위꼬리딱새와 씨가 맺히기 시작하는 초록밀크위드가 보였다. 텍사스 남부에 들어섰다. 나는 여행의 종착지인 출발 지점으로 가기 위해 온 길을 되돌아가고 있었다. 출발 지점에서 1만 3,600킬로미터를 달렸고 종착지까지 2,400킬로미터가 남아 있었다.

텍사스에서 혼자 도로를 달리는 동안에는 실용성과 편리성을 위해 몇 가지를 포기해야 했다. 내 패니어는 냉장고로 손색이 없었지만 그건 외부 온도가 낮을 때 얘기다. 텍사스의 더위에 음식 재료가 맥을 못 추니 파스타 같은 식사는 꿈도 못 꿨다. 파스타에 소스, 채소, 치즈를 섞어 먹으려고 보면 이미 재료가 상해 있었다. 그래서 대신 '게으름뱅이 샌드위치'를 만들어 먹었다. 요리 방법은 빵을 한 입 먹고 피망, 토마토, 치즈 같은 속 재료를 차례로 한 입씩 먹는 것이다. 사과 소스가 마카로니에 닿을까 봐 걱정하는 나를 보며 엄마가 늘 말했듯 "뱃속에 들어가면 다 섞인다."

나는 아침도 점심도 저녁도 게으름뱅이 샌드위치로 해결하고 식사 사이에는 게으름뱅이 간식을 만들었다. 사과를 한 입 베어 물고 제과용 캐러멜 칩과 땅콩을 먹으면 훌륭한 캐러멜 사과가 됐다. 시리얼을 한 줌 먹고 우유를 바로 마시면 시리얼 한 그릇을 먹은 것과 다름없었다. 우유 한 통을 한 번에 다 먹어야 하지만. 바나나와 땅콩버터, 사과와 치즈, 피망과 후무스● 같은 간식 조합은 먹을 때마다 꿀맛이었다. 푸딩과 당근이 어울릴 것 같았으면 그것도 쉽게 만들어 먹었을 것이다. 딱히 규칙이랄 게 없

● 으깬 병아리콩에 기름과 마늘을 섞어 만든 소스. —옮긴이

었으니까.

　캠핑 장소를 정할 때도 마찬가지로 느슨해졌다. 오스틴에서 320킬로미터 떨어진 지점부터 높은 울타리가 박혀 있었다. 사냥꾼들이 쏘고 싶어 안달하는 이국적인 사슴을 가두기에도 충분해 보이는 높이였다. 그러다 보니 도로에서 10미터 이상 들어가는 것도 어려워서 사방이 트인 곳에서 몸 숨길 곳을 찾아야 했다. 텐트를 칠 만한 곳이 영 보이지 않을 땐 높낮이 차이가 나는 도로, 다리, 배수로, 향나무 수풀, 키 큰 풀, 급회전 구간 등을 이용했다.

　매일 밤 생각지도 못한 이상한 장소를 찾아냈고 매일 밤 소용돌이치는 하늘을 보며 즐겼다. 병 속으로 빨려 들어가는 정령처럼 불타는 구름이 태양을 향해 휘돌고, 끄적거린 낙서 같은 구름이 하루를 정리했다. 어둠이 내리면 아무도 나를 보지 못했고 잠도 쉽게 들었다. 설사 자전거나 내가 달빛을 받아 낯선 그림자를 드리운들 누구도 신경쓰지 않았을 것이다.

　그러나 한 가지 예의만은 꼭 차리고 싶었다. 8일 후 리포터 헨리 개스를 만나 같이 자전거를 타고 오스틴까지 가기로 했는데 그 전에는 꼭 샤워를 하고 싶었다. 다행히도(나와 헨리 모두에게) 헨리를 만나기 하루 전 자전거 여행의 신이 텍사스 오지에 은총을 내려주셨다.

　외롭게 뻗은 고속도로 위에 브라조스 폭포(Falls on the Bra-zos)를 안내하는 표지판이 보였다. 희망을 품고 비포장도로로 방향을 틀었다. 도로가 끝나는 곳에 신기루처럼 전기 콘센트와 샤워실이 갖춰진 임시 건물이 있었다. 샤워실 문은 잠겨 있지 않았고 물도 잘 나왔다! 물어볼 사람도 없고 사용하지 말라는 안내도 없어서 나에게 일어난 이 기적을 받아들이기로 했다. 전자기기를 충전하고 샤워도 한 후 갖고 다니는 비누로 자전거 의상을 빨았다. 시커먼 거품이 배수구로 흘러갔다. 나는 완전히 말끔하게는 아니더라도 그럭저럭 괜찮게 보이고 싶었다. 헹굼 물이 흐릿한 회색이 되자 빨래를 꽉 짠 다음 주차장에 걸린 사슬에 널었다. 빨래가 오후 햇살에 흔들렸다.

썻고 말리고 충전까지 마친 후 새로운 기분으로 짐을 챙겨 다시 길을 떠났다. 나는 근근이 사는 처지도 유목민도 아니었지만 그 비슷한 기분이 들기는 했다. 필요한 것을 길에서 구해가며 자전거를 탄 지 몇 년이 지났는데도 여전히 길에서 만나는 행운은 놀라웠다. 세상이 자전거 여행에 딱 맞는 곳은 아니지만 그런 곳으로 바꿔가는 즐거움이 있었다.

다음 날 헨리를 만나기 전 해결해야 할 문제가 하나 더 남았다. 야영 장소를 찾는 것이다. 우리는 아침 일찍 텍사스주 테일러에서 만나 오스틴까지 함께 자전거를 타기로 했다. 도시에서 텐트 칠 곳을 찾기는 쉽지 않다. 하지만 꼭 필요할 때 샤워할 곳을 찾은 것처럼 테일러에서도 잘 곳을 찾을 수 있을 것 같았다.

일단 가서 찾아보기로 했다. 초록 나무가 군데군데 자라는 금빛 잔디밭과 무질서하게 상점들이 모여 있는 테일러 시내가 눈에 들어왔다. 교회를 찾아 야영할 만한 곳이 있는지 살폈다. 잘 보이지 않는 구석진 자리가 몇 군데 있었지만 모두 주인이 있는지 생활 쓰레기가 보였다. 밭과 마주 보는 상점 뒤로 가볼까도 했지만 빈터를 들여다볼 때마다 여지없이 경계하는 눈빛을 맞닥뜨렸다. 위협적인 시선까지는 아니었지만 나 역시 남들이 보는 자리는 싫었다.

혹시나 싶어 아파트 단지를 지나 높은 공장 굴뚝과 먼 선로 주변에 산딸기 덤불이 자라는 곳으로 가보았다. 정확히 어디로 가야 할지는 알 수 없었지만 시내에서 가까운 것보다는 멀리 가는 게 낫겠다고 생각했다. 그러자 매일 밤 그랬듯 적절한 자리가 나타났다. 건물 외관이 점점 허름해지는 시내 변두리에 사회복지 센터 건물이 있었다. 업무를 위해 급하게 지었는지 조립식 임시 구조물이었고 많이 낡았다. 슬그머니 뒤로 들어가니 옥수수 줄기 밑동만 남은 넓고 텅 빈 밭과 아예 경작도 하지 않은 채 버려진 땅이 보였다. 다음 날이 토요일이었으므로 아침 일찍부터 일하러 오는 사람은 없을 것 같았다. 평화롭게 잘 수 있을 것이다. 집을 정리하는 동안 일몰이 하늘을 물들이기 시작했다. 환한 노란색과 어두운 보라색이 뒤섞인 주황색 구름과 어두워지는 파란 하늘 아래로 전신주와 늘어진 전깃줄, 뒤뜰의 나무와 기울어진 지붕 같은 시골 풍경의 실루엣이 펼쳐졌다. 미리 사서 녹지 않게 재킷으로 둘둘 말아둔 아이스크림 한 통을 반쯤 먹었을 때 날이 완전히 저물었다.

먼 바다의 노랫소리 같은 상가 건물의 에어컨 실외기 소리를 들으며 편하게 잘 잤다. 아침에 일어나 이를 닦은 다음 자전거를 타고 헨리를 만나러 슈퍼마켓으로 갔다. 어렵지 않게 찾을 수 있었다. 헨리가 준 녹음기를 주머니에 넣고 바람을 따라 오스틴으로 출발했다. 평상시 기어가는 내 속도보다는 조금 더 빨리 달렸다. 헨리와 함께 달린 구간은 이번 여행에서 다른 사람과 함께 달린 구간 중 가장 길었다. 내 그림자가 아니라 다른 사람을 쫓아가는 것이 기분 좋았다. 하지만 너무 속도를 냈더니 힘이 다 빠졌다. 오스틴 시내에서 헨리와 헤어진 뒤 네이선의 집까지는 겨우 바퀴를 굴려 도착했다.

오스틴에서는 네이선 말고도 나를 재워준 사람이 많았다. 일주일 동안 이 집에서 저 집으로 신나게 옮겨 다녔다. 우선 뒷마당에 야생 동물을 키우는 네이선의 집에서 하루 자고 펠리시티 개철과 폴 개철 부부의 집으로 갔다. 두 사람은 모험으로 가득한 자신들의 삶을 벽에 건 그림, 식탁에 차린 음식, 자신들의 이야기 속에 풀어놓았다. 다음으로 고양이 애니의 집에서 이틀 동안 고양이를 돌봐주며 머물렀다. 다음에는 엘리자베스 맥브라이드의 현대적이면서 아늑한 집으로 갔다. 마지막으로 사탕을 잔뜩 숨겨둔 앨리슨 잭슨의 멋진 집에서 묵었다. 사탕은 앨리슨의 학생들과 수업하면서 잘 썼다. 오스틴에서 찾은 집들은 모두 작은 모험을 선사해 주었다.

첫 강연은 레이디버드존슨 야생화센터(Lady Bird Johnson Wildflower Center)에서 대중을 상대로 일요일에 진행했다. 야생 초원과 식물원을 합쳐놓은 듯한 이곳의 무성한 식물은 저마다 아름다움을 뽐내며 사람들을 맞았다. 야생 정원, 테마 정원, 생태 정원이 한데 섞인 정원에 꽃가루 매개자들의 춤, 방문객들의 호기심, 식물마다 이름이 있다는 걸 알려주는 과하지 않은 이름표가 색채를 더했다.

모든 식물 주위에 생명체가 찾아와 궤도를 돌고 모든 꽃이 작은 우주의 중심이었다. 걸프표범나비의 주황색과 은색 날개가 햇빛과 장난치듯 반짝였다. 날개를 펄럭일 때마다 제왕나비처럼 보이는 진홍색 여왕나비도 모여들었다. 왕호랑나비들이 공중을 맴돌고 가끔 제왕나비가 꽃들 사이를 쏜살같이 지나간다. 모든 나비의 눈과 꿀벌의 속삭임에서 그리고 모든 꽃송이에서 엄청난 가능성이 반짝였다. 모두가 방문객들을 향해 마당을 서식지로 바꿔달라고 조용히 요청하고 있었다.

나는 감탄하는 마음으로 정원을 거닐며 전 영부인이자 자신의 이름으로 센터를 지은 레이디 버드 존슨•의 힘과 열정을 느꼈다. 그녀의 유산은 그 시대를 훨씬 뛰어넘어 지금까지도 아름다운 빛을 발한다. 존슨 여사와 함께 정원을 거닐며 묻고 싶었다. 어떻게 멈추지 않을 수 있었는지, 약해졌을 때에도 어떻게 힘을 낼 수 있었는지. 나는 그녀의 영혼이 꽃으로 피어나고 나비 날개의 비늘로 반짝인다고 상상했다. 내가 할 수 있는 일은 그녀가 걸어간 길을 본받아 나만의 소박한 길을 가는 것이었다. 정원이 수많은 꽃으로 이루어지듯 여러 목소리가 모이면 제왕나비를 구할 수 있을 거라고 믿어야 했다.

월요일에도 강연은 계속되었다. 학교들을 방문하는 사이에 고개를 들어 이동하는 제왕나비들을 바라보았다. 날은 포근하고 바람은 부드러운 날, 길게 줄지어 날아가는 제왕나비를 자전거로 따라갔다. 서른 마리 정도 되는 나비가 몽실몽실한 구름처럼 이리저리 흩어져 아래로 달리는 차들과는 반대 방향인 남쪽을 향해 날았다. 팔랑이는 날갯짓으로 하늘을 오르내리며 날아가는 나비들은 차들로 몸살을 앓는 이 도시에 우아함을 선사한다. 떨어지

• Lady Bird Johnson, 미국의 36대 대통령 린든 존슨의 부인. —옮긴이

는 가을 낙엽처럼 공중을 떠다니는 나비들! 수천 년 동안 이어온 가을날의 장관이 펼쳐지고 있었다. 나비는 고대의 길을 따라간다. 상황은 나비 편이 아니지만 그래도 나비는 거기 존재했다. 나도 이들을 따라가며 이야기를 나누고 싶었지만 행운을 빌어주는 것으로 대신했다. 나비도 나도 각자 할 일이 있었으니까.

이후 7일 동안 열여섯 번의 강연을 통해 오스틴의 학생들 1,400명에게 제왕나비 이야기를 전했다. 나는 탐험가, 과학자, 환경운동가가 대단한 영웅이 아니라는 걸 몸소 보여주었다. 나는 그저 꿈을 좇고 사람들에게 다가가려고 노력할 뿐이었다. 아이들과 이야기하다 보면 제왕나비를 보는 것과 마찬가지로 힘과 의욕이 생겼다.

강연을 마치고 텐트를 정리하는데 어린 여자아이가 다가왔다. 처음에는 짐을 몽땅 자전거에 싣는 것을 바라만 보다가 드디어 입을 열었다. "그게 다 진짜예요?" 아이의 미간이 놀라움으로 폭 패어 있었다. "그럼." 나 역시 진심으로 아이에게 대답했다.

그럼, 내가 하는 일이 좀 낯설긴 해도 다 진짜야. 너도 경계를 부수고 규칙에 의문을 품을 수 있어. 제왕나비에게 어려움이 닥쳤고 우리가 자연의 지혜를 영영 잃어버릴 수 있다는 것도 진짜야. 그게 우리의 현실이지.

안타깝게도 그 아이는 이런 힘든 현실에 대해 아무 발언권도 갖지 못한 채 병들어 가는 지구를 떠안았다.

나는 아이들과 활기 넘치는 수업을 진행하려고 노력했다. 내 안에 자리잡은 어둡고 음울하고 마음 아픈 이야기는 적당히 편집했다. 앞으로도 피할 수 없는 진실을 만나겠지만 지금은 가능성만을 전달하고 싶었다. 언젠가는 스컹크와 부엉이와 뱀과 나비를 만나고 마주 볼 수 있다고 상상하게 하고 싶었다. 나처럼 많은 아이스크림을 선물받고 시속 70킬로미터로 내리막길을 질주하고 놀랍도록 멋진 곳에 텐트를 치는 자신만의 모험을 상상하게 하고 싶었다. 답을 찾기 위해 스스로 생각하게 만들고 싶었다.

스스로 구덩이를 파지 않았더라도 그곳에서 빠져나오는 것은 아이들의 몫이 될 것이다.

오스틴 여행 막바지에 엘리자베스 가족과 지내면서 심각할 정도로 불공평한 이 현실을 깨달았다. 아홉 살 난 엘리자베스의 막내아들 테디는 펭귄을 좋아했다. 테디는 펭귄 인형을 품에 안고 기후 변화에 대해, 또 기후 변화가 펭귄과 남극에 어떤 피해를 주고 있는지에 대해 이야기했다. 나는 테디가 동물을 사랑하고 과학자처럼 생각한다고 칭찬해 주었지만 속으로는 울고 싶었다. 고등학교 때 처음 기후 변화에 대해 배웠을 때 나는 단지 먼 미래의 이야기라고 생각했다. 이제 기후 변화는 우리를 집어삼키고 있다. 아무리 부정해봐야 소용없다. 테디는 품에는 동물 인형을, 마음에는 기후 변화의 위험을 안고 있었다. 펭귄이 위험에 처했다는 걸 잘 알고 있었다.

우리는 욕심과 이기심과 자만이라는 우리의 실수를 어린 세대에게 떠넘기고 있다. 테디는 우리 때문에 멸종을 향해 뒤뚱거리는 펭귄을 봐야 한다. 어쩌면 테디가 위협을 멈추고 답을 찾을 수도 있다. 테디 같은 아이들을 위해 우리가 할 수 있는 최소한의 행동은 아이들의 미래를 위해 싸우는 것이다. 정원을 만들어 생명과 희망과 가능성이 가득한 미래를 가꾸는 것이다.

오스틴의 교사, 학생, 학부모, 주민은 힘을 모아 학교에 자생 식물 정원을 만들며 미래를 가꾸고 있다. 이들은 더 나은 길, 꽃과 제왕나비가 가득한 미래, 배움으로 충만한 아름다움을 선보인다. 나는 아이들이 나비가 찾아왔던 꽃과 애벌레가 먹었던 잎을 손으로 가리키며 재잘대는 정원이 제일 좋았다. 아이들 역시 시험을 위해 외운 내용은 금세 잊어버려도 정원에서 배운 교훈은 절대 잊지 않을 것이다.

나는 학생들과 정원을 향해 손을 흔들고 다시 제왕나비를 따라갔다. 남쪽으로 가는 길에서 자유로움을 느꼈다. 마음속에 1만 4,000킬로미터를 달렸다는 자부심이 생겼다. 오야멜전나무를 채우기 시작한 제왕나비의 날갯짓 소리가 벌써 들리는 것 같았다. 오스틴과 그때까지 들렀던 지역 사람들의 따뜻한 마음을 가슴에 품고, 학교 정원에서 자라난 희망을 영혼에 담았다. 그리고 여행의 막바지에 이르렀다는 환희를 다리에 담아 페달을 밟았다. 무엇도 나를 막을 수 없었다.

하지만 한랭전선을 만나면서 속도가 늦어지고 경로도 바뀌었다.

국경을
넘어

10월 28일 ~ 11월 5일

1만 4,233~1만 4,814km

원래는 빅벤드 국립공원(Big Bend National Park)에 들러 쓸쓸하게 국경을 감아 흐르는 리오그란데강을 볼 계획이었다. 처음 여행 경로를 짤 때부터 기대한 곳이지만 거리가 가까워질수록 부담스러워졌다. 외로운 사막을 통과해 800킬로미터를 돌아가야 했기 때문이다. 지난 몇 달 동안 주요 경로를 벗어날 때마다 먼 길을 돌아가는 것이 좋기도 하고 싫기도 했다. 그러다 오스틴을 떠난 지 3일쯤 됐을 때 여행을 시작한 후 처음으로 몸살이 나고 날도 갑자기 추워져 멕시코로 곧장 가는 게 좋겠다고 생각했다.

이때 나는 말 그대로 북쪽으로 가는 경로와 남쪽으로 가는 경로가 겹치는 텍사스주 교차로의 미국 자생종자농원으로 다시 돌아와 있었다. 이곳까지 오는 시골길은 봄에 갔던 경로를 다시 가는 건데도 무척 힘들었다. 목이 간질거리며 아팠고, 머리는 무겁고, 몸에 힘이 없었다. 하루 동안 달린 100킬로미터가 꼭 300킬로미터 같았다. 농장의 게스트하우스에서 차를 마시며 몸을 웅크리고 몸이 낫길 기다렸다. 문밖에는 불길한 한랭전선이 버티고 있었다.

이제 에밀리 니먼의 자생종자농장은 새 흙으로 담요를 덮은 것처럼 비어 있었다. 하지만 완전히 텅 빈 것은 아니었다. 일부에는 새로 씨앗을 뿌려놓았고, 연두색 싹이 쏙쏙 올라오며 땅을 수놓은 곳도 있었다. 게다가 다년생 식물이 단단히 뿌리내린 곳에는 아직 여러 색이 남아 있었다. 이런 알록달록한 땅을 보고 있으니 이곳이 평범한 농장이 아니라는 걸 새삼 알 수 있었다. 농장 진입로 주변에 줄지어 심은 식물을 비롯한 여러 텍사스 야생화는 가을에 싹을 틔우고 겨울에 자라 봄에 꽃을 피운다. 내 여행은 이제 마무리에 접어들었지만 인디언천인국, 미국엉겅퀴, 텍사스옐로스타의 이야기는 이제 막 시작이다. 멀리 야생 식물이 자라는 농장 둘레를 보니 빽빽한 가시를 달고 녹색에서 갈색으로 변해가는 나뭇잎들에서 가을 정취가 물씬 느껴졌다. 하늘은 되풀이되는 꿈처럼 매일 구름을 바꿔가며 해를 조금씩 일찍 떨어뜨렸다.

빅벤드 국립공원은 다음 기회에 찾아가기로 마음먹자 제왕나비와 함께하는 여행을 마치는 데 더 집중할 수 있었다. 몸이 회복되고 빌과 잰 부부의 집에서 두 사람의 딸 에밀리와 손자 피셔(피셔는 지난번 방문 이후 태어났다. 제왕나비를 따라다닌 여행이 그만큼 길었다는 의미다)와 시간을 보내다 보니 계획을 바꾸길 잘한 것 같았다. 이제 내가 시작한 여행을 끝낼 시간이었다. 멕시코로 돌아갈 때가 되었다.

작별 인사를 건네고 자전거 방향을 돌려 바람 속으로 돌진했다. 향나무로 생기가 더해진 언덕들과 태초부터 흐르던 프리오

강변을 달렸다. 잠시 멈춰 차가운 강물에 뛰어들기도 했다. 햇볕을 쬐며 강가에 앉아 있으니 매 한 마리가 도마뱀을 발톱으로 꽉 쥔 채 나무에서 날아오르고 붉게 빛나는 잠자리가 지나가는 곤충을 노리며 가시에 몸을 숨기는 게 보였다. 다시 길을 달리다 마주한 거대한 애벌레를 길가의 풀숲에 던지자 애벌레는 보호색으로 위장한 채 홀연히 사라졌다. 일몰을 배경으로 아카시아나무의 가시 많은 가지 사이를 맴도는 제왕나비들에게 손을 흔들었다. 그리고 멕시코가 보일 때까지 계속 페달을 밟았다.

밤이 되어 텍사스주 러레이도 끄트머리에 도착했다. 국경 도시 러레이도의 확 트인 북쪽 지역을 육교와 고속도로 표지판이 베일처럼 뒤덮었다. 몇 개 차선을 떠받치고 있는 12미터 높이의 계단식 화단 밑 바짝 깎은 풀밭에 텐트를 쳤다. 조심하라는 말을 수없이 들었지만 안전한 기분이 들었다. 서로 다른 세계에 속한 두 도시의 불빛이 공중에서 만난다. 원래는 아침에 일어나 멕시코로 갈 계획이었지만 차 소리를 들으며 지도를 들여다보니 다른 생각이 떠올랐다.

멕시코로 이어지는 넓은 4차선 도로는 타고 싶지 않았다. 이 도로는 최대한 많은 사람이 최대한 빠르게 500킬로미터에 이르는 국경지대를 통과할 수 있게 만들어졌다. 한 번 지나가 보았기 때문에 잘 알았다. 이제 이 길은 모험보다는 지루한 노동처럼 느껴졌다. 대신 리오그란데강과 멕시코 국경을 따라갈 수 있는 길이 있었다. 구글에 따르면 갓길도 잘 갖춰져 있었다. 3일 동안 달려 텍사스주 로마에서 국경을 넘는 길이 훨씬 재미있을 것 같았다.

멕시코와 미국을 가르는 국경지대에서 오래 머무르지 말라는 이야기를 너무 많이 들은 터라 험상궂은 얼굴로 기관총을 들고 다니는 사람들을 마주칠 줄 알았다. 국경은 수많은 사건이 벌어지는 곳이라 나도 단단히 경계했다. 그러나 태양이 두 나라 사이로 오가는 하루하루는 평화롭기만 했다. 이곳의 마을과 풍경과 사람들도 다른 곳과 다르지 않았다. 특히 두 나라 사이의 경계가 모호해 그냥 한 나라 같았다.

국경을 따라 달리며 눈에 띈 것은 괴물 같은 사람들이 아니라 점점 늘어나는 나비 행렬이었다. 제왕나비뿐 아니라 노란색, 흰색, 은색, 검은색, 붉은색, 또는 두 가지 색이 섞인 다양한 나비들이 소용돌이를 이뤘다. 산책하듯 느릿느릿 하늘을 날아가는 나비들을 보며 어디로 가는지 어떤 사연이 있는지 궁금했다. 분명 제왕나비만큼이나 흥미롭고 복잡할 것이다. 세상의 모든 생물은 가치 있는 존재다.

하늘에 떠다니는 나비들만큼 많은 동물의 사체가 길가에서 썩어가고 있었다. 나는 알록달록한 무덤에는 눈길을 주지 않고 최대한 살아서 팔랑거리는 나비에게만 집중했다. 다리를 건너다가 뜨거운 아스팔트 위에서 헛되이 날개를 퍼덕이는 암컷 제왕나비 한 마리를 집어 들었다. 벌써 개미 몇 마리가 붙어 있어서 떼어냈다. 아무리 생각해도 끓어오르는 도로 위에서 무자비한 개미들에게 물리며 죽어가게 놔둘 수는 없었다.

암컷 제왕나비와 함께 달리다가 점심을 먹기 위해 멈췄다. 30분 정도 날아가도록 놔뒀으나 차에 치인 날개는 이미 부서졌다. 아무리 날개를 펄럭여도 점점 힘이 빠지는 것 같았다. 목적지를 바로 앞에 두고 국경에서 마지막을 맞고 말았다. 나는 눈물을 흘리며 자전거에 나비의 영혼을 싣고 끝까지 가겠다고 말해주었다. 나비를 손에 들고 아름다운 날개를 기억에 담은 후 머리와 가슴을 손으로 집었다. 나비를 죽인 것은 내가 아니라 자동차였다. 그렇다고 달라질 건 없었다. 나비를 개미들에게 돌려주었다.

차에 희생당한 제왕나비를 발견한 건 나만이 아니었다. 제왕나비의 가을 이동 경로 일부 구간에서 연구를 진행한 두 팀이 있었다. 한 팀이 2016년과 2017년 텍사스에서 진행한 연구에 따르면 조사 구간에서 100미터당 평균 3.4마리의 죽은 제왕나비를 발견했고 많을 때는 66마리가 발견되기도 했다. 연구진은 매년 이동하는 개체의 2~4퍼센트가 교통사고로 죽는다고 추산했다. 제왕나비가 모여드는 멕시코 북부에서 진행한 또 다른 조사에서는 사망률이 더 높았다. 이 연구에서는 누에보레온주의 고속도로 14킬로미터 구간을 500미터 간격으로 나눠, 죽거나 다친 제왕나비 수를 셌다. 2018년 가을 이동 기간 중 그 구간에서만 제왕나비 16만 5,984마리가 죽은 것으로 조사되었다. 그 많은 제왕나비의 무게를 생각하니 마음이 아팠다. 나비의 미래 그리고 우리의 미래도 찢겨 사라졌다.

치명적인 부상을 입고 이제는 풀밭에서 개미의 먹이가 된 이 나비는 내가 여행에서 79번째로 만난, 죽거나 죽어가는 제왕나비였다. 연구팀보다 훨씬 적은 수를 발견한 것은 내가 빨리 이동하거나 더 집중하지 않아서일 것이다. 차를 운전하면 더 알기 힘들다. 아무것도 모르는 운전자들에게 화가 나면서도 이런 죽음을 인식하는 것이 옳다는 건 알 수 있었다. 과학자들은 적어도 나비들의 죽음을 기록하고 있었다. 이들의 연구는 과학이 바치는 추도문이었다.

나는 계속 달렸다. 내 눈과 몸은 다시 살아 있는 생명을 향했다. 구름 떼 같은 나비가 폭풍처럼 꽃 덤불을 에워쌌다. 내가 밟는 페달은 모두 나비들을 위한 헌사였다. 나는 제왕나비 때문에, 제왕나비와 함께 그리고 제왕나비를 위해 1만 5,000킬로미터를 자전거로 달렸다.

시우다드 미구엘 알레만에서 멕시코 국경을 넘을 때는 전혀 기다릴 필요가 없었다. 미소를 짓고 스페인어 인사를 나누는 것으로 간단하게 검문도 끝났다. 나는 달러를 페소로 바꾸고 영어를 스페인어로 바꾸고 마일을 킬로미터로 바꿔 생각하고 여러 차례의 질문과 손짓과 끄덕임을 통해 통신사를 바꿨다. 한바탕 바꾸고 나니(끝이 보인다는 생각과 함께) 다시 힘이 났다. 혼란과 모험 사이의 그 눈부신 모호함을 이미 알고 있었으니까.

그날 하루 동안 최대한 남쪽으로 내려갈 계획이었다. 남쪽으로 향하는 부드럽고 조용한 고속도로 위를 의기양양하고 자신감 있게 내달렸다. 완벽할 정도로 고요한 도로는 무성한 덤불과 명상에 잠긴 파란 하늘, 숨통이 트이는 평화로움을 따라 지평선으로 흘렀다.

미국과 멕시코 국경을 자전거로 두 번 넘어봤고, 끊임없이 경고를 들은 덕분에 이 지역에 숨은 위험을 잘 알고 있었다. 사람들의 경고는 하도 들어서 새롭지 않았고 내 눈을 보며 그러다 죽는다고 말하는 사람도 늘 있었다. 볼리비아의 시골길에서 자전거

를 타고, 뉴멕시코주를 걸어서 횡단하고, 몬태나주의 저수지에서
카누를 탈 때도 내게 경고를 넘어 마치 사실인 양 내가 곧 죽을
거라고(동정과 놀라움을 섞어) 말하는 사람이 많았다. 그런 과정에
서 나는 경험에서 우러난 충고와, 공포심에서 비롯된 걱정을 구
분하는 법을 배웠다. 나에게 최악의 시나리오는 말 그대로 최악
의 시나리오일 뿐이었다.

그렇긴 해도 국경에서 30킬로미터 정도 남쪽으로 내려왔을
때에는 긴장했다. 한 트럭 운전사가 남자들 15명이 다리 밑에서
총을 들고 나를 죽이려 한다고 말하는 것이었다. 나는 남자가 이
지역 사람도 아니고 방금 말한 그 다리에서 오는 것도 아님을 눈
치챘다. 남자가 말한 다리 쪽에서 온 사람들은 나를 향해 손을 흔
들며 나를 응원하고 지나간 터였다. 남자에게 그걸 어떻게 알았
는지 묻자 남자는 이해할 수 없는 대답을 했다. 내 의심을 눈치챈
남자는 손바닥으로 하늘을 가리키며 자신은 결백하다고 말하더
니 차를 몰고 가버렸다. 결정은 고속도로에 혼자 남은 내 몫이었
다. 나는 총을 들고 기다리는 남자들 15명을 만나고 싶은 생각은
없었다. 하지만 멀리 돌아가기도 싫었다.

다른 사람에게 물어보기로 했다. 마침 다가오는 트럭에 손을
흔들었다. 여성 운전자와 좀 더 나이가 많아 보이는 남자 동승자
가 그 다리를 지나왔으니 위험한 상황이 있었다면 감지했을 것이
다. 두 사람에게 아까 만난 남자가 한 이야기를 전하고 의견을 물
었다. 두 사람은 웃으면서 아무 문제 없을 거라고 했다. 그러자 약
간 안심이 되어 서툰 스페인어로 농담을 던지며 대화를 마무리했
다. "고마워요, 조심히 가세요. 혹시 다리 밑에서 총 들고 기다리

는 남자 15명을 만나면 내 이야기는 하지 마시고요." 두 사람은 손을 흔들었고 나는 길게 숨을 내쉬었다. 부모님께는 한 10년 정도 지나서 이야기해야 할 것이다. 어쩌면 안 할 수도 있고.

다음 15킬로미터를 가는 동안 다리를 건널 때마다 목숨이 달린 일처럼 속도를 냈다. 빨리 달려서도 그렇지만 무서운 마음에 심장이 쿵쾅거렸다. 나는 포식자에게 쫓기는 먹잇감처럼 긴장했다. 하지만 아무 일도 일어나지 않았고 위험은 현실이 되지 않았다. 다리 밑에는 마른 개울밖에 없었다.

길은 몇 번이나 예상하지 못한 방향으로 갈라졌고 30킬로미터 정도 잔뜩 긴장하며 달린 다음부터는 조금 마음을 놓아도 될 것 같았다. 이렇게 구불구불 달렸는데 내가 어디로 갈지 누가 짐작할 수 있겠는가? 나를 기다릴 사람은 아무도 없었다. 이제 다시 미국의 진짜 교회와 학교와 콘서트장에서 진짜 사람들을 죽이는 진짜 총을 걱정하면 된다. 무조건 두려워할 필요는 없다. 해가 피곤함에 눈을 깜빡이자 나도 길에서 벗어나 덤불과 소똥 사이에 텐트를 쳤다. 세상에서 가장 안전한 곳 같았다.

돌아온 걸
환영해

11월 6 ~ 20일
1만 4,814~1만 5,599km

멕시코의 둘째 날 밤에는 잘 데가 마땅치 않았다. 물도 다 떨어졌는데 길은 멀고 외졌다. 몇 시간 동안 자동차 몇 대밖에 지나가지 않았고 주변에 보이는 건 소들뿐이었다. 그러다 드디어 희미한 태양 빛 아래 빛나는 집 한 채를 발견하고 안심했다. 집에 분명 가게가 붙어 있을 것 같아 자전거를 벽에 세우고 빈 물병을 손에 들었다. 물병을 손에 들면 의사를 전달하기가 더 쉬웠다.

　계산대 뒤에서 노는 아이 두 명에게 물을 좀 채울 수 있겠냐고 물었다. 아이들은 내 억양을 듣더니 키득거리며 다른 사람을 부르러 갔다. 한바탕 소란 끝에 현관으로 안내되어 여자들 몇 명을 만났다. 여자들은 수북이 쌓인 옥수수 껍질 뒤에 앉아 옥수수 껍질에 옥수수 반죽 '마사(masa)'를 채우며 타말●을 준비하는 지

●　　tamal, 사탕옥수수로 만든 마사 반죽을 옥수수 껍질에 싸서 찌는 멕시코 전통 음식. ─옮긴이

루한 작업을 하고 있었다. 내가 뭐라고 말을 꺼내기도 전에 푸짐한 식사가 담긴 쟁반이 내 앞에 놓였고 잠잘 곳도 정해졌다. 밥을 다 먹은 후 고마움을 전하려고 둥글게 앉은 여자들 사이로 의자를 옮겨 일을 '도왔다'. 남자들 몇 명이 이 광경을 지켜본다. 아마 아내, 어머니, 자매가 편하게 쓱쓱 하던 일이 그렇게 간단하지 않다는 걸 처음 알았을 것이다. 물론 여자들은 이미 알고 있었다. 다들 내 서툰 솜씨를 보고 웃어대서 긴장이 풀렸다.

우리가 일하는 동안 막내딸이 내 발치에서 뛰어다녔다. 처음에는 코네하(coneja, 토끼)처럼 뛰더니 나중에는 캉구라(cangura, 캥거루)처럼 뛰었다. 더 큰 아이들은 화분에서 잠자던 나비를 잡아 가져오고, 타말 만드느라 낑낑대는 나를 끌고가 파이프에서 떨어지는 물에 몸을 씻는 개구리를 보여주었다. 아이들이 떠들며 노는 동안 어른들은 자기들의 이야기를 들려주었다. 밝고 가벼운 사람도 있었지만, 전날 내가 여권 덕에 편하게 건넜던 '가상의 선' 때문에 아픔을 겪고 표정이 무거운 사람도 있었다. 두 정부가 가족을 갈라놓은 탓에 이들은 어려운 선택을 내려야 했다. 아이들을 위해 미국에 남았어야 했을까, 아니면 나이 든 부모를 위해 돌아온 것이 옳았을까? 내가 할 수 있는 건 이 이야기를 마음에 새긴 후 다음 선거에서 이들을 떠올리겠다고 다짐하는 것뿐이었다.

아이들이 화분에서 찾은 나비들은 다음 날 우르르 깨어나 날개를 펼치며 하늘로 날아올랐다. 그렇게 다양한 색의 나비가 날아가는 것은 처음 보았다. 보호구역이 아닌 곳에서 그렇게 많은 나비를 본 것도 처음이었다.

공기를 헤치고 헤엄치는 법을 처음 배우는지 나는 게 서툰 구름유황나비 떼와 함께 일주일 동안 페달을 밟았다. 나비의 노란 눈이 주황색, 검은색, 흰색이 조금씩 섞인 노란 날개와 잘 어울렸다. 나비들은 공포에 질린 군중처럼 우르르 몰려다니는 것이 아니라 하늘에 뜬 별들처럼 적당히 떨어져 조용하고 일정하게 날았다. 한마음으로 움직이는 노란 순례자 무리 같았다.

구름유황나비가 가장 많았지만 그외에 여러 나비가 내 눈을 사로잡았다. 내 곁을 날아가는 나비들을 자세히 관찰하며 종류를 구분해 보았다. 긴 날개에 초록색과 검은색 줄무늬가 그려진 나비가 꾸준히 눈에 띄었다. 칙칙한 초록색과 갈색이 섞인 호랑나비는 언뜻 나뭇잎 같았지만 결연하게 날아갔다. 크고 밝은 주황색 표범나비는 군인처럼 각 잡힌 날갯짓을 하며 효율적으로 날았다. 좀 더 작은 표범나비는 날개를 팔랑일 때마다 멈추며 태양을 반사하는 은빛 날개를 뽐냈다.

가장 내 마음에 든 나비는 검은 줄무늬 나비였다. 각 줄무늬가 지는 해를 품은 지평선 같았다. 그래서 큰 나비는 '큰 노을', 작은 나비는 '작은 노을'이라고 불렀다. 또 커다란 갈색 날개를 주황 물감에 잠깐 담갔다 뺀 후 흰 마스킹 테이프를 붙여 이등분한 것 같은 나비를 보면 항상 기분이 좋았다. 노을을 닮은 색깔, 붓으로 칠한 듯한 날개의 팔랑거림, 아롱아롱한 그늘을 찾는 성향의 이 나비를 보면 꼭 친구의 친구를 만난 듯 반가웠다.

나비가 워낙 다양하고 큰 주황 나비도 많아서 제왕나비를 봐도 긴가민가했다. 확실히 알려면 가까이 다가가 투박하고 무거운 날개나 날개를 접었을 때의 가슴 모양을 봐야 했다. 또 검은 날개 맥 사이로 연주황색이 반짝이는지, 가까운 친척인 여왕나비의 진홍색 점과 더 어두운 검은 테두리가 없는지도 살펴야 했다. 하루에 한두 마리라도 제왕나비를 보면 힘이 났다. 우리는 서로를 응원하는 치어리더, 함께 뒤처진 낙오자, 마라톤의 끄트머리에서 달리는 동료 주자였다. 느리지만 꾸준하게 결승선이 다가오고 있었다. 선두도 아니고 빠르지도 않지만 상관없었다. 도착하면 도착하는 것일 뿐.

나비들을 응원하며 시우다드빅토리아까지 갔다. 호텔을 찾아 샤워할 생각에 도심으로 들어갔다. 호텔도 샤워도 텍사스를 떠난 이래 처음이었다. 토르티야, 빵, 핸드폰, 아이스바, 과일, 토르티야로 만든 각종 먹거리를 파는 가게들 사이에서 하룻밤에 10달러인 저렴하고 수수한 호텔을 찾았다. 샤워실 하수구의 머리카락과 침대 옆 탁자에 붙은 씹던 껌은 무시하고, 대신 와이파이가 연결되고 창문으로 신선한 바깥 공기가 들어오는 것에 만족했다. 또 자전거를 방에 넣어두는 게 좋다고 알려준 친절한 직원도 있었다. 자전거를 방에 들여놓으니 화장실에 가려면 침대 위로 공중제비를 돌아야 했지만 이 정도면 충분했다.

캐나다의 포인트필리에서 만난 달린 버지스가 내 이동 경로를 추적하다 내가 시우다드빅토리아에 들어온 걸 보고 이곳에 사는 제왕나비 집사이자 식물학자이자 야외 활동을 즐기는 이반 쿰플리안 메들린을 연결해 주었다. 경로에 대한 조언도 얻을 겸 이반의 집에 들렀다가 너무 즐거운 나머지 하루 더 머물렀다.

이반은 정부와 협력해 제왕나비를 연구하고, 가을이 되면 지방을 저장하려는 제왕나비로 꽃밭이 가득 차는 타마울리파스주의 관광업 발전을 위해 노력하고 있었다. 정부는 제왕나비가 모이는 구역이 훨씬 남쪽의 겨울나기 장소만큼 중요하다는 걸 알고 농부들에게 꽃밭의 꽃을 놔두도록 장려하는 프로그램을 진행하고 있었다. 날개를 달고 이동하는 친구들을 위한 너그러운 배려.

이반은 여행사에서 급류타기와 하이킹 투어 인솔자로도 일했다. 이반이 아름다운 우윳빛 초록색을 띤 강에서 여행객을 인솔하는 사진을 보여주었는데, 물 색깔을 보니 석회석을 거쳐 흘러온 것이 분명했다. 내가 물 색깔을 보고 석회석 이야기를 꺼내자 이반이 잘 관찰했다고 확인해 주었다. 또 이반이 다른 멕시코인들과 달리 멕시코의 자연이라는 선물에 깊이 감사하고 있는 것 같다는 내 말에 역시 그렇다고 답해주었다. 뱀, 개구리, 나비, 석회석, 길고 가파른 언덕을 보고도 그 아름다움을 보지 못하는 세상에서 나와 비슷한 영혼을 만나니 위안이 되었다.

이반은 나와 동갑이기도 했다. 나보다 나이 많은 사람들이나 훨씬 어린 학생들을 주로 만나며 열 달을 지내다 보니 이반과는 만나자마자 잘 통했다. 시내를 떠나 그가 권한 경로를 따라갔는데, 경로가 좋아 보이기도 했지만 반쯤 그의 매력에 빠져 정신이 없었기 때문이기도 했다.

이반이 가리킨 도로는 매연, 소음, 쓰레기, 불빛, 차량이 밀집한 시우다드빅토리아를 서서히 빠져나가 점점 위로 올라가는 길이었다. 오르막길에서 다시 나비들을 만났다. 우리는 서로에게 힘과 지혜를 얻었다. 위로 오를수록 멀리 지평선 너머로 산들이 솟아오르고 계곡은 작아졌다. 너무 힘들어 더 이상 오르막길이 즐겁지 않다 싶을 때 정상에 도착했다. 한 번도 보지 못한 파란색 도마뱀, 아니 어떤 동물에게서도 보지 못한 파란색을 띤 도

마샘이 나를 반겨주었다. 금색 조끼와 검은색 목걸이도 걸쳤지만 이런 건 액세서리에 불과하고 네온사인 같은 파란색 피부만이 시선을 사로잡았다. 마침내 뜨거운 사막이 기다리는 반대편으로 쏜살같이 내려갈 때도 파란색이 눈앞에 아른거릴 정도였다. 지금도 그 색깔이 보이는 듯하다. 그러고 보면 숲은 초록색이 아니고 사막도 갈색이 아니다. 각양각색의 미묘한 색깔들이 사방에 뿌려져 있을 뿐. 몸을 기울여 커브를 돌다가 아스팔트의 복사열에 몸을 데우는 시커먼 가터뱀을 겨우 피했다. 다시 뒤로 돌아가 뱀을 길에서 걷어내는데 점점이 찍힌 주황색 줄무늬가 보석처럼 아름다웠다.

아래로 내려오니 끝없이 펼쳐진 사막에 마치 목마른 괴수의 내장처럼 꼬인 도로가 깔려 있었다. 멀리 수많은 올리브색, 에메랄드색, 파란색을 띤 헐벗은 산들이 침식된 협곡의 주름에 시간을 품고 있었다. 유카가 생명의 날카로운 붓질처럼 쭉쭉 솟아올라 있었다. 사막의 홍수가 조각한 협곡을 따라가다 마코앵무새 무리를 만나 서툰 스페인어로 한바탕 강연을 펼친 뒤 전에도 들렀던 타마울리파스주 툴라에 도착했다.

이번에는 오토바이를 타고 공짜 아이스크림을 권하는 남자 대신 엘다 마르가리타 비야사나 로하스와 카를로스 아드리안 베르딘 리콘 그리고 그들의 두 아이를 만났다. 모두 자전거를 타는 가족으로 8개월 전 길에서 만났는데 돌아오는 길에 들르라는 초대를 받았었다. 원래는 이틀 동안 지낼 계획이었지만 닷새나 머물게 되었다. 닷새 동안 철자 맞추기 게임을 하고(세 살 먹은 동료와 팀을 짜서 스페인어로 맞섰는데 우리 팀이 이겼다), 고르디타를 만들고, 가족이 운영하는 레스토랑의 테이블을 치우고, 자전거로 근처 피라미드에 다녀왔다. 또 퍼레이드에 참여하는 막내아들 디에고를 응원하고 큰아들 카를로스와 올챙이를 잡았다. 아이들이 내 카메라를 가져가 뒷마당의 닭, 돼지, 염소를 찍어대며 내가 머문 기록을 남겼다. 삶의 소용돌이에 기진맥진했지만 무엇과도 바꿀 수 없는 기억이었다.

"내가 코스키야스(cosquillas) 할게요." 디에고가 나에게 뛰어오면서 외쳤다.

"코스키야스가 뭔데?"

아이는 손을 들고 장난스럽게 손가락을 구불거렸다. 코스키야스는 '간지럼'이라는 걸 알 수 있었다.

이 가족을 떠나는 게 쉽지 않았다.

마지막
구간

11월 21 ~ 30일
1만 5,599~1만 6,417km

640킬로미터가 조금 안 되는 마지막 구간을 앞두고 처음 출발하던 기억이 스쳐 지나갔다. 그때 지나온, 차량도 많고 경사도 급한 언덕을 다시 가고 싶지는 않았다. 그 길과 평행하면서도 나비들이 많이 다니는 시에라마드레산맥의 비옥한 초록색 경사로를 따라가는 게 더 쉬울 것 같았다.

이틀 동안 비교적 평평한 땅을 빠르게 달렸다. 주변은 모두 사탕수수밭이었다. 계속 달리다 보니 설탕 만드는 과정이 어느 정도 파악이 되었다. 한때는 초록 숲이었다가 이제는 달콤한 줄기들이 대형을 이뤄 자라는 들판을 지나갔다. 정글 칼로 다 자란 사탕수수를 자르고 넘어지지 않게 쌓는 남자들도 지나갔다. 수확한 사탕수수를 넘치도록 실은 트럭은 굴뚝으로 연기를 내뿜는 가공 공장으로 달린다. 들판을 덮은 검은 연기 기둥이 하늘을 칙칙하게 물들여 주변 산이 보이지 않았다.

점점 산이 가까워지고 있다는 느낌은 들었지만 가파른 오르막이나 과감한 내리막 없이 완만한 경사가 이어질 뿐 산이 바로 나타나지는 않았다. 농장 차량이 사라지자 길에는 나 혼자 남았고, 가파른 산비탈에 매달리듯 들어선 용감한 소규모 가족 농장들만이 내 옆을 스쳐갔다. 지형이 하도 험해 야영할 곳을 찾기는 어려울 것 같았다. 빛과 어둠의 싸움이 마침내 어둠의 승리로 끝날 무렵 소방서를 찾을 생각으로 시내에 들어갔다.

이전에 중남미 국가를 여행할 때는 소방서가 야영 장소로 딱 좋았는데 이 동네에는 소방서가 없었다. 마을 광장의 여행자 사무실에 들러 상황을 설명하자 남자 한 명이 따라오라고 손짓했다. 함께 마을을 건너가는 동안 자전거와 여행 목적을 주제로 담소를 나눴다. 하지만 남자가 내 말을 다 이해한 것 같지는 않았다. 나 역시 그가 나를 데리고 가는 장소를 완전히 오해했다. 우리는 안전하게 텐트 칠 수 있는 들판이 아닌 작은 건물 앞에 도착했다. 남자가 문을 두드리자 안에 있던 사람이 어깨를 으쓱하며 들어오라고 했다. 샤워실과 화장실과 주방이 있었고 이층 침대가 가득한 방도 두 개 있었다. 어떤 방이 여성용인지 알려주고 남자는 떠났다. 설명이 그걸로 끝이라 조금 당황스러웠지만 숙소 자체는 편안했다.

나는 다른 손님 몇 명과 경비원과 함께 설탕을 가득 부어 한 솥 끓인 커피를 마시며 내가 지금 어디에 있는지 알게 되었다. 이곳은 시골 사람들이 병원에 가거나 물건을 팔려고 시내에 왔을 때 안전하고 편안하게 지낼 수 있는 (무료) 합숙소였다. 경비원이 꼭 내야 하는 건 아니지만 돈을 기부하라고 권하긴 했다.

몇 칸 건너 2주 된 아기가 계속 울어대는 통에 잠을 거의 못

잤다. 계속 뒤척였지만 기억에 남을 모험이라는 생각에 불만은 없었다. 5성 호텔은 잊어버리지만 이런 합숙소는 잊히지 않는다.

거의 쉬지 못한 상태에서 일어나 다시 좁은 시골길을 달리다 넓은 고속도로로 들어갔다. 이번에는 전날과 달리 가파른 길을 올라 산등성이를 넘어야 했다. 정상을 향해 질주하는 길이 아닌 느리고 꾸준하게 하루 종일 올라가야 하는 길이었다. 야영지를 찾을 시간이 되어 둘러보니 오른쪽은 바위벽으로 막히고 왼쪽은 거의 절벽이었다. 햇빛이 수그러지고 긴코너구리들이 무성한 숲속으로 서둘러 뛰어 들어갔다. 이번에도 창의성을 발휘해야 했다.

해질 무렵 이름 모를 마을의 관공서 몇 군데를 찾아가 사정을 이야기했다. 허가받은 장소 중 한 곳은 불빛이 너무 많았고, 또 한 곳은 도로였다. 마침내 한적한 축구장을 찾았다. 공무원들이 그림자가 진 곳에는 텐트를 치지 말라고 했다. 그곳이 더 안전해 보였지만 손님 입장이니 말을 들어야 했다. 텐트 치는 곳 옆에 개 한 마리가 불안하게 서 있었다. 돌멩이 몇 개를 잘 조준해서 살살 맞히니 개도 말귀를 알아듣고 떠났다. 그날 밤은 온도가 뚝 떨어져서 침낭으로 몸을 단단히 감쌌다. 시장이 반찬이라면 피로는 깃털 침대다.

산 때문에 택할 수 있는 길이 별로 없었지만 그래도 사람이 많지 않은 길을 찾을 수 있었다. 정상 근처까지 갔다가 반대편으로 곧장 내려가지 않고 알록달록한 능선을 1.8킬로미터 더 올라가 근처 간선도로로 들어가기로 했다. 속도는 빠르지 않았지만 구덩이를 피하며 달리는 구불구불한 흙길, 나비와 꽃이 흩뿌려진 활기찬 숲, 끝없이 펼쳐진 산세를 바라보니 힘이 났다. 나는 여행이 끝난다는 생각에 빠지지 않고 내가 있는 그 자리에서 지극한 행복을 느꼈다. 그렇게 행복하게 달리다가 식당에 들러 빈스앤라이스(beans and rice)를 먹을 때는 더 좋았다.

멕시코 국경을 넘은 후에는 하루에 한 번 식당에 들러 점심이나 이른 저녁을 먹었다. 3달러가 채 안 되는 돈으로 한 끼를 배불리 먹고 나면 다음 날까지 귤이나 바나나 하나만 먹어도 충분했다. 또 식당에 들르면 물병을 채우고 핸드폰도 충전할 수 있었다.

빈스앤라이스를 다 먹은 후 배가 너무 불러서 사람들과 어떤 길로 가는 게 좋을지 이야기하며 뭉그적거렸다. 곧 여러 사람이 토론에 끼어들었고, 그중 클로에라는 여성이 내 선택지는 자기 집에 묵는 것밖에 없다는 의견을 냈다. 나도 동의했다.

클로에는 65세라고 해도 믿을 정도로 혈기 왕성한 89세 노인이었다. 고속도로 위에 지은 집에 사는데, 고속도로 밑에도 작은 집이 한 채 있어 내게 내주기로 했다. 정말 작은 집이었지만 아주 큰 창문이 나 있어 계곡이 내다보였다. 나는 두 개의 침대 중 하나에 걸터앉아 푸른 산세에 몇 채 안 되는 집들이 점점이 흩어진 가파른 지형을 살펴보았다. 이번 여행을 통틀어 가장 전망이 좋은 집이었다. 밖에서도 훤히 보이는 실외 화장실에 앉으면 탁 트인 전망이 더 잘 보였다.

그 시간에 우연히 식당에 들러 밥을 먹지 않았다면 이런 작지만 의미 있는 에피소드는 생기지 않았을 것이다. 여행하다 보면 계획할 수 없는 것을 계획하는 운명의 놀라운 짜임을 쉽게 겪게 된다.

아침이 되어 클로에의 집에서 몸을 씻었다. 멕시코의 시골집은 대부분 샤워 시설이 없다. 스토브에 물을 데워 찬물과 섞어서 시멘트 바닥에 하수구가 있는 작은 욕실에서 몸을 씻는다. 나는 그런 목욕 의식을 좋아했고 어느새 한 컵씩 붓는 따뜻한 물을 감사히 여기게 되었다. 다 씻고 나오자 클로에가 할머니답게 과장된 몸짓으로 구석구석 잘 씻었는지 확인했다. 또 다른 선물 같은 기억이다.

클로에의 집을 나왔을 때 남은 구간은 400킬로미터가 채 되지 않았다. 끝이 없을 것 같은 수많은 언덕과 그 사이사이 시원한 내리막으로 이루어진 길이다. 오르막 구간은 공해와 소음과 수많은 운전자의 시선을 피하고 싶어 오디오북에 빠져 달린 터라 기억이 희미하다. 내리막길에서는 다시 집중력을 찾았고 그래서 기억도 잘 난다. 시속 70킬로미터로 내려가는 동안 엉성한 가드레일과 도로의 형상이 흐려지며 300미터를 맨몸으로 낙하하는 기분이 들었다. 몸을 똑바로 유지하려면 집중해야 했고 속도, 바람 그리고 내 무모함이 주는 순수한 희열을 온몸으로 느꼈다. 한 마리 동물처럼 강해진 느낌이었다.

제왕나비 보호구역이 점점 가까워졌다. 혼잡한 고속도로와 비포장도로를 오갈 때마다 차들이 썰물처럼 밀려들었다가 밀물처럼 빠져나갔다. 미로 같은 자갈길에서 길을 잃었다가 여덟 살 아이의 도움으로 방향을 찾을 수 있었다. 어느 날 밤에는 가지가 무성한 나무 아래 텐트를 치려고 자전거를 들고 울타리를 넘었고 어느 날은 그리웠던 돼지 모양 빵을 너무 많이 먹기도 했다. 다음 날 보호구역으로 가는 마지막 포장도로를 오르기 시작했다.

계속 올라가다 보니 차들이 뜸해지고 스모그가 저 아래로 멀어지며 숲이 다시 나타나고 평화가 찾아왔다. 한 시간 정도 오르막을 달리며 나를 이곳으로 이끈 수천 킬로미터 여정을 생각했다. 드디어 모든 고통과 의심과 선택을 내려놓을 때가 왔다. 이제 그런 일에 애쓰지 않아도 된다. 이제 하루 지나면 여행이 끝난다.

정상에 조금 못 미쳐서 전에 지나온 길로 다시 들어갔다. 아홉 달 반 전 처음으로 방향을 잘못 틀었던 그 교차로. 그곳에 서서 어디로 가야 할지, 어떤 길을 택해야 맞을지 고민하다가 결국 왼쪽 길을 선택하는 실수를 저질렀다. 하지만 모든 실수가 모여 결국 나를 이곳으로 이끌었다. 그때 왼쪽으로 돌지 않았다면 어떻게 됐을지는 앞으로도 절대 알 수 없을 것이다. 그 '실수' 덕분에 이 여행을 계속할 수 있었다.

경로를 고민하는 내 그림자를 그곳에 두고 계속 달렸다. 마지막 50킬로미터는 처음 50킬로미터와 마찬가지로 심한 오르막과 내리막의 반복이었다. 이제 지도는 필요 없었다. 내가 어디에 있는지, 어디로 가는지 아주 잘 알고 있었으니까. 언덕을 따라 오르다가 미초아칸주로 들어섰다. 1만 6,367킬로미터를 달린 끝에 다시 돌아온 것이다. 평평한 초원을 지나 마지막 내리막 구간이 시작되었다. 앙강게오로 떨어지는 직선도로까지는 과속방지턱이 없다는 걸 알고 있어서 급회전 구간에서 자신 있게 트럭을 앞질러 갔다. 바람과 빠른 속력 때문에 눈물이 나서 숲이 물웅덩이에 잠긴 것처럼 보였다.

앙강게오에서 잠시 토르타*를 먹으며 이번 여행에서 가장

• torta, 멕시코 샌드위치. —옮긴이

험한 오르막을 오르기 위해 마음의 준비를 했다. 이 오르막을 다 오르면 더 이상 할 일은 없다. 정말 마무리만 남았다.

멀리서 볼 때는 지금까지 내가 자전거로 가본 가장 험한 길마저도 완만해 보인다. 하지만 막상 자갈길의 틈과 요철과 움푹 들어간 구멍을 지날 때마다 자전거가 덜컹거렸다. 다리를 절룩이는 야생마를 타느라 피곤하고 볼품없어진 카우보이가 된 기분이었다.

몸을 앞으로 숙이고 온몸의 근육을 동원해 절뚝거리듯 앞으로 갔다. 키득거리며 공을 차던 아이들이 눈으로 나를 쫓았다. 내 고통스러운 속도에 맞춰 아이들의 고개도 스르르 돌아갔다. 팔에 닭을 낀 한 남자가 내가 어디에서 출발했는지 가늠하려는 듯 나를 바라보았다.

"어디에서 왔어요?" 내가 옆을 지나가자 그가 물었다.

"저기요." 씩 웃으며 자전거로 올라가는 가파른 언덕의 꼭대기를 가리켰다. 저 꼭대기가 내가 출발한 곳이다. 그리고 그곳이 내가 가야 할 곳이다.

그 언덕이 내게 묻는 것 같았다. 정말 여길 올라가고 싶어? 얼마나? 나는 안장에서 몸을 일으키고 체중을 전부 실어 페달을 밟는 걸로 답을 대신했다. '정말 간절히.' 내 몸짓이 그렇게 말하고 있었다. 이 순간 나를 막을 언덕은 없었다. 정상까지 오르면 나는 제왕나비의 대이동 구간 전체를 자전거로 왕복한 최초의 사람이 될 것이다.

마을을 벗어나 놀란 시선으로 바라보는 관중이 사라지니 내 몸부림을 아무도 보지 않아 다행이다 싶었다. 나도 다시, 한때는 아무도 방해하지 않는 숲이었지만 이제는 밭과 목초지와 집들이 빼곡히 들어앉은 산으로 관심을 돌릴 수 있었다.

제왕나비 한 마리가 시야에 들어왔다. 반가운 방해꾼을 맞아 자전거를 멈춘다. 내 머리 위로 편안하게 팔랑거리며 스테인드글라스처럼 빛나는 날개를 숨죽이고 바라보았다. 내 근육은 잠깐의 휴식에도 이렇게 기뻐하는데 제왕나비는 아무렇지 않게 날아다니는 걸 보니 역시 제왕나비는 자전거 타는 사람보다 강한가 보다. 길을 바라보며 어디까지 왔는지 가늠해 보고 나비에게 말했다. "우리 거의 다 왔어."

1만 6,416킬로미터를 달렸다. 이제 1킬로미터 남았다.

제왕나비는 가볍게 날아갔다. 아마도 나를 거뜬히 앞질러 월동 장소로 갔을 것이다. 본능에 이끌려 증조부모가 지난겨울 머물던 숲을 찾았을 것이다. 한 번도 가본 적 없는 고향으로 돌아가는 나비. 나 역시 돌아가고 있었다. 1킬로미터만 더 가면 처음과 끝이 만나고 봄과 가을이 만나고 조상과 후손이 만나고 첫 장과 마지막 장이 만난다. 하지만 그때가 되어도 내 여행은 끝나지 않는다. 1킬로미터를 더 가고 자전거 여행이 끝나도 제왕나비는 영원히 내 마음속에서 팔랑거릴 것이다.

눈물이 흘러내려도 놀라지 않았다. 이 눈물은 바람이나 고통 때문도, 꿈을 이루었다는 성취감 때문도 아니었다. 아까 본 제왕나비를 위한 눈물이었다. 제왕나비 한 마리의 여행이 마무리되는 것을 내가 직접 보았다. 과학과 신이 함께 써 내려간 위대한 여정을! 나는 나비의 아름다운 여행을 함께하며 아름다운 것들을 서로 연결했다. 혹시 이 나비의 증조부모가 내 자전거를 따라 하늘을 날아갔을까? 혹시 내가 방문한 학교에서 애벌레 시절을 보냈을까? 내가 잔디깎이의 위협에서 구한 풀에 붙어 있지는 않았을까?

　나는 조심스럽게 앞으로 나아갔다. 수많은 날을 여행에 바쳤지만 마지막은 몇 번밖에 경험할 수 없었다. 그래도 긴 여행의 끝에는 기쁨과 상실감, 만족과 혼란이 뒤섞일 것을 알고 있었다. 몇 번이지만 마지막을 경험한 덕에 이번 여행의 마지막도 준비할 수 있어 감사했다. 매일 달린 거리를 기록하고 끊임없이 음식과 쉴 곳을 찾아다니다 갑자기 멈추면 불안과 방황이 찾아올지도 모른다. 성취의 행복 뒤에는 그림자가 숨어 있기도 하니까. 그걸 알기에 마지막 굽이치는 도로 끝에 성지 같은 엘로사리오의 주차장이 눈앞에 나타났을 때에도 마음의 준비가 되어 있었다. 감정이 북받치면서도 망설여지는 마음으로 결승선을 향해 달렸다.

　매표소에서 반가운 얼굴이 나를 맞았다. 매표 직원은 브리안다가 언덕 위에서 기다리고 있다며 내가 내민 돈을 돌려주었다. 웃음을 멈출 수 없었다. 나를 기다리는 브리안다를 찾아 포옹하고 악수하고 마시고 간식을 먹었다. 사람들의 수없는 축하 세례 속에 차갑고 달콤한 탄산음료를 마시며 친구들의 미소와 쏟아지는 질문에 둘러싸였다. 앞으로 며칠 동안 아무 걱정 하지 않아도 된다고 생각하니 멍할 정도로 행복했다. 하지만 아직 끝난 게 아니었다.

　출발한 지 255일 만에 자전거를 세우고 장거리 왕복 여행의 마지막 구간을 걸었다. 고개를 뒤로 젖히고 제왕나비 군락을 살폈다. 수많은 제왕나비가 조용한 색깔로 숲을 뒤덮었다. 시선을 더 올려 내 여행 동지들의 무게로 휘어진 나뭇가지를 바라보았다. 그런 가지가 수없이 많았다.

우리는 도착했다.

웅크린 제왕나비는 마치 불가능한 문장의 마침표 같았다. 그들은 존재한다. 이 작은 생명체들은 대륙만큼 큰 불가능을 이기고 돌아왔다. 위험은 계속 늘어나겠지만 함께 위험에 맞설 군단역시 늘어날 것이다. 나비, 인간, 이웃 생명체들이 모두 힘을 모은이 군단은 함께할 때 강해진다는 걸 잘 알고 있다.

여러 제왕나비가 모여 대이동을 해내고, 짧은 거리가 모여모험이 되고, 여러 정원이 모여 해결책을 내놓듯, 우리의 목소리가 모일 때 변화가 찾아올 것이다.

모험을 마다하지 않는 사람들, 해법을 찾는 사람들, 변화를이끄는 사람들, 이동하는 나비들이 있는 한 우리의 공동 행동은희망이 된다.

나무에 시선을 고정한 채 잠시 눈을 감고 침묵을 들이마셨다. 많은 말이 생각났지만 아무 말도 할 수 없었다. 내 자전거 여행은 끝났다. 하지만 아직 많은 일이 남았다. 나와 당신, 우리는계속 앞으로 나아가야 한다. 한 번에 1킬로미터씩이라도.

감사의 말

이 자전거 여행은 내가 혼자 계획했지만 어마어마하게 많은 사람들의 노력이 더해졌다. 나 혼자였다면 그 많은 밤을 텐트에서만 보냈을 것이고 샤워는 역겨울 정도로 적게 했을 것이며 아이스크림도 훨씬 못 먹었을 것이다. 무엇보다 제왕나비를 대변하겠다는 내 목소리도 작은 속삭임에 불과했을 것이다. 내가 달린 이동 거리보다 감사해야 할 사람들의 목록이 훨씬 길다.

나를 집에 초대해 식사, 샤워, 침대, 인터넷, 수건(아, 보송보송한 수건의 호화로움이란), 그밖에 그 집만의 특별함을 제공해 준 모든 이에게 감사한다. 사람들의 초대를 받을 때마다 나를 향한 신뢰를 느꼈고 누군가 내 등을 토닥여주는 기분이 들었다. 초고에서는 이들의 이야기를 하나도 빼놓지 않고 적었다. 하지만 분량이 넘치는 바람에 고통스럽지만 일부를 잘라내야 했다. 본문에 일일이 적지는 못했지만 나를 맞아준 모든 이의 마음은 이 책의 DNA에 들어 있다. 여러분의 지지, 영감, 우정, 아름다움, 관대함, 혁명적 에너지, 보살피는 마음이 있었기에 그 모든 길을 갈 수 있었고 이 모든 문장을 적을 수 있었다. 브리안다 크루스 곤살레스, 레티시아 곤살레스 발렌시아, 그리고 두 사람의 가족, 모이세스 아코스타와 베로니카 벨라스케스 아라우호, 비키, 프란시스코 마르티네스 가르시아와 그의 가족, 로돌포와 그의 가족, 데이비드 포브스 박사, 에밀리 니먼과 잰, 빌, 엘리자베스 하트와 스탠, 린다 라벤더와 마이크 코크런, 메그, 에바, 샌디 슈윈과 마이크, 에이미 휘태커와 마이크, 드루, 해나, 제니 레이놀즈, 패트릭 마틴과 앨리스, 레오, 패티 다이크먼과 게리, 앤지 배빗과 케이티, 앨리슨, 케빈, 케이트 레잭과 에마, 메건, 애니. 수전 앨런, 킴 누네즈와 토니, 진, 톰 에르하르트와 사라, 클라이드, 앤드루 슈미드와 필리스, 수 에이덤과 크리스, 매디 코크런, 밸 바이런, 데이브 리클리와 헤더 제라마즈, 제인 콕스 박사와 게리 보타 박사, 마거릿과 브라이언, 캔디 캠벨과 피터, 낸시 헤이든과 존, 제스 휘게바르트, 케이티 혼과 브라이언, 리지, 포피, 아사벳강 국립야생동물보호구역 부속 건물의 현장 관리인들, 댄 패긴과 앨리슨 프랭클, 팻 라이트, 에리카 림과 오베 벤 새뮤얼, 린 응우옌, 미치, 돈 브래드퍼드와 브루스 잉글랜드, 헤더 시더와 미아, 루시, 주드, J.P., 바버라 데하르트, 타인타인 티에우와 마크 몰리슨, 바브 해킹과 마크, 브루스 파커와 지니 베렌스, 달린 버지스와 켄, 루이 피오리노, 루이즈 웨버, 카일리 버믈과 로미, 데이나와 그 가족, 제너 개릿, 보니 만케와 마크, 제이컵, 릭 미할레비치와 코니, 캔디와 그 가족, 스테퍼니 미첼스와 에버렛 스토크스, 나디아 내버렛틴델과 랜디 틴델, 빌 페슬러, 마지 다이크먼과 스티브, 델리어 리스터, 밸 프랑코스키와 스태시, 케이트 반스, 톰 림커스와 신디, 네이선 넌, 펄리시티 개철과 폴, 고양이 애니, 엘리자베스 맥브라이드와 브랜던, 에마, 찰리, 테디, 앨리슨 잭슨, 타말 만드는 가족, 이반 쿰플리안 메들린, 엘다 마르가리타 비야사나 로하스와 카를로스 아드리안 베르딘 리콘, 카를로스, 디에고, 클로에게 고마운 마음을 전한다. 봄과 가을 두 번이나 머무는 행운을 선물해 준 니먼 가족과 마틴 가족에게는 두 배로 고맙다.

벌써 네 번이나 겨울마다 내게 집을 내주고 앞으로도 인연을 이어갈 브리안다와 미초아칸주의 모든 이들에게는 네 배로 고맙다. 브리안다, 너의 인내심과 넓은 마음은 거의 영웅적이야. 네가 날 초대해 준 건 신의 축복이었어. 레티시아, 놀랍도록 강한 힘과 사랑을 보여줘서 고마워요. 그리고 기꺼이 내게 집을 허락해 준 나머지 가족들, 이스라엘, 이반, 디아나, 이스라엘리토, 마리, 페르(그리고 도버까지)도 고맙다. 또 글로리아, 파블로, 롤라, 에드윈, 후아니토, 파비안, 바네사, 리차드, 레오, 호르헤, 파비, 로베르토, 파울리노, 그라시엘라, 마우라, 파울리나, 에스텔라와 나를 초대해 준 그들의 가족에게도 감사한다. 내게 유연하게 규칙을 적용하며 마음대로 돌아다니게 해주고 지역의 명예 주민이 되도록 도와준 엘로사리오와 파팔로친의 가이드들에게도 고마운 마음을 전한다.

캔자스시티에서 나를 재워준 집주인(이자 우리 부모님!) 마지 다이크먼과 스티브 다이크먼에게도 셀 수 없는 감사의 마음을 전한다. 두 분은 내가 방문할 때마다 나를 응석받이로 만들었다. 그런 휴식처가 있는 나는 정말 운이 좋다. 나를 응원해 주고 말도 안 되는 내 행동을 받아들여 주고 너무 많이 걱정하지 않아주셔서 고마워요. 생각해 보면 이런 모험을 감행한 것도 다 부모님 덕분이다. 부모님은 내가 침실에서 개구리를 키우는 것을 허락하고 크로스컨트리 대회 때마다 게토레이를 가져다주고 자전거 타는 법을 알려주고 미술 수업에 등록해 주고 내가 선택한 대학을 받아들이고 (무엇보다도) 오빠와 내가 악어가 득실대는 (것이 분명한) 연못을 헤엄쳐 건너게 했다.

다른 사람의 집에 초대받아 샤워할 수 있어서 너무 좋았지만 다른 사람들과 대화할 수 있는 기회는 성취감마저 주었다. 내 강연에 참석하고 내 말에 귀기울이며 기발한 질문과 순수한 놀라움을 보여준 (그리고 아메리카두꺼비가 가장 귀엽다는 데 동의해 준) 학생들에게 고맙다. 소중한 수업 시간을 내준 선생님들, 나에게 연락이 닿도록 이야기를 전달하고 학교 강연을 추진해 준 다음의 모든 이들에게 고마움을 전한다(괄호 안에 넣은 이름은 연락을 담당해 준 사람들이다). 텍사스주 델리오 사우스웨스트 텍사스 주니어 칼리지(데이비드 포브스), 텍사스주 댈러스 페가수스 리버럴 아츠 스쿨(엘리자베스 하트), 텍사스주 덴턴 뉴턴 레이저 초등학교(린다 라벤더), 오클라호마 브로큰애로 레저 파크 초등학교(샌디 슈윈과 실라 리드 슐츠), 오클라호마 털사 타운 앤드 컨트리(에이미 루카스 휘태커), 캔자스주 위치토의 학교들(로리 존스), 캔자스주 플레전턴 플레전턴 초등학교, 캔자스주 라시그네 라시그네 초등학교, 캔자스주 루이스버그 록빌 초등학교와 브로드무어 초등학교(패트릭 마틴), 캔자스주 오버랜드파크의 토마호크 초등학교(브라이언 왓슨), 캔자스주 오버랜드파크 팀버 크리크와 인디언 크리크 초등학교(크리스틴 골드), 캔자스주 캔자스시티 프랭크 러스턴 초등학교(피터 웨츨), 캔자스주 메리엄 메리엄 파크(하이디 워커), 미주리주 캔자스시티 헤일 쿡(데이비드 다미츨), 미주리주 캔자스시티 시티즌스 오브 더 월드 차터 스쿨(앤드루 존슨), 네브래스카주 오마하 세인트메리 마거릿(케이트 레잭), 아이오와주 몬다민 웨스트 해리슨 초등학교(킴 누네즈), 아이오와주 수시티 스폴딩 파크 초등학교(맨드 모런과 미미 무어), 온타리오주 서드베리 앨곤퀸 로(路) 공립 학교(피터 드메이어), 메인주 노스베릭 노스베릭 초등학교(윌리엄 풀퍼드), 온타리오주 레이크쇼어 마이티 오크 초등학교(린지 로그즈던), 오하이오주 페인 웨인 트레이스 페인 초등학교(카일리 버플), 인디애나주 에번즈빌 하퍼 초등학교, 홀리 스피리트 스쿨, 보걸 초등학교(제너 개릿), 미주리주 케이프지라도 세인트빈센트 드 폴(보니 만케), 미주리주 컬럼비아 밀 크리크 초등학교(메건 킨케이드), 미주리주 캔자스시티 아카데미 라파예트(크리스타 스토리와 셀린 기살베르티), 캔자스주 루이스버그 루이스버그 중학교(마이크 아이잭슨과 패트릭 마틴), 미주리주 조플린 세실 플로이드 초등학교, 토마스 제퍼슨 인디펜던드, 로얄 하이츠 초등학교, 세인트메리 초등학교(밸 프랑코스키), 캔자스주 네오쇼 센트럴 초등학교(브루스 홀먼), 아칸소주 페이엣빌 오울 크리크 중학교(멧 플레저와 케이트 반스), 아칸소주 헌츠빌 헌츠빌 중학교(사라 글렌), 텍사스주 오스틴 리젠트 오스틴(앨리슨 잭슨), 텍사스주 오스틴 팸 초등학교(마리오 바스케스), 텍사스주 오스틴 멘차카 초등학교(루크레티아 비어드), 텍사스주 오스틴 콘수엘로 멘데스 중학교(셰리 레핀), 텍사스주 오스틴 조슬린 초등학교(케이트 메이슨머피와 서머 매키넌), 텍사스주 오스틴 브렌트우드(테레사 우드), 텍사스주 오스틴 이스트사이드 메모리얼 얼리 칼리지(론다 바턴), 텍사스주 오스틴 킬링 중학교와 하이랜드 파크 초등학교(엘리자베스 맥브라이드), 타마울리파스주 하우마브 프리마리아 베니토 후아레스(벤하민 에르난데스).

더 크게 생각할 수 있게 도와준 마래데시뉴 국립야생동물보호구역의 관리인 패트릭 마틴에게 감사하다. 패트릭은 내가 여행계획을 세울 때부터 일찌감치 연락해 야생동물보호구역에서 대중 강연을 해보라고 권했다. 나는 그 아이디어가 마음에 들었고, 패트릭의 도움으로(나중에는 멀리사 클라크와 베키 런지네커가 미 전역의 연락망까지 동원한 덕에) 여러 자연학습장(그리고 다른 장소)이 관심을 보이게 되었다.

나에게 문을 열어준 다음 강연장과 각 행사를 기획하고 홍보한 직원과 자원봉사자들, 강연에 찾아오고 기부를 제안하고 내진부한 농담에 웃음을 터뜨리고 강연에서 배운 내용을 널리 퍼뜨린 다음 사람들에게 감사하다. 텍사스주 셔먼 해거먼 국립야생동물보호구역(코트니 앤더슨), 캔자스주 위치토 그레이트 플레인스 자연학습장(로리 존스), 캔자스주 로렌스 모나크 와치(칩 테일러와 앤지 배빗), 미주리주 마운드시티 로이스 블러프스 야생동물보호구역(린지 랜도스키), 네브래스카 오마하 스완슨 브랜치 도서관(낸시 츠밀), 디소토와 보이어 슈트 국립야생동물보호구역(피터 레아), 수시티 노스웨스트 아이오와 그룹 시에라 클럽(진), 아이오와주 피터슨 프레리 헤리티지 센터(샬린 엘리아와 베카 캐슬), 아이오와주 앵골라 워터스 에지 자연학습장(줄리 포사도), 미네소타주 미니애폴리스 미네소타 밸리 국립야생동물보호구역과 너코미스호 커뮤니티 센터(서맨사 헤릭), 온타리오주 서드베리 리빙 위드 레이크스 센터(존 건), 버몬트주 제퍼슨빌 바넘 도서관(존 헤이든과 낸시 헤이든), 버몬트주 세인트존스베리 페어뱅크스 박물관(스티브 에이지어스와 레일라 노드먼), 매사추세츠주 입스위치 입스

위치 오픈 스페이스 위원회와 입스위치 타운홀(케이티 뱅크스 혼),
매사추세츠주 서드베리 아사벳강 국립야생동물보호구역(재러드
그린), 온타리오주 벌링턴 왕립식물원(커린 데이비슨테일러), 온타
리오주 브레슬라우 그린웨이 가든센터(타인타인 티에우), 온타리
오주 스트랫퍼드 블룸의 여러 공동체와 로컬 커뮤니티 푸드센터
(바브 해킹), 온타리오주 리밍턴 포인트필리 국립공원방문자센터
(앤드루 라포레), 인디애나주 포트웨인 세인트프랜시스 대학교와
리틀 리버 습지 프로젝트(르네 라이트와 카일리 버믈), 인디애나주
센터빌 코프 환경센터(오브리 블루), 인디애나주 에번즈빌 시에라
클럽 사우스웨스트 인디언 네트워크와 네비게이터 USA의 에번
즈빌 지부(제너 개릿), 켄터키주 커디즈 랜드 비트윈 더 레이크스
국립 휴양지 내 우드랜드 네이처 스테이션(존 폴피터), 미주리주
컬럼비아 미주 식물원(칼런 세빌, 메건 티민스키, 캐럴라인 도핵), 미
주리주 로셔포트 빅 머디 강연회와 부르주아 포도원식당(스티브
슈나와 팀 할러), 미주리주 캔자스시티 빅 머디 강연회와 어니타 B.
고먼 보존발견센터(래리 오도넬과 미셸 모건), 캔자스주 피츠버그
피츠버그 주립대학교 내 네이처 리치(딜리아 리스터), 미주리주 조
플린 와일드캣 글레이드 보존 & 오듀본 센터(밸 프랑코스키), 텍
사스주 오스틴 레이디 버드 존슨 야생화센터(타냐 재스트로).

　모든 강연이 결실을 맺은 것은 내 눈에 보이지 않지만 많은
사람들이 서로 인연이 닿은 덕분이다. 그래서 내가 받아들일 수
없을 만큼 많은 강연 제안을 받았다. 나에게 연락해 준 모든 이에
게 고마움을 전하고 내가 방문하지 못하는 것을 이해해 준 사람
들에게 더 많은 고마움을 전한다.

이제 자전거 여행 이후 여행에 대한 글을 쓰는 작업을 할 때 도움을 준 사람들에게 고마움을 전하고 싶다.

나는 이 책을 대부분 브리안다의 집, 파팔로친, 부모님 댁, 그리고 시에라의 작은 언덕 위 삼나무와 소나무 사이에 지은 톰 위스타와 데브라 위스타 부부의 오두막에서 썼다. 나에게 쉼터와 가르침을 주고 아낌없이 지원해 준 톰과 데브라, 고마워요. 책상 조명을 세심하게 조절해 주고 맛있는 음식을 끝없이 가져다주고 옻 알레르기를 치료해 주고 며칠 동안 혼자 보낸 후 이야기할 사람이 필요할 때 내 말을 끊지 않고 들어줘서 고마워요. 두 사람 같은 롤 모델을 만나서 정말 행운이에요.

내가 글을 쓰면 친구들이 편집자가 되었다. 벌레를 싫어하면서도 내 원고를 끝까지 읽어준 제니 롱, 고마워. 데브라 위스타, 니아 토머스, 크리사 피더슨, 칩 테일러, 대빈 하트, 내 원고의 전체 또는 일부, 아니면 잡지 기사로 보낼 발췌본을 읽어줘서 고마워요. 내가 사실을 정확히 적었는지 확인해 달라고 부탁했을 때 기꺼이 도와준 집주인들도 감사합니다. 내 거친 원고의 모난 부분을 부드럽게 깎아준 팀버 프레스의 편집자들, 스테이시 로런스와 줄리 탤벗에게 감사하다. 편집자 이상의 역할을 해 준 줄리에게는 특별히 더 감사하다. 줄리의 인내심과 가르침과 지원은 자전거 여행의 순풍과도 같았다. 편집자(크리스틴 트레이너와 브라이언 다이크먼), 작가(댄 패긴, 케이티 예일, 카일리 버블), 출판인(캐럴 맬너)의 조언에 감사한다. 함께 숲을 뛰어다니며 이 책의 많은 단계를 채울 수 있게 도와준 키라 밀러와 SNAMP 개구리 팀에게도 고마움을 전한다.

이 책을 쓰면서 제왕나비 연구자들의 도움도 많이 받았다. 나는 모든 제왕나비 학자들에게, 아니 우리에게 진실을 알려주고 우리의 이해를 돕고 우리가 인류애를 발휘해 행동할 수 있도록 독려하는 모든 과학자에게 감사하다. 여러분은 영웅이에요! 내 질문에 대한 답과 원고에 대한 피드백을 받을 때마다 멋진 충격과 존경심을 느꼈다. 스티브 레퍼트, 콰우테모크 사엔스로메로, 데이비드 기보, 미카 프리먼, 엘리히오 가르시아 세라노, 제임스 트레이시, 모니카 미스리, 데이비드 브레이, 돈 레이놀즈, 캐서린 터커에게, 그리고 특히 칩 테일러에게 고마움을 전한다. 칩, 당신이 보여준 꾸준한 지원과 헌신이 이 프로젝트의 기둥이랍니다. 당신에게 배울 수 있어서 너무도 행복했어요.

내 옛 여행 동료들이자 내가 한계에 도전할 수 있게 자극해준 갤런 레이드, 토미 비두시크, 애런 비두시크, 맷 시프트, 알리섬 코첸, 니아 토머스, 맷 타이터에게 감사하다. 우리의 별난 헌신을 독려해 준 야생 동물 전문가이자 나의 여행 동료들에게도 고맙다. 세상을 더 나은 곳으로 만드는 방법을 보여준 캠퍼스 적정 기술센터 그린휠스(GreenWheels)와 시너지아(Synergia)의 변절자 친구들에게 감사하다.

내 모든 선생님들에게 감사하다. 선생님들의 가르침 덕분에 내 모든 강연이 성공적으로 끝날 수 있었다. 내 강연에 선생님들이 찾아오거나 그들의 교실에서 강연하게 될 때마다 행복했다. 동물을 사랑하는 것이 그렇게 불가능한 일이 아님을 보여준 록하드 선생님과 과학자로서 의견을 내는 멋진 본을 보여준 존슨 선생님에게 감사드린다.

보이지 않는 끈으로 연결된 낯선 사람들에게도 감사를 전해야 한다. 속도를 늦추고 조심조심 내 곁을 지나간 모든 운전자들과 일부 길고 외로운 구간에서 나의 친구가 되어준 NPR과 팟캐스트 진행자들, 위안을 주는 글로 세상을 더 좋은 곳으로 만든 테리 템피스트 윌리엄스, 로빈 월 키머, 사이 몽고메리 등의 작가들에게 감사하다.

제왕나비와 제왕나비의 이웃을 대신해 크고 작은 싸움을 벌이고 있는 모든 이들에게 고맙다. 우리가 같은 길을 가지는 않더라도 여러분의 노력을 보고 느끼고 고마워하고 있다. 풀을 베지 않은 도랑이나 자생 식물이 자라는 잔디밭을 자전거로 지날 때면 늘 기쁜 마음으로 미소 지을 것이다.

끝으로 내 마음과 영혼을 다해 제왕나비에게 고마움을 전한다. 제왕나비는 나를 놀라게 한다. 제왕나비는 내 스승이 되어 내 모험을 격려하고 나에게 스페인어, 수채화, 웹 디자인, 영상 편집, 사진 기술, 대중 강연, 정원 가꾸기, 나비 집사 되기, 과학, 사랑을 가르쳤다. 내가 이 책을 쓰도록 도와준 제왕나비에게 이 책의 모든 문장을 바친다.

참고문헌

출발점에 도착하다

Anderson, J. B., and L. P. Brower. 1996. "Freeze-Protection of Overwintering Monarch Butterflies in Mexico: Critical Role of the Forest as a Blanket and an Umbrella." *Ecological Entomology* 21: 107–116. https://doi.org/10.1111/j.1365-2311.1996.tb01177.x

Brower, L. P., E. H. Williams, D. A. Slayback, L. S. Fink, M. I. Ramírez, R. R. Zubieta, M. Ivan Limon Garcia, P. Gier, J. A. Lear, and T. Van Hook. 2009. "Oyamel Fir Forest Trunks Provide Thermal Advantages for Overwintering Monarch Butterflies in Mexico." *Insect Conservation and Diversity* 2: 163–175. https://doi.org/10.1111/j.1752- 4598.2009.00052.x

Oberhauser, K. S., and A. Peterson. 2003. "Modeling Current and Future Potential Wintering Distributions of Eastern North American Monarch Butterflies." *Proceedings of the National Academy of Sciences of the United States of America* 100 (24): 14063–14068. http://www.jstor.org/stable/3148912

Rendón-Salinas, E., and G. Tavera-Alonso. 2013. "Monitoreo de la Superficie Forestal Ocupada por las Colonias de Hibernación de la Mariposa Monarca en Diciembre de 2013." https://www.telcel.com/content/dam/telcelcom/mundo-telcel/sala-prensa/noticias/archivos/2014/enero/monitoreo-monarca.pdf

Rendón-Salinas, E., F. Martínez-Meza, M. Mendoza-Pérez, M. Cruz-Piña, G. Mondragon- Contreras, and A. Martínez-Pacheco. 2019. "Superficie Forestal Ocupada por las Colonias de Hibernación de

Mariposa Monarca en Mexico Durante la Hibernación de 2018–2019." https://d2ouvy59p0dg6k.cloudfront.net/downloads/2018_reporte_ monitoreo_mariposa_monarca_mexico_2018_2019.pdf

United States Census Bureau. https://www.census.gov.

제왕나비의 겨울 이웃

Brower, L.P., D. R. Kust, E. Rendón-Salinas, E. García-Serrano, K. R. Kust, J. Miller, C. Fernandez Del Rey, and K. Pape. 2004. "Catastrophic Winter Storm Mortality of Monarch Butterflies in Mexico in January 2002." In *The Monarch Butterfly: Biology and Conservation*, edited by K. M. Oberhauser and M. J. Solensky. Ithaca, NY: Cornell University Press. 151–166.

Eligio García Serrano, El Fondo Monarca. Personal communication with author, June 7, 2020.

Missrie, M. 2004. "Design and Implementation of a New Protected Area for Overwintering Monarch Butterflies in Mexico." In *The Monarch Butterfly: Biology and Conservation*, edited by K. S. Oberhauser and M. J. Solensky. Ithaca, NY: Cornell University Press." 141–150.

Monarch Butterfly Biosphere Reserve World Heritage Site nomination document. 2007.https://whc.unesco.org/uploads/nominations/1290.pdf

Mónica Missrie, Monarch Butterfly Fund. Personal communication with author, June 8, 2020.

O. R. Taylor, Jr. Personal communication with author, June 7, 2020.

Savko, M. S. 2002. "Ejidos, Monarchs, and Sustainability: Forest Management and Conservation in the Monarch Butterfly Biosphere Reserve of Mexico." Thesis. Oregon State University. https://ir.library.oregonstate.edu/concern/undergraduate_thesis_

or_projects/x059cd312

Tucker, C. M. 2004. "Community Institutions and Forest Management in Mexico's Monarch Butterfly Reserve." *Society & Natural Resources* 17 (7): 569–587. http://dx.doi.org/10.1080/08941920490466143

Vidal O., J. López-García, and E. Rendón-Salinas. 2013. "Trends in Deforestation and Forest Degradation after a Decade of Monitoring in the Monarch Butterfly Biosphere Reserve in Mexico." *Conservation Biology* 28 (1): 177–186. https://doi.org/10.1111/cobi.12138

막다른 길과 시련

Alonso-Mejía, A., E. Rendón-Salinas, E. Montesinos-Patiño, and L. Brower. 1997. "Use of Lipid Reserves by Monarch Butterflies Overwintering in Mexico: Implications for Conservation." *Ecological Applications* 7 (3): 934–947. https://doi.org/10.1890/1051- 0761(1997)007[0934:UOLRBM]2.0.CO;2

Arellano-Guillermo, A., J. I. Glendinning, and L. P. Brower. 1990. "Interspecific Comparisons of the Foraging Dynamics of Black-Backed Orioles and Blackheaded Grosbeaks on Overwintering Monarch Butterflies in Mexico." In *Biology and Conservation of the Monarch Butterfly*, edited by S. B. Malcolm and M. P. Zalucki. Los Angeles: Los Angeles County Natural History Museum. 315–22.

Brower, L. P., C. J. Nelson, J. N. Seiber, L. S. Fink, and C. Bond. 1988. "Exaptation as an Alternative to Coevolution in the Cardenolide-Based Chemical Defense of Monarch Butterflies (Danaus plexippus L.) Against Avian Predators." In *Chemical Mediation of Coevolution*, edited by K. C. Spencer. New York: Academic Press. 447—475.

Journey North. https://journeynorth.org/tm/monarch/sl/4/who_is_
    eating_monarchs.pdf

Journey North. https://journeynorth.org/tm/monarch/sl/20/TG.html

Monarch Joint Venture. https://monarchjointventure.org/news-events
    /news/fall-migration-how-do-they-do-it

Monarch Watch. https://monarchwatch.org/biology/pred2.htm

Oberhauser, K. S. 2004. "Overview of Monarch Breeding Biology." In
    The Monarch Butterfly: Biology and Conservation, edited by K.
    M. Oberhauser and M. J. Solensky. Ithaca, NY: Cornell University
    Press.

밀크위드의 인사

Baumle, K. 2017. *The Monarch: Saving Our Most-Loved Butterfly*.
    Pittsburgh, PA: St. Lynn's Press.

Frey, D. 1997. "Resistance to Mating by Female Monarch Butterflies."
    In *1997 North American Conference on the Monarch Butterfly*,
    edited by J. Hoth, L. Merino, K. Oberhauser, I. Pisanty, S. Price,
    and T. Wilkinson. Montreal: Commission for Environmental
    Cooperation. 79–87.

Hill, H. F., A. M. Wenner, and P. H. Wells. 1976. "Reproductive Behavior
    in an Overwintering Aggregation of Monarch Butterflies." *The
    American Midland Naturalist* 95 (1): 10–19.

Journey North. https://journeynorth.org/tm/monarch/LarvaFacts.
    html

Journey North. https://maps.journeynorth.org/maps

Monarch Joint Venture. https://monarchjointventure.org/monarch-
    biology/life-cycle/larva/guide-to-monarch-instars

Monarch Watch. https://monarchwatch.org/press/press-briefing.html

O. R. Taylor, Jr. Personal communication with author, December 20, 2019.

Oberhauser, K. S. 2004. "Overview of Monarch Breeding Biology." In *The Monarch Butterfly: Biology and Conservation*, edited by K. S. Oberhauser and M. J. Solensky. Ithaca, NY: Cornell University Press.

Oberhauser K. S., and D. Frey. 1999. "Coercive Mating by Overwintering Male Monarch Butterflies." In *The 1997 North American Conference on the Monarch Butterfly*, edited by J. Hoth, L. Merino, K. Oberhauser, I. Pisanty, S. Price, and T. Wilkinson. Montreal: Commission for Environmental Cooperation. 67–78.

Solensky, M. J., and K. S. Oberhauser. 2004. "Behavioral and Genetic Components of Male Mating Success in Monarchs." In *The Monarch Butterfly: Biology and Conservation*, edited by K. M. Oberhauser and M. J. Solensky. Ithaca, NY: Cornell University Press.

보호구역을 찾아서

Journey North. https://journeynorth.org/monarchs/resources/article/facts-monarch-butterfly-ecology

Monarch Watch. https://monarchwatch.org/press/press-briefing.html

봄을 좇아서

Fadiman, D. "Lincoln Brower on What Good is a Butterfly" (video). McKenzie, Marlo (producer/editor) Vimeo. https://vimeo.com/123251908

Monarch Watch. https://monarchwatch.org/blog/2020/06/03/monarch-annual-cycle-migrations-and-the-number-of-generations/

Monarch Watch. https://monarchwatch.org/press/press-briefing.html

O. R. Taylor, Jr. Personal communication with author, June 15, 2019.

Oberhauser, K. S., A. Alonso, S. B. Malcolm, E. H. Williams, and M. P. Zalucki. 2019. "Lincoln Brower, Champion for Monarchs." *Frontiers in Ecology and Evolution* 7 (149). https://doi.org/10.3389/fevo.2019.00149

United States Fish and Wildlife Service. "Petition to Protect the Monarch Butterfly (*Danaus plexippus*) Under the Endangered Species Act." http://ecos.fws.gov/docs/ petitions/92210//730.pdf

Vidal, O., and E. Rendón-Salinas. 2014. "Dynamics and Trends of Overwintering Colonies of the Monarch Butterfly in Mexico." *Biological Conservation* (180): 165–175. https:// doi.org/10.1016/j.biocon.2014.09.041

대초원을 기억하며

Brower, L. P. 1997. "Biological Necessities for Monarch Butterfly Overwintering in Relation to the Oyamel Forest Ecosystem in Mexico." In *The 1997 North American Conference on the Monarch Butterfly*, edited by J. Hoth, L. Merino, K. Oberhauser, I. Pisanty, S. Price, T. Wilkinson. Montreal: Commission for Environmental Cooperation. 11–28.

Calvert, B. 2004. "Two Methods of Estimating Overwintering Monarch Population in Mexico." In *The Monarch Butterfly: Biology and Conservation*, edited by K. S. Oberhauser and M. J. Solensky. Ithaca, NY: Cornell University Press.

Craddock, H. A., D. Huang, P. C. Turner, L. Quirós-Alcalé, and D.

C. Payne-Sturges. 2019. "Trends in Neonicotinoid Pesticide Residues in Food and Water in the United States, 1999–2015." *Environmental Health* 18 (7). https://doi.org/10.1186/s12940-018-0441-7

Hartzler, R. G., and D. D. Buhler. 2000. "Occurrence of Common Milkweed (Asclepias syriaca) in Cropland and Adjacent Areas." *Agronomy Publications* 32. https://lib. dr.iastate.edu/agron_pubs/32

Kansas State University. https://www.k-state.edu/seek/spring2017/konza/index.html

Monarch Joint Venture. https://monarchjointventure.org/news-events/news/measuring-monarchs-and-milkweed

Monarch Joint Venture. https://monarchjointventure.org/images/uploads/documents/risks_of_neonics_to_pollinators.pdf

Monarch Watch. https://monarchwatch.org/blog/2020/03/13/monarch-population-status-42/

National Park System. https://www.nps.gov/tapr/learn/nature/a-complex-prairie-ecosystem.htm

Rendón-Salinas, E., and G. Tavera-Alonso. 2013. "*Monitoreo de la Superficie Forestal Ocupada por las Colonias de Hibernación de la Mariposa Monarca en Diciembre de 2013*." https://www.telcel.com/content/dam/telcelcom/mundo-telcel/sala-prensa/noticias/archivos/2014/enero/monitoreo-monarca.pdf

Rendón-Salinas, E., F. Martínez-Meza, M. Mendoza-Pérez, M. Cruz-Piña, G. Mondragon-Contreras, and A. Martínez-Pacheco. 2019. "*Superficie Forestal Ocupada por las Colonias de Hibernación de Mariposa Monarca en Mexico Durante la Hibernación de 2018–2019*." https://d2ouvy59p0dg6k.cloudfront.net/downloads/2018_reporte_monitoreo_mariposa_monarca_mexico_2018_2019.pdf

The Nature Conservancy. 2010. Tallgrass prairie comparison map. "Home of the Range." *Seek* 7 (1). https://newprairiepress.org/cgi/viewcontent.cgi?article=1178&context=seek

Thogmartin, W. E., J. E. Diffendorfer, L. López-Hoffman, K. Oberhauser, J. Pleasants, B. X. Semmens, D. Semmenss, O. R. Taylor Jr., R. Wiederholt. 2017. "Density Estimates of Monarch Butterflies Overwintering in Central Mexico." *PeerJ* 5:e3221. https://doi.org/10.7717/peerj.3221

Vidal O., J. López-García, and E. Rendón-Salinas 2014. "Trends in Deforestation and Forest Degradation After a Decade of Monitoring in the Monarch Butterfly Biosphere Reserve in Mexico." *Conservation Biology* 28 (1):177–86. https://doi.org/10.1111/cobi.12138

Zaya, D. N., I. S. Pearse, G. Spyreas. 2017. "Long-Term Trends in Midwestern Milkweed Abundances and Their Relevance to Monarch Butterfly Declines." BioScience 67 (4): 343–356. https://doi.org/10.1093/biosci/biw186

나비에 이름표 붙이기

Monarch Watch. https://monarchwatch.org/waystations/

O. R. Taylor, Jr. Personal communication with author, December 27, 2019.

Taylor, O. R. Jr., J. P. Lovett, D. L. Gibo, E. L. Weiser, W. E. Thogmartin, D. J. Semmens, J. E. Diffendorfer, J. M. Pleasants, S. D. Pecoraro, and R. Grundel. 2019. "Is the Timing, Pace, and Success of the Monarch Migration Associated with Sun Angle?" *Frontiers in Ecology and Evolution* 7: 442. https://doi.org/10.3389/fevo.2019.00442

Capehart, T., and S. Proper. 2019. "Corn is America's Largest Crop in 2019." *USDA Economic Research Services blog*. https://www. usda.gov/media/blog/2019/07/29/ corn-americas-largest-crop-2019

Clark, P. 2012. "Milkweed Fruits: Pods of Plenty." *The Washington Post: Urban Jungle*, September 25. https://www.washingtonpost.com/ wp-srv/special/metro/urban-jungle/pages/120925.html

Davis, A. K., H. Schroeder, I. Yeager, and J. Pearce. 2018. "Effects of Simulated Highway Noise on Heart Rates of Larval Monarch Butterflies, *Danaus Plexippus*: Implications for Roadside Habitat Suitability." *Biology Letters* 14 (5). http://dx.doi.org/10.1098/ rsbl.2018.0018

Emilie Snell-Rood. Personal communication with author, December 17, 2019.

Hollingsworth, J. 2019. "Climate Change Could Pose 'Existential Threat' by 2050." CNN, June 4. https://www.cnn.com/2019/06/04/ health/climate-change-existential-threat-report-intl/index.html

Pimentel, D. 2003. "Ethanol Fuels: Energy Balance, Economics, and Environmental Impacts Are Negative." *Natural Resources Research* 12: 127–134. https://doi. org/10.1023/A:1024214812527

Pleasants, J. M. 2015. "Monarch Butterflies and Agriculture." In *Monarchs in a Changing World: Biology and Conservation of an Iconic Butterfly*, edited by K. S. Oberhauser, K. R. Nail, and S. M.Altizer. Ithaca, NY: Cornell University Press.

United States Department of Agriculture. 2019. "Adoption of Genetically Engineered Crops in the U.S.: Recent Trends in GEAdoption." USDA Economic Research Service, Data Products. *https://www.ers.usda.gov/data-products/adoption-of-genetically-engineered-crops-in-the-us/recent-trends-in-ge-*

adoption

봄에서 여름으로

Prudic, K. L., S. Khera, A. Sólyom, and B. N. Timmermann. 2007. "Isolation, Identification, and Quantification of Potential Defensive Compounds in the Viceroy Butterfly and its Larval Host–Plant, Carolina Willow." *Journal of Chemical Ecology* 33 (6): 1149–59. https://doi.org/10.1007/s10886-007-9282-5

Ritland, D. B., and L. P. Brower. 1991. "The Viceroy Butterfly is not a Batesian Mimic." Nature 350 (6318): 497–498. https://ui.adsabs.harvard.edu/abs/1991Natur.350..497R/abstract

United States Department of Agriculture. https://www.fsa.usda.gov/programs-and-services/conservation-programs/conservation-reserve-program

여름 방학과 자전거

De Anda, A., and K. S. Oberhauser. 2015. "Invertebrate Natural Enemies and Stage-Specific Mortality Rates of Monarch Eggs and Larvae." In *Monarchs in a Changing World: Biology and Conservation of an Iconic Butterfly*, edited by K. S. Oberhauser, K. R. Nail, and S. M. Altizer. Ithaca, NY: Cornell University Press.

Monarch Joint Venture. https://monarchjointventure.org/resources/faq/natural-enemies

길에서 만난 동물들

Monarch Watch. https://monarchwatch.org/blog/2020/06/03/monarch-annual-cycle-migrations-and-the-number-of-generations/

Zhu, H., R. J. Gegear, A. Casselman, S. Kanginakudru, and S. M. Reppert. 2009. "Defining Behavioral and Molecular Differences Between Summer and Migratory Monarch Butterflies." *BMC Biology* 7 (14). https://doi.org/10.1186/1741-7007-7-14

반가운 잡초들

Agrawal, A. A., J. G. Ali, S. Rassman, and M. Fishbein. 2015. "Macroevolutionary Trends in the Defense of Milkweeds Against Monarchs." In *Monarchs in a Changing World: Biology and Conservation of an Iconic Butterfly*, edited by K. S. Oberhauser, K. R. Nail, and S. M. Altizer. Ithaca, NY: Cornell University Press.

Koh, I., E. V. Lonsdorfa, N. M. Williams, C. Brittain, R. Isaacs, J. Gibbs, and T. Ricketts. 2015. "Modeling the Status, Trends, and Impacts of Wild Bee Abundance in the United States." *Proceedings of the National Academy of Sciences* 113 (1): 140–145. https://doi.org/10.1073/pnas.1517685113

Wozniacka, G. 2013. "Beekeepers, Environmentalists Sue EPA for Not Suspending Pesticides That May Harm Bees." *Associated Press*, March 21. http://www.columbia. org/pdf_files/centerforfoodsafety184.pdf

대서양을 따라

Bartel, R. A., K. S. Oberhauser, J. C. de Roode, and S. M. Altizer. 2011. "Monarch Butterfly Migration and Parasite Transmission in Eastern North America." *Ecology* 92 (2): 342– 351. https://doi.org/10.1890/10-0489.1

Faldyn, M. J., M. D. Hunter, and B. D. Elderd. 2018. "Climate Change and an Invasive, Tropical Milkweed: an Ecological Trap for Monarch Butterflies." *Ecology* 99 (5): 1031– 1038. https://esajournals.onlinelibrary.wiley.com/doi/full/10.1002/ecy.2198

Majewska, A. A., and S. Altizer. 2019. "Exposure to Non-Native Tropical Milkweed Promotes Reproductive Development in Migratory Monarch Butterflies." *Insects* 10 (8): 253. https://doi.org/10.3390/insects10080253

Monarch Joint Venture. https://monarchjointventure.org/images/uploads/documents/ OE_fact_sheet_Updated.pdf

O. R. Taylor, Jr. Personal communication with author, June 17, 2020.

Reppert, S. M., and J. C. de Roode. 2018. "Demystifying Monarch Butterfly Migration." *Current Biology* 23: 1009–1022. https://doi.org/10.1016/j.cub.2018.02.067

Satterfield, D. A., J. C. Maerz, and S. Altizer. 2015. "Loss of Migratory Behaviour Increases Infection Risk for a Butterfly Host." *Proceedings of the Royal Society* B 282 (1801). http://doi.org/10.1098/rspb.2014.1734

Stager, J. C., B. Wiltse, J. B. Hubeny, E. Yankowsky, D. Nardelli, and R. Primack. 2018. "Climate Variability and Cultural Eutrophication at Walden Pond (Massachusetts, USA) During the Last 1800 Years." *PLOS ONE* 13 (4): e0191755. https://doi.org/10.1371/journal.pone.0191755

Taylor, O. R. Jr., J. P. Lovett, D. L. Gibo, E. L. Weiser, W. E. Thogmartin, D. J. Semmens, J. E. Diffendorfer, J. M. Pleasants, S. D. Pecoraro, and R. Grundel. 2019. "Is the Timing, Pace, and Success of the Monarch Migration Associated with Sun Angle?" *Frontiers in Ecology and Evolution* 7: 442. https://doi.org/10.3389/fevo.2019.00442

다시 캐나다로

Hristov, N. I., and W. E. Conner. 2005. "Sound Strategy: Acoustic Aposematism in the Bat–Tiger Moth Arms Race." *Naturwissenschaften* 92 (4): 164–169. https://doi.org/10.1007/s00114-005-0611-7

캐나다의 제왕나비 집사들

Darlene Burgess. Personal communication with author, June 15, 2020.

Don Davis. Personal communication with author, June 15, 2020.

Flockhart, D. T. T., B. Fitz-gerald, L. P. Brower, R. Derbyshire, S. Altizer, K. A. Hobson, L. I. Wassenaar, and D. R. Norris. 2017. "Migration Distance as a Selective Episode for Wing Morphology in a Migratory Insect." *Movement Ecology* 5 (7). https://doi.org/10.1186/s40462-017-0098-9

Freedman, M., and H. Dingle. 2018. "Wing Morphology in Migratory North American Monarchs: Characterizing Sources of Variation and Understanding Changes Through Time." *Animal Migration* 5 (1): 61–73. http://doi:10.1515/ami-2018-0003

Journey North. https://journeynorth.org/tm/monarch/DavisDonBio.html

Journey North. https://journeynorth.org/tm/monarch/DiscoveryTale.html

Micah Freedman. Personal communication with author, January 8, 2020.

Monarch Watch. https://monarchwatch.org/press/press-briefing.html

Schroeder, H., A. Majewska, and S. Altizer. 2020. "Monarch Butterflies Reared Under Autumn-Like Conditions Have More Efficient Flight

and Lower Post-Flight Metabolism." *Ecological Entomology* 45
(3): 562–572 https://doi.org/10.1111/ een.12828

Urquhart, F. 1976. "Found at Last: the Monarch's Winter Home."
National Geographic 150 (2): 160–174.

한발 앞서서

Sacchi, C. 1987. "Variability in Dispersal Ability of Common Milkweed,
Asclepias syriaca, Seeds." Oikos 49 (2): 191–198. http://
doi:10.2307/3566026

길에서 벗어난 길

Sáenz-Romero, C., G. E. Rehfeldt, P. Duval, and R. A. Lindig-Cisneros.
2012. "Abies Religiosa Habitat Prediction in Climatic Change
Scenarios and Implications for Monarch Butterfly Conservation in
Mexico." *Forest Ecology and Management* 275: 98–106. https://
doi.org/10.1016/j.foreco.2012.03.004

Waldman, S. 2018. "2017 Was the Third Hottest Year on Record
for the U.S." *Scientific American*: January 9. https://www.
scientificamerican.com/article/2017-was-the-third-hottest-year-
on-record-for-the-u-s/

뒤처진 나비들과 떠돌다

Alonso-Mejia, A., E. Rendón-Salinas, E. Montesinos-Patino, and L.
Brower. 1997. "Use of Lipid Reserves by Monarch Butterflies
Overwintering in Mexico: Implications for Conservation."
Ecological Applications 7 (3): 934–947. https://doi.
org/10.2307/2269444

Masters, A. R., S. B. Malcolm, and L. P. Brower. 1988. "Monarch Butterfly (Danaus plexippus) Thermoregulatory Behavior and Adaptations for Overwintering in México." *Ecology* 69 (2): 458–467. https://doi.org/10.2307/1940444

O. R. Taylor, Jr. Personal communication with author, June 14, 2020.

Taylor, O. R. Jr., J. P. Lovett, D. L. Gibo, E. L. Weiser, W. E. Thogmartin, D. J. Semmens, J. E. Diffendorfer, J. M. Pleasants, S. D. Pecoraro, and R. Grundel. 2019. "Is the Timing, Pace, and Success of the Monarch Migration Associated with Sun Angle?" *Frontiers in Ecology and Evolution* 7: 442. https://doi.org/10.3389/fevo.2019.00442

남쪽으로 되감기

Guerra, P. A., and S. M. Reppert. 2013. "Coldness Triggers Northward Flight in Remigrant Monarch Butterflies." *Current Biology* 23: 419–423. https://doi.org/10.1016/j.cub.2013.01.052

Reppert, S. M., and J. C. de Roode. 2018. "Demystifying Monarch Butterfly Migration." *Current Biology* 23: 1009–1022. https://doi.org/10.1016/j.cub.2018.02.067

Steven Reppert. Personal communication with author, December 12, 2019.

국경을 넘어

J. L. Tracy. Personal communication with author, June 21, 2020.

Kantola, T., J. L. Tracy, K. A. Baum, M. A. Quinn, and R. N. Coulson. 2019. "Spatial Risk Assessment of Eastern Monarch Butterfly Road Mortality During Autumn Migration Within the Southern Corridor." *Biology Conservation* 231: 150–160. https://doi.

org/10.1016/j.biocon.2019.01.008

Mora Alvarez, B. X., R. Carrera-Treviño, and K. A. Hobson. 2019.
"Mortality of Monarch Butterflies (Danaus Plexippus) at Two
Highway Crossing "Hotspots" During Autumn Migration in
Northeast Mexico." *Frontiers in Ecology and Evolution* 7: 273.
https://doi.org/10.3389/fevo.2019.00273

그 많던 나비는 어디로 갔을까
―제왕나비의 대이동을 따라 달린 264일의 자전거 여행

초판 1쇄 발행   2023년 10월 23일

지은이   사라 다이크먼
옮긴이   이초희

펴낸이   조미현
책임편집   김솔지
교정교열   정차임
디자인   손주영, 나윤영

펴낸곳   (주)현암사
등록   1951년 12월 24일 (제10-126호)
주소   04029 서울시 마포구 동교로12안길 35
전화   02-365-5051
팩스   02-313-2729
전자우편   editor@hyeonamsa.com
홈페이지   www.hyeonamsa.com

ISBN 978-89-323-2322-0 03490